SIGAMOS SIENDO HUMANOS

GRAHAM LEE

SIGAMOS SIENDO HUMANOS

Cómo recuperar las 12 habilidades
esenciales que estás perdiendo a manos
de la tecnología

Traducción de Ana Pedrero Verge

ƆIΛNΛ

Obra editada en colaboración con Editorial Planeta – España

Título original: *Human Being*

© Graham Lee, 2023
© de la traducción, Ana Pedrero Verge, 2025
Maquetación: Realización Planeta

© 2025, Editorial Planeta, S.A. – Barcelona. España

Derechos reservados

© 2025, Editorial Planeta Mexicana, S.A. de C.V.
Bajo el sello editorial DIANA M.R.
Avenida Presidente Masarik núm. 111,
Piso 2, Polanco V Sección, Miguel Hidalgo
C.P. 11560, Ciudad de México
www.planetadelibros.com.mx

Primera edición impresa en España: febrero de 2025
ISBN: 978-84-1119-215-6

Primera edición impresa en México: abril de 2025
ISBN: 978-607-39-2740-6

No se permite la reproducción total o parcial de este libro ni su incorporación a un sistema informático, ni su transmisión en cualquier forma o por cualquier medio, sea este electrónico, mecánico, por fotocopia, por grabación u otros métodos, sin el permiso previo y por escrito de los titulares del *copyright*.

Queda expresamente prohibida la utilización o reproducción de este libro o de cualquiera de sus partes con el propósito de entrenar o alimentar sistemas o tecnologías de Inteligencia Artificial (IA).

La infracción de los derechos mencionados puede ser constitutiva de delito contra la propiedad intelectual (Arts. 229 y siguientes de la Ley Federal del Derecho de Autor y Arts. 424 y siguientes del Código Penal Federal).

Si necesita fotocopiar o escanear algún fragmento de esta obra diríjase al CeMPro (Centro Mexicano de Protección y Fomento de los Derechos de Autor, http://www.cempro.org.mx).

Impreso en los talleres de Litográfica Ingramex, S.A. de C.V.
Centeno núm. 162-1, colonia Granjas Esmeralda, Ciudad de México
Impreso en México – *Printed in Mexico*

Para Hannah, Marnie y Enzo

ÍNDICE

Introducción	11
1. La orientación	15
Los polinesios y la navegación	15
Dibujitos de edificios y extensiones verdes	26
Desarrolla tu capacidad innata de orientación	33
2. El movimiento	43
Nuestros antepasados y sus pies ligeros	43
Los seres más sedentarios de la historia	53
Vuelve a ponerte en marcha	61
3. La conversación	73
Expresiones transitorias	73
La evolución de los emojis y los GIF	84
Afina tus habilidades conversacionales	91
4. La soledad	103
Naufragio en Más a Tierra	103
La isla de Robinson Crusoe	110
Cultiva tu propia soledad	117

8

5. La lectura 129
   Marginalia, manículas y cuadernos de ideas 129
   El efecto de generación 137
   Conviértete en un lector activo 147

6. La escritura 157
   La medida universal del ser humano 157
   El instrumento más exquisito que poseemos 166
   Escribe y dibuja a mano 173

7. El arte 181
   Meterse dentro y empujar hacia fuera 181
   El conjunto de la mente en un solo punto 188
   Crea tu propia visión 196

8. La artesanía 207
   El Space Traveller 207
   La cognición corporizada y el *screenishness* 216
   Recupera tus habilidades artesanales 223

9. La memoria 233
   Los intérpretes de Shakespeare 233
   El teatro de la memoria 240
   Refuerza la memoria 251

10. Los sueños 261
    Nuestra verdadera fuerza creadora interior 261
    Esa voluntaria suspensión de la incredulidad 269
    Date tiempo para soñar 277

11. El pensamiento 289
    Cómo se fraguó la tormenta 289
    El órgano soberano del comportamiento y de las acciones .. 299
    Construye tus propias opiniones 311

12. El tiempo 323
    De la hora lunar a la digital 323
    Una segunda inteligencia 332
    Asume el control de tu tiempo 339

Epílogo 351
Agradecimientos 355
Bibliografía y lecturas recomendadas 357
Índice onomástico y de materias 361

INTRODUCCIÓN

¿Qué significa *ser humano*? Nuestra genética nos distingue de otras especies, naturalmente, y la evolución de nuestros cuerpos y cerebros ha sido esencial para nuestra supervivencia. Pero yo diría que son nuestras actividades, nuestros atributos y nuestras habilidades, y no nuestro aparato físico, lo que caracteriza nuestra naturaleza humana. Para llevar una vida activa, una vida verdaderamente humana, es necesario mantener una relación estrecha con el mundo y entender cómo funciona y qué lugar ocupamos en él. En su conjunto, las doce habilidades de las que hablaremos en este libro han apuntalado la mayor parte de nuestra existencia diaria en el pasado y siguen haciéndolo hoy en día. Estas capacidades fundamentales y las formas en que interactuamos con nuestro entorno son la esencia de lo que nos hace humanos.

En su trascendental ensayo *Confianza en uno mismo*, escrito en 1841, el filósofo estadounidense Ralph Waldo Emerson capturó de forma concisa un momento de la historia en el que la edad contemporánea justo empezaba a tomar impulso. El tren de pasajeros, el telégrafo y un montón de otros inventos comenzaban a tener un profundo impacto en la vida de las personas. En una época en la que el desasosiego crecía, su llamamiento a la confianza en uno mismo y a creer en las habilidades propias caló hondo.

Desde entonces, ha habido una sucesión de momentos cruciales que han cambiado drásticamente nuestra forma de vivir. La adopción masiva de la televisión por parte de la población en la década de 1950 fue uno de ellos: no tardamos en pasarnos varias horas al día frente a una pantalla centelleante, y para cuando la década siguiente tocó a su fin, 530 millones de personas vieron la llegada del hombre a la Luna en directo desde la privacidad de sus salas de estar.

La aparición del VHS y de la televisión por cable y por satélite, de las consolas de videojuegos y de la computadora personal en la década de 1980 cambió todavía más las cosas. Aún pasamos más tiempo ante las pantallas, solo que de una forma menos pasiva, ya que ahora hacíamos clic, rebobinábamos, grabábamos, trabajábamos y jugábamos. La adopción generalizada de internet en los años noventa empezó a reunir todas estas tecnologías en un solo lugar, mientras unos dispositivos móviles cada vez más versátiles y las mayores velocidades de procesamiento nos las metió en el bolsillo en la primera década del 2000. Y así llegamos hasta hoy, cuando los continuos avances de la computación y de la tecnología están haciendo que la inteligencia artificial (IA) acometa unas tareas cada vez más complejas y acapare las capacidades humanas. En comparación, el cambio tecnológico al que se enfrentó Emerson hace casi dos siglos parece casi entrañable.

Y, aun así, sus ideas sobre la necesidad de mantenernos libres de la tecnología siguen siendo igual de relevantes. Estamos rodeados de tecnologías digitales capaces de hacer casi cualquier cosa por nosotros y, en consecuencia, tenemos un abanico enorme de posibilidades nuevas y disfrutamos de unas facilidades sin precedentes. Asimismo, la idea de la confianza en uno mismo de Emerson —en el sentido de utilizar nuestras habilidades innatas o aprendidas— es más importante que nunca.

Gran parte de mi trabajo diario se centra en la enseñanza de habilidades digitales, pero con el tiempo he observado que el uso de la tecnología ha tenido ciertos efectos negativos en nuestras habilidades generales, y la extensa investigación que he llevado a cabo al respecto lo avala. A medida que traspasamos las tareas rutinarias a las computadoras, empezamos a hacer menos cosas por nuestra cuenta. No cabe duda de que la tecnología puede resultar útil; al fin y al cabo, hay muchas tareas que preferiríamos no hacer. Pero cuando recurrimos a los dispositivos para

INTRODUCCIÓN 13

que nos ayuden con nuestras capacidades principales —las habilidades esenciales que hemos adquirido, como leer o escribir, o las capacidades fundamentales, como la memoria, la orientación o las habilidades sociales—, corremos el riesgo de que se degraden rápidamente con el paso del tiempo. Así pues, los beneficios que obtenemos de las tecnologías digitales pueden llegar a salirnos bastante caros.

En este libro saltaré entre distintos periodos históricos y continentes para arrojar luz y rendir homenaje a las capacidades humanas que hoy pueden parecernos extraordinarias, pero que en el pasado eran mucho más comunes. Al comparar estas historias con cómo vivimos hoy en día, pretendo demostrar que el uso de la tecnología no solo está deteriorando nuestras competencias fundamentales, sino también la esencia misma de lo que nos hace humanos.

Cuando el uso de las tecnologías empieza a desplazar nuestros momentos de actividad y reduce las veces que ponemos en práctica nuestras habilidades naturales, nos arriesgamos a limitar el alcance de lo que somos. A base de delegar nuestras habilidades vitales en dispositivos y algoritmos, nuestros músculos y mentes, antes bien entrenados, empiezan a debilitarse. Y, sin embargo, todos parecemos totalmente dispuestos a aceptar las repercusiones negativas de la tecnología en la calidad de nuestras vidas. Y lo peor es que la creciente dependencia de los dispositivos puede llegar a parecer inevitable, y las proyecciones transhumanistas de un futuro en el que nuestros cuerpos terminen siendo fusionados o invadidos por el *hardware* hacen que el debate público se centre en los avances tecnológicos y deje muy poco espacio a la reflexión sobre el ser humano.

Ser plenamente humanos es algo por lo que vale la pena luchar y, por suerte, a diferencia de la mayoría de los otros asuntos urgentes de nuestra época, como individuos tenemos la capacidad de actuar para hacerlo en la vida cotidiana, y podemos empezar hoy mismo. El primer paso es no alargar la mano de inmediato en busca de nuestros dispositivos. A partir de ahí, veremos que cada uno de nosotros, gracias a nuestra condición de humanos, tenemos el potencial natural de dominar a la perfección las habilidades innatas o aprendidas de las que hablaremos en estas páginas, y los infinitos ejemplos de logros pasados ilustran cómo podemos explotar al máximo dicho potencial. Los seres humanos estamos diseñados para dominar y pulir habilidades nuevas; para descubrir de lo que somos verdaderamente capaces, solo debemos poner manos a la obra.

CAPÍTULO

1

La orientación

LOS POLINESIOS Y LA NAVEGACIÓN

Cada vez que los célebres exploradores europeos de principios de la era moderna pisaban los territorios enormes y hasta entonces desconocidos de nuestro mundo, eran recibidos por rostros humanos. Casi todas las extensiones de tierra, incluidas las islas oceánicas más remotas, ya estaban habitadas por grupos de personas que se habían embarcado en sus propios viajes de descubrimiento hacía mucho tiempo y sin ayuda de las tecnologías de navegación. La cuenca del Pacífico, que ocupa una tercera parte de la superficie terrestre, empezó a ser habitada milenios antes de que los europeos recalaran en ella. Los habitantes de aquellas islas vivían por todo el océano Pacífico, desde el continente americano hasta Australasia, y muchos de ellos lo hacían en islotes pequeños y periféricos. Los exploradores como el capitán James Cook encontraron una extraordinaria uniformidad lingüística y de costumbres a lo largo y ancho de esta extensión, que abarca 165 millones de kilómetros cuadrados. Cuando él y sus coetáneos llegaron a la región, se quedaron boquiabiertos. ¿De dónde procedía aquella gente? ¿Cómo habían viajado hasta aquellas lejanas islas?

Las islas de Tahití a las que llegó la nave HMS Endeavour del capitán Cook en 1769 eran paradisíacas: la vegetación, de un color verde luminoso, crecía en los afloramientos rocosos de basalto, y entre los cocoteros de las playas de arena se veían cabañas esparcidas por aquí y por allá. El mar de color azul celeste brillaba miraran donde miraran, y la vista estaba tan despejada que llegaban a ver las islas vecinas. Los habitantes vivían con la vista puesta en el mar, y las islas que los cobijaban eran pequeñas rocas de una red de masas de tierra interconectadas. Tanto ellos como sus vecinos polinesios sabían leer el mar de una forma que nadie ha sabido imitar desde entonces.

Cook había zarpado en busca de Terra Australis Ignota, un hipotético continente cuya existencia se planteó por primera vez en la época romana a partir del argumento de que el territorio continental del hemisferio norte debía de estar compensado por su homólogo en las antípodas. Para llevar a cabo su misión necesitaba ayuda, y en Tahití lo llevaron ante Tupaia, sumo sacerdote y custodio del conocimiento autóctono sobre astronomía y navegación. El 15 de agosto de 1769, Tupaia se puso a dibujar un gráfico del océano Pacífico para Cook y su tripulación, del cual todavía se conserva una copia en la Biblioteca Británica. Este mapa presenta una panorámica mental impresionante desde Tahití hasta la isla de Pascua y Fiyi, incluye la mayor parte del Triángulo Polinésico, y por poco no llega a Nueva Zelanda. La mayor distancia entre dos islas de las que aparecen en el mapa es de más de cuatro mil kilómetros. Con esto, Tupaia había dejado entrever las enormes habilidades de orientación y el vasto conocimiento sobre navegación que su cultura había amasado durante generaciones y generaciones. Lo reclutaron para que se uniera al Endeavour y fue quien guio la expedición durante seis meses por la red de las islas de Polinesia.

A pesar de la enrevesada ruta del Endeavour, que abarcó miles de kilómetros, Tupaia siempre era capaz de indicar en qué dirección estaba su isla natal. A la tripulación nunca se le ocurrió preguntarle demasiado sobre cómo lo hacía. Cegados por su propia pericia tecnológica, ni siquiera les pasó por la cabeza que sus anfitriones nativos también pudieran poseer sus propios métodos elaborados y avanzados de navegación. El Endeavour dependía de los instrumentos más pioneros para trazar su camino y medir la longitud y la latitud en el mar, y la idea de que los isleños fueran capaces de orientarse perfectamente bien sin ninguno de estos ar-

LA ORIENTACIÓN

tilugios era desconcertante. Al no dar con una explicación que justificara las habilidades con las que Tupaia había desarrollado sus innegables aptitudes, los exploradores europeos convirtieron la orientación polinesia en un mito y la consideraron un misterioso sexto sentido. Pero la serenidad callada y contemplativa que Tupaia mostraba a bordo del Endeavour no tenía nada que ver con el rezo, sino con prestar mucha atención al mundo y a su entorno según cambiaba a su alrededor. La tripulación era totalmente ajena a la capacidad de observación sumamente desarrollada que Tupaia estaba poniendo en práctica para detectar indicios sutiles y variables que le indicaran el camino correcto.

Es fácil ver por qué Cook y su tripulación no fueron capaces de entender cómo lograba orientarse Tupaia. En alta mar, las olas van a morir a un horizonte que desaparece; en el mar abierto no hay carteles explícitos. Mientras que un escaparate, un edificio o un árbol curioso pueden ayudarnos a recordar un camino en tierra firme, en el mar hay que esforzarse mucho más para aprovechar los elementos que somos capaces de detectar solamente con nuestros sentidos: el movimiento del agua y de las olas, de los vientos y de las nubes; la vida submarina y los pájaros que vuelan alto; el sol, la luna y las estrellas del firmamento. En japonés existe una palabra, *fuubutsushi*, que hace referencia a los primeros impulsos intuitivos que nos llevan a reconocer que las estaciones están empezando a cambiar: tras un largo periodo de aparente monotonía, hay un momento en el que empezamos a advertir diferencias en el entorno. Los marineros polinesios buscaban activamente este tipo de señales diminutas mientras navegaban, con los ojos abiertos a cualquier cambio. Sus mentes eran un hervidero de actividad, ya que constantemente recogían datos de múltiples fuentes, muchas de las cuales apenas conocemos hoy. A bordo del Endeavour, Tupaia estaba atento a lo inesperado, a cualquier información nueva sobre factores como la dirección del viento o la temperatura. Era esencial tener paciencia, ya que estos indicios eran sutiles y no estaban siempre disponibles. Podía llevar horas estudiar los cambios de las nubes o en el oleaje. Extraer conclusiones fiables de los cambios de circunstancias en el mar era un arte que había que aprender a dominar: ningún conjunto de fenómenos concreto servía para guiar una nave bajo todas las condiciones, sino que los navegantes como Tupaia debían consolidar observaciones diversas, como un detective que acumula pistas circunstanciales en la escena del crimen, aunque algunas puedan parecer débiles. Eran capaces de juzgar con precisión la forma de las olas en el mar abierto para establecer la presencia o la dirección de las corrientes, y observaban cuidadosamente cómo rompían las crestas de las olas contra la superficie, o medían el tamaño de las olas en relación con la fuerza del viento que los empujaba. Seguían las capas que aparecían en las olas o las corrientes que discurrían debajo de la superficie, junto a las serpenteantes hileras de restos flotantes que se juntaban en las confluencias de movimientos opuestos. Y tenían siempre un ojo puesto en los peces voladores, ya que sabían que siempre se orientan de cara a la corriente al volver a entrar en el agua.

El mar de fondo era una de las características más sutiles de distinguir, y la dificultad que entrañaba hacerlo era bien conocida. Los patrones de las olas y del mar de fondo se entrelazan de maneras complejas, se cruzan entre ellas desde distintas direcciones, con formas, alturas, longitudes y velocidades diferentes. El mar de fondo, desde lejos, presenta unas olas de mayor longitud que se mueven debajo del navío con unas ondulaciones lentas y expansivas. Un marinero experimentado podría orientarse por el Pacífico a partir de los indicios observados en los mares de fondo más sutiles, que suelen originarse a miles de kilómetros de distancia. Más que por la vista, tendría que dejarse guiar por las sensaciones. Era habitual retirarse a una cabaña construida sobre una plataforma con estabilizadores y acostarse para estudiar el balanceo y el cabeceo del barco mientras flotaba sobre las olas, e incluso valorar la percepción de las olas con una sensibilidad todavía mayor a través de los testículos.

Los marineros polinesios también se mantenían atentos a las fosforescencias, esos titileos y rayos de luz que se emiten muy por debajo de la superficie del agua. Cuando mejor se ven estas esquirlas de luminiscencia momentánea, o «relámpagos submarinos», como las llamaban los polinesios, es por la noche y a un mínimo de cincuenta kilómetros de la costa, ya que salen disparadas de las islas cercanas. En las noches oscuras y lluviosas, era típico dejarse orientar por ellas.

LA ORIENTACIÓN

De día, desde muy lejos podían verse unas columnas resplandecientes y altas de luz que se elevaban desde las islas y reflejaban el brillo tropical de las arenas blancas y de las albuferas inmóviles. Las nubes que se detenían lentamente, como si la cuerda de una cometa las mantuviera en su sitio, indicaban la presencia de tierra firme más allá del horizonte. Al acercarse un poco más, los marineros empezaban a distinguir colores y distintos brillos en las nubes que tenían encima: las islas boscosas emitían un matiz verde oscuro, mientras que un toque rosa muy sutil indicaba que debajo del agua había un arrecife. El movimiento prolongado de las nubes se examinaba a conciencia y se observaba con más atención que cualquier formación inicial. En un día tranquilo, las parejas de nubes se elevaban encima de una isla como un par de cejas.

Perderse en el mar representaba un gran peligro. Los temporales que azotaron las islas Marshall en 1830 hicieron que tan solo sobreviviera una canoa de una flotilla de más de cien. Las historias y leyendas sobre viajes fallidos hacían que cada uno se preocupara de orientarse siempre que fuera posible, pero este tipo de acontecimientos eran sorprendentemente poco frecuentes. El abanico de señales que los marineros aprendían a tener siempre a su disposición solía bastar para recuperar el rumbo. El sol servía como un indicador aproximado de la dirección muy importante, y su ubicación al principio y al final del día se observaba con mucho cuidado, y entre el amanecer y el atardecer se confiaba en los cálculos mentales automáticos. Los marineros compensaban los cambios de la trayectoria del sol a lo largo del año, pero existía cierto margen de error. La navegación nocturna, en cambio, era mucho más precisa.

Los polinesios veían el firmamento que los cubría como una cúpula y trazaban los cursos que seguían las estrellas. Los navegantes debían familiarizarse con grandes extensiones del cielo nocturno y memorizar las suficientes estrellas y constelaciones como para poder orientarse cuando solo alcanzaran a ver algunas de ellas. Los tahitianos a los que conoció Cook eran capaces de predecir dónde se verían las estrellas en cualquier mes del año, a qué hora saldrían por el horizonte, y las estaciones en las que aparecerían y desaparecerían. A base de escudriñar el cielo, los marineros se dieron cuenta de que las estrellas salen más pronto cada día que pasa: una estrella que aparece por la noche saldrá por la mañana seis meses después, y durante la mitad del año desaparecerá por completo del cielo nocturno. Las estrellas que estaban bajas eran las que más fácil lo ponían para orientarse, y cuando una se escondía tras el horizonte, se escogía otra para que ocupara su lugar. Los navegantes incorporaban una multitud de estrellas a una brújula mental «sideral» que visualizaban en sus mentes para que los ayudara a indicar las direcciones en cualquier momento del año. Se seleccionaban estrellas que presentaran la utilidad de coincidir en su eje y se colocaban dos veces —en el lugar por el que salían y por el que se escondían— para designar puntos opuestos, igual que hacemos nosotros con el polo norte y el polo sur. La brújula sideral que se utilizaba en las islas Carolinas cuenta con treinta y dos de estos puntos cardinales.

Los polinesios combinaron todo su conocimiento sobre navegación en un mapa dinámico y muy impresionante que llevaban en la cabeza, llamado *etak*, y que no podría estar más alejado de los mapas que utilizamos hoy en día. Una travesía se dividía mentalmente en una serie de etapas, y a cada etapa se le asignaba una ubicación, que bien podía ser la posición de una estrella o una isla conocida. Cuando se estaba emprendiendo un viaje, a la canoa se le asignaba otra coordenada fija, que solía ser otra isla lejana, mientras que el resto del mundo flotaba a su alrededor. Sería como cuando vas sentado en el asiento del pasajero de un coche mirando por la ventana y el paisaje cercano se mueve a medida que avanzas, mientras que las cumbres de los peñascos que ves a lo lejos se mantienen quietos. En lugar de centrarse en el movimiento de la canoa, el marinero se fijaba en los puntos de referencia del punto de partida y de destino en relación con la coordenada fija. Al asignarse una posición estable podía gestionar mejor las dificultades que implicaba llevar la nave en direcciones distintas, y los riesgos de verse atrapado por una tormenta también se reducían. Las islas que pasaban por su lado confirmaban que la ruta era la correcta; utilizaban los mares de fondo, las corrientes y los vientos para mantener el rumbo y estimar la distancia recorrida o el tiempo que quedaba para llegar. El *etak* creaba un marco de referencia móvil, un depósito mental al que podía añadirse cualquier observación y en el que encontrar cualquier respuesta.

El sistema del *etak* evolucionó a partir de la perspectiva personal de un individuo que, desde cubierta, observa los movimientos relativos de las islas a su paso. También surgió de forma orgánica a partir de la manera que los humanos hemos tenido de orientarnos durante gran parte de nuestra historia. Cuando los primeros humanos se aventuraron a salir en busca de comida, tenían que ser capaces de volver a casa. Al mirar atrás y teniendo presente el lugar en que se encontraba el punto de partida, pudieron ir desplazándose a distancias cada vez mayores sin perder la conexión con una aldea o un asentamiento al que retirarse si hacía mal tiempo o surgían otros peligros. Es la única forma en que los primeros *Homo sapiens* del este y del sur de África pudieron dispersarse hasta terminar habitando la mayoría de los rincones del planeta.

Hoy nos orientamos de un modo muy distinto. Durante siglos, los métodos de navegación occidentales nos han colocado en el centro, y los cálculos se han basado en nuestra ubicación personal, sea la que sea. El sistema de posicionamiento global (GPS, por sus siglas en inglés) de hoy es la manifestación más clara de ello, ya que nos da indicaciones a partir de un punto de vista tridimensional y «egocéntrico» que va siguiendo nuestros pasos. Las ventajas son evidentes, ya que es más fácil que nunca movernos cuando estamos en un lugar que desconocemos, pero también corta de raíz nuestra conexión personal con los lugares que atravesamos. El poder de la navegación polinesia radicaba en que combinaba métodos egocéntricos y alocéntricos, abiertos al exterior, para establecer la ubicación real en cualquier momento. La brújula sideral, junto con las técnicas de orientación a partir de las corrientes, los mares de fondo o las nubes, funcionaban desde una perspectiva personal. En cambio, el sistema *etak* era alocéntrico, de forma que los navegantes ubicaban las islas en relación con otros lugares y no consigo mismos. Se entrenaban para dirigir la atención hacia fuera, anclando su posición según los rasgos prominentes del entorno a medida que avanzaban.

Para encontrar el camino de vuelta al hotel en una ciudad que desconocemos podríamos usar el mismo recurso y contar las calles que cruzamos o buscar un edificio colorido que nos haya llamado la atención. Pero, hoy en día, lo más habitual es que recurramos al celular para que nos diga dónde estamos. El GPS es el último de una larga lista de avances tecnológicos para ayudar a orientarnos que nos han colocado justo en el centro del mundo. Los polinesios tenían una visión mucho más extensa gracias a la combinación de las perspectivas egocéntricas y alocéntricas, y el mapa de Tupaia es la última evidencia completa que queda de ello.

Recientemente se han llevado a cabo estudios académicos sobre algunas de las pinturas paleolíticas más antiguas encontradas en distintas cuevas, con las que se ha empleado una herramienta de *software* de código abierto llamada Stellarium. Estas investigaciones han confirmado que los humanos llevamos más de cuarenta mil años haciendo mapas de los cielos, y que todas las culturas antiguas emplearon unos métodos de navegación parecidos a los que los polinesios refinaron hasta convertirlos en arte, e igual de astutos. Los historiadores han estimado que, como mínimo, la navegación por mar de larga distancia se remonta a la era mesolítica, y que tres milenios antes de que los romanos se expandieran por la tierra, el noroeste de Europa ya estaba conectado por una serie de intrincadas redes de rutas marítimas. Los vikingos navegaban entre ciento cincuenta y doscientos cincuenta kilómetros diarios sin ningún tipo de problema, y podían viajar desde las islas Shetland hasta Islandia en una semana, atravesando mares revueltos en los que a menudo las noches despejadas e iluminadas por las estrellas se hacían de rogar. Los primeros colonos descubrieron que los nativos americanos eran capaces de señalar la dirección de lugares que estaban hasta a ciento cincuenta kilómetros de distancia y que, cuando se les pedían más detalles, podían describir los puntos de referencia que había por el camino. Los aborígenes australianos desarrollaron mapas mentales siguiendo prácticamente el mismo método que los polinesios, es decir, manteniendo siempre presentes el punto de destino y de salida, aunque en Occidente la cartografía y la representación gráfica de las estrellas del arte aborigen no se consiguió entender del todo hasta hace relativamente poco.

Cook había perdido de vista nuestros talentos naturales para la navegación y jamás consiguió resolver la cuestión de cómo era posible que los polinesios hubieran llegado a habitar las islas del Pacífico ya de entrada. En realidad, es posible viajar en barco hacia casi todas las islas habitadas de Oceanía desde el sudeste asiático sin desplazarse por mar más de aproximadamente trescientos kilómetros, unas distancias lo suficientemente cortas como para que los marineros polinesios hicieran viajes de reconocimiento a lo largo del tiempo. Pero eso no explica los viajes más largos a la isla de Pascua, Hawái y Nueva Zelanda. Se cree que la migración polinesia a Nueva Zelanda tuvo lugar hace cerca de un milenio. A tres mil seiscientos kilómetros de Tahití, parece una travesía hacia lo desconocido aparentemente imposible de acometer en una canoa de dos cascos polinesia.

Lo que Cook no comprendió en su día fue que los polinesios llevaban más de tres mil años avistando tierra gracias a su observación e interpretación de la migración de las aves. Hoy se ha establecido el consenso de que los primeros polinesios cruzaron el Pacífico en busca del koel de cola larga, y para ello siguieron su vuelo anual hacia el sudoeste, desde Tahití hasta Nueva Zelanda. Las últimas observaciones científicas nos dicen que las aves también se apoyan en sus capacidades cognitivas para reconocer hábitats y generar mapas mentales, y que se orientan usando sus sentidos y las pistas celestiales que les dan el sol y las estrellas.

La migración de aves más larga jamás registrada en la Tierra abarca catorce mil kilómetros. Igual que ocurre con la orientación humana, la apreciación y la comprensión occidental de la migración de las aves es un fenómeno reciente que data de principios del siglo XX, cuando se empezó a anillar a las aves de forma sistemática y a encontrarlas en lugares muy lejanos. Desde entonces, se ha observado que una cantidad enorme de especies animales que incluyen a mamíferos y a insectos poseen unas habilidades de navegación muy desarrolladas: por ejemplo, el ratón de campo recoge y distribuye objetos llamativos como hojas y ramitas para utilizarlos como puntos de referencia durante sus exploraciones, y cuando está listo para seguir avanzando, los cambia de lugar. Un estudio de 2008 se centró en cómo las focas comunes buscan comida por la noche, y para ello se utilizó un planetario flotante construido para la ocasión para demostrar que, igual que los marineros polinesios, utilizaban las estrellas como guía para orientarse.

¿Por qué nos hemos mantenido tan ajenos a las capacidades eficaces e innatas que tenemos tanto los humanos como los animales para movernos por el mundo? Tuvieron que llegar el etnólogo alemán Ernst Sarfert y sus estudios de 1911 sobre la migración polinesia, y David Lewis y Thomas Gladwin en los años setenta del siglo XX con sus investigaciones más amplias, para que pudiéramos empezar a tener una imagen más completa de las extraordinarias técnicas que a Cook se le pasaron por alto. Para entonces, las habilidades de navegación polinesias estaban ya en claro declive y no tenían nada que ver con las sofisticadas técnicas empleadas por Tupaia. Los instrumentos de navegación occidentales habían penetrado la Polinesia cada vez más desde la llegada de Cook, lo que redujo la necesidad de los marineros de apoyarse en sus propias capacidades. Hoy apenas queda nadie en el mundo que conserve las habilidades de orientación de antaño. Por suerte, se llevaron a cabo estudios antes de que la navegación con GPS se volviera habitual. El corpus de investigaciones sobre la navegación polinesia que se llevaron a cabo hace unas décadas es el único registro sustancial y coherente que se conserva de las culturas antiguas de la navegación.

* * *

Si Cook emprendió su viaje por el Pacífico desde Tahití, fue porque quería construir un observatorio astronómico en la isla para tratar de seguir la trayectoria de Venus mientras pasaba por delante del Sol, un acontecimiento que solo ocurría cada ciento veinte años. Se consideraba que la observación minuciosa del tránsito de Venus era un paso crucial para refinar los cálculos astronómicos y superar los problemas constantes a los que se enfrentaba la navegación europea para establecer su posición en alta mar. Durante años, los marineros habían podido utilizar un sextante para observar las alturas y los ángulos de las estrellas y determinar así la latitud; sin embargo, establecer la longitud a la que se encontraba un barco resultaba una tarea muy escurridiza. Cook contaba con los dispositivos de medición longitudinal más avanzados a bordo del Endeavour, pero distaban mucho de ser perfectos. Por muy detallados que fueran sus gráficos, nunca conseguía saber su posición exacta en el mar. Las innovaciones en el campo de las ayudas a la navegación que habían ido surgiendo a lo largo de los siglos, desde el mapa hasta la brújula magnética, pasando por el sextante, habían hecho que los europeos se adaptaran a una visión del mundo cada vez más egocéntrica que se hizo del todo patente con el empleo de las coordenadas cartesianas —un sistema numérico inventado por el matemático y filósofo francés René Descartes— para establecer matemáticamente una posición en el mapa. La velocidad y la facilidad con las que se podía navegar gracias a estos instrumentos —especialmente a medida que su precisión iba mejorando— hicieron que estos fueran desbancando poco a poco el uso de las habilidades naturales. El conocimiento y las tradiciones culturales que facilitaron los viajes de celtas y vikingos hacía ya mucho que habían caído en el olvido.

En los cuadernos de Cook no se ha encontrado ninguna evidencia de que el mapa de Tupaia lo influyera en ningún sentido, y es que, sencillamente, no sabía interpretarlo. Últimamente se han llevado a cabo ciertos estudios académicos que pretendían descifrar la perspectiva de dicho mapa, y se ha llegado al consenso de que Tupaia trató de representar su concepto de la navegación por el Pacífico en un formato que sus visitantes pudieran entender. Trasladó con una destreza asombrosa la visión del mundo del sistema *etak* a un gráfico bidimensional de estilo europeo. Sus esfuerzos bastaron para que Cook reconociera el resultado, pero no para que fuera capaz de entender del todo su contenido. Los métodos de navegación que adoptamos alteran nuestra visión del mundo de formas que, por sutiles que sean, no dejan de ser importantes. La diferencia fundamental entre los polinesios que se orientaban con sus habilidades naturales y los exploradores europeos que llegaron a sus tierras estaba en los mapas que seguían. La cartografía genera una visión del mundo abstracta y fija que se aleja mucho de la realidad. Los mapas bidimensionales que utilizamos hoy en día, por ejemplo, se basan en la proyección de Mercator, un método que se concibió en 1569, y aplanan la esfera terrestre de tal forma que el tamaño y la forma de las áreas geográficas más grandes quedan distorsionados. Los polinesios con los que trató Cook no utilizaban gráficos, pero poseían unos mapas cognitivos de gran riqueza, unos tapices que tejían a partir de los recuerdos siempre en evolución que iban recopilando en sus viajes. Cook y su tripulación contaban con unos gráficos muy impresionantes y con los últimos instrumentos de navegación, pero no sabían ver más allá de ellos.

Dibujitos de edificios y extensiones verdes

Cook emprendió una segunda travesía por el Pacífico en 1772, esta vez ayudado de un cronómetro marino que se acababa de inventar para medir la longitud con precisión. Concebido por el relojero autodidacta John Harrison, el cronómetro H4 revolucionó los viajes por mar y allanó el terreno para que Inglaterra dominara los mares e hiciera crecer el Imperio británico. Cook logró trazar mapas de navegación sumamente precisos del Pacífico, lo que permitió que otros siguieran sus pasos. El cronómetro marino comparaba la hora media de Greenwich con la hora de la ubicación en la que se encontraban, la cual se confirmaba mediante la observación de los cuerpos celestes. Fue un invento trascendental que permitió que cualquiera pudiera determinar su ubicación exacta en el mundo. Los cronómetros se utilizaron hasta bien entrado el siglo XX y fueron los precursores del GPS en el que se basan las aplicaciones de navegación actuales.

El GPS funciona gracias a una constelación de satélites que orbitan alrededor de la Tierra, el primero de los cuales fue lanzado por el Ejército de Estados Unidos en 1967. Cada satélite transmite una señal desde el espacio, a una distancia de veinte mil kilómetros, que detalla la posición actual y la hora a la que se ha emitido el mensaje. Los chips de GPS de nuestros celulares recogen las señales distantes de al menos cuatro satélites para determinar una ubicación con una precisión de treinta centímetros. Es exactamente el mismo principio que Harrison empleó en su cronómetro, y también se parece mucho al sistema *etak*. Mientras que un marinero polinesio observaría la trayectoria de las estrellas para establecer su ubicación, el GPS se apoya en unos cuerpos celestiales artificiales para hacer lo mismo.

La precisión del GPS y la facilidad con la que nos permite desplazarnos es impactante, como lo es también el breve tiempo que tardó en llegar a nuestras manos. Hemos tendido a considerar las aplicaciones de navegación digital como versiones interactivas de los mapas que llevamos utilizando durante siglos, cuando, en realidad, son mucho más que eso. Un mapa tradicional nos exige que determinemos nuestra ubicación actual y visualicemos su conexión con el punto de destino para diseñar nuestra propia ruta. Y, al hacerlo, creamos nuestros propios mapas cognitivos. Leer mapas de esta forma agudiza nuestro pensamiento en relación con el espacio y mejora nuestras habilidades de orientación, y adaptar e inventar nuestro propio itinerario refuerza la confianza en nosotros mismos. Pocos principiantes se paran a examinar los mapas con el nivel de detalle necesario, ya que lleva tiempo desarrollar la habilidad de entender todo lo que nos muestran los mapas y poner en práctica dicha información. No obstante, existen estudios académicos que dicen que, cuanto más utilizamos los mapas tradicionales, más fácil nos resulta movernos con ellos. Las personas que saben utilizar los mapas también tienen una capacidad mucho mayor de dibujar esquemas precisos de las rutas y formar recuerdos visuales de su entorno.

La navegación por satélite nos ahorra todo este trabajo, calcula rápidamente la mejor ruta y nos proporciona una serie de indicaciones detalladas que son muy fáciles de seguir. El primer sistema comercial de navegación informática disponible para los coches apareció en 1985 con el nombre de Etak, un nombre muy apropiado, ya que los navegadores por satélite funcionan de una forma muy parecida al método polinesio del mismo nombre al ubicar los puntos de partida y de destino, y dividir el trayecto en etapas. Naturalmente, la diferencia principal es que, en nuestro caso, la ruta se planifica de forma automática. Aunque en épocas pasadas recurrimos a herramientas para orientarnos, siempre hemos participado de forma activa en la toma de decisiones, hemos estudiado nuestra ubicación y nos hemos apoyado en nuestros sentidos. La forma en que las aplicaciones de planificación de rutas nos ponen en camino sin que nosotros nos impliquemos apenas en el proceso es un fenómeno totalmente nuevo. La precisión automática y fiable de la navegación por satélite nos aleja de las pistas que ofrece el entorno y que necesitamos para crear nuestros propios mapas cognitivos. Nuestros antepasados, en cambio, examinaban su entorno con gran fervor, prestando mucha atención tanto al espacio como al camino que seguían. El método de navegación polinesio integraba conceptos relacionados con la física, la biología, la meteorología y la astronomía, entre otros, es decir, de la mecánica y de los principios que mueven el mundo.

Aunque quizá no seamos conscientes de ello, la forma que tenemos de desplazarnos en la actualidad reprime significativamente nuestras experiencias sensoriales y cognitivas. Las aplicaciones que nos dan las rutas hechas están pensadas para presentar la información de una forma sencilla y evitar así distracciones o confusiones: cambiamos la infinidad de detalles del mundo que nos rodea por dibujitos de edificios y extensiones genéricas de color verde, y el terreno queda reducido a formas y líneas. Las casualidades o la oportunidad de aprender a partir de rutas fallidas desaparecen totalmente mientras seguimos nuestra trayectoria sin ningún tipo de obstáculo. Al usar el GPS podemos movernos sin llegar a saber dónde estamos, por dónde hemos pasado o hacia dónde vamos. Es una transformación extraordinaria que nos afecta profundamente. En primer lugar, conocemos mucho menos nuestro entorno: la cuestión de la ubicación, que anteriormente nos exigía interactuar muy de cerca con nuestro entorno, ya no tiene cabida. Y, a base de no asimilar el mundo que nos rodea, dejamos de generar recuerdos espaciales, de forma que la habilidad de encontrar el camino de vuelta a casa o de recordar el camino que habíamos tomado se ve inhibida. Y lo que es todavía más preocupante es que nos arriesgamos a perder una serie de habilidades cognitivas innatas y fundamentales que van más allá de la propia orientación.

El desarrollo de las primeras tecnologías de navegación por GPS en la década de 1970 coincidió con importantes avances en el estudio de cómo procesamos la información espacial. Los experimentos que llevó a cabo el profesor del University College London (UCL) John O'Keefe sacaron a la luz las «células de lugar» —unas neuronas individuales que se encuentran en una región del cerebro llamada hipocampo—, que se activan cada vez que una rata visita un mismo espacio y que, con el tiempo, generan el mapa de la habitación en cuestión. En el año 2005, May-Britt y Edvard Moser, un matrimonio que trabaja en equipo en la Universidad Noruega de Ciencia y Tecnología, identificó las «células de red» complementarias, que permiten a las ratas generar un sistema de coordenadas y determinar su ubicación exacta. Otros estudios llevados a cabo en el UCL en 2010 permitieron observar esas mismas células de lugar y de red en los humanos. Más adelante se identificaron las partes exactas del cerebro que predicen la distancia hasta un destino, junto a las células de dirección de la cabeza que funcionan como una brújula interna. En el mismo momento en que los teléfonos inteligentes ponían la tecnología del GPS a disposición de todos (el primer iPhone salió al mercado en 2007), la ciencia justo empezaba a descubrir la naturaleza física del exhaustivo sistema de posicionamiento que llevamos en el cerebro. En 2011, un amplio estudio del UCL acaparó titulares al anunciar que el hipocampo de los conductores de taxi de Londres aumentaba de tamaño al aprenderse las veinticinco mil calles de la ciudad para *The Knowledge*, el famoso examen que deben aprobar para conseguir la licencia. Se descubrió que el volumen de materia gris del cerebro se reducía cuando dicha habilidad dejaba de ser necesaria.

Estas reveladoras observaciones empezaron a despertar la preocupación sobre los posibles efectos de la navegación por GPS. Partiendo de un conocimiento sobre la neuroplasticidad —la habilidad natural del cerebro humano de cambiar a consecuencia de la experiencia— más desarrollado, se hicieron estudios con personas que llevaban a cabo una serie de ejercicios intensivos para mejorar sus habilidades de orientación. Se observó el mismo crecimiento del hipocampo. ¿Qué ocurriría si se produjera lo contrario? ¿Podría el GPS tener un efecto perjudicial para nuestras capacidades cognitivas? El equipo del UCL que se había encargado del estudio de los taxistas de Londres advirtió que llevar a cabo un estudio riguroso con humanos sobre estas cuestiones resultaría sumamente difícil y que seguramente conllevaría un precio demasiado elevado. Se han hecho varios intentos de superar este obstáculo, y una colección creciente de resultados ya confirma que el GPS afecta de forma negativa a nuestra memoria espacial y desactiva partes del cerebro que de otra forma sí se utilizarían.

El punto de vista más claro al respecto nos llega de un estudio publicado en 2020 por la Universidad McGill de Montreal, cuyos resultados se compilaron a lo largo de varios años y confirmaron que, cuanto más nos apoyamos en el GPS, más pronunciado es el declive de nuestras habilidades cognitivas. Y esta deficiencia sigue presente cuando nos desplazamos por nosotros mismos, ya que el GPS reduce la habilidad de asimilar y recordar información relacionada con nuestro entorno y daña nuestra propensión a generar mapas cognitivos precisos. Recientemente, también se han llevado a cabo estudios sobre los probables efectos inminentes de la navegación por GPS con gafas de realidad aumentada, y de nuevo se han observado consecuencias neurobiológicas medibles que reflejan los cambios físicos del hipocampo que presentaban los taxistas. Se ha detectado que la dependencia de la tecnología GPS aumenta incluso tras un breve periodo de entre diez y doce semanas. Aunque la próxima entrega de dispositivos GPS estará diseñada para infiltrarse en nuestra vida cotidiana de formas cada vez más profundas, los estudios exhaustivos sobre las posibles consecuencias fisiológicas y psicológicas que acarrearán los dispositivos portátiles brillan por su ausencia.

En 2014, John O'Keefe, May-Britt Moser y Edvard Moser ganaron el Premio Nobel de Fisiología o Medicina por su estudio de las células de lugar y de red desde los años setenta. Al ofrecer la primera prueba demostrable de cómo nos abrimos paso por entornos complejos, se consideró que su trabajo había dado pie a un cambio de paradigma en la comprensión de cómo las neuronas especializadas colaboran entre ellas al servicio de las funciones cognitivas superiores. El Comité del Premio Nobel dijo de estos descubrimientos que habían «abierto nuevas vías para entender otros procesos cognitivos como la memoria, el pensamiento y la planificación». Y eso es exactamente lo que ha ocurrido. Unos estudios más recientes llevados a cabo por la Universidad de Princeton proponen que las regiones del cerebro que generan los mapas mentales de nuestro entorno también desempeñan un papel mucho más amplio en relación con la memoria y el aprendizaje. Se observó que una serie de mecanismos comunes de la región del hipocampo llevaban a cabo un variado abanico de tareas. Ahora sabemos que, cuando visitamos un lugar nuevo, no solo nos hacemos un mapa mental, sino que formamos recuerdos *in situ*. El cerebro no se limita a tomar nota de nuestra ubicación, sino que al mismo tiempo también asimila y almacena otras características más completas de nuestra experiencia cotidiana, algo a lo que los neurólogos se refieren con el nombre de *memoria episódica*. El cerebro dota de sentido al espacio creando almacenes mentales que contienen los acontecimientos que vivimos, y por eso los antiguos métodos para recordar consistían en visualizar lugares imaginarios en los que guardar la información. Si pensamos en el lugar en el que algo ocurrió, nos será mucho más fácil recordarlo más adelante.

Que hoy seamos más conscientes de la estrecha relación que existe entre la navegación y la memoria es una preocupación ciertamente profética, ya que básicamente dependemos de nuestros recuerdos para entender el mundo que nos rodea. Asimismo, el pensamiento espacial se ha relacionado con otras funciones cognitivas fundamentales, como el pensamiento abstracto, la imaginación e incluso el lenguaje. A muchos científicos les inquieta que reducir la implicación activa en la navegación pueda conducir a la aparición temprana de enfermedades como el alzhéimer o la demencia. Teniendo esto en cuenta, ¿hasta qué punto afecta el GPS a la memoria y a las habilidades cognitivas?

Por desgracia, llega un punto en que se nos acaban las referencias científicas. Mientras que los procedimientos formales del campo de la investigación y de la experimentación farmacológica clínica están regulados, no existen normas que garanticen la seguridad de los dispositivos tecnológicos pensados para suplantar o reforzar nuestras habilidades cognitivas. Los dispositivos de GPS diseñados para ahorrarnos las tareas cognitivas inherentes a la navegación se han lanzado al mercado sin haber investigado sus posibles riesgos psicológicos o médicos. Los estudios sobre sus verdaderos efectos sobre la mente son deficientes y todavía incipientes.

* * *

Los marineros polinesios entrenaban la mente. La instrucción formal empezaba en tierra firme, donde se reunían en una de las cabañas en las que se guardaban las canoas y dibujaban diagramas con piedritas para memorizar las posiciones de las estrellas. Los habitantes de las islas Gilbert se sentaban en una sala de cuatro lados y tejado de paja, donde usaban las vigas y los travesaños para representar el cielo nocturno y colocaban palos para marcar la trayectoria de las estrellas y los mares de fondo entre una isla y otra. El sistema *etak* exigía poseer unos conocimientos muy extensos, pero casi todo se aprendía en el mar. Los navegantes expertos demostraban el movimiento de las olas y de las nubes, y señalaban cualquier fluctuación que observaran en la luz del sol o la temperatura, todos ellos detalles que había que ver o percibir. A los aprendices se les enseñaba a estar atentos a lo inesperado, a cualquier indicio de extrañeza. Los investigadores que trabajaron con los últimos navegantes polinesios expertos tuvieron problemas para llegar al corazón de lo que a veces parecían enigmas impenetrables. Algunos conceptos eran fáciles de transmitir, pero muchos resultaban demasiado vagos como para describirlos con palabras, y más todavía al no hablar el mismo idioma. La navegación polinesia era una habilidad que había que ganarse a pulso por medio de la experiencia personal y a base de cometer errores en innumerables viajes en canoa. Superar un problema tras otro era la única forma en que un marinero podía llegar a convertirse en un navegante competente.

En lugar de preguntar «¿cómo estás?», como hacemos nosotros, los habitantes de las islas del Pacífico se saludaban con un «¿adónde vas?». Su conocimiento sobre el mundo propiciaba una actitud espontánea y aventurera. Saber cómo movernos por el mundo y entender nuestro entorno nos ancla a él. A veces se nos olvida que, como humanos, estamos profundamente conectados al lugar en el que nos encontramos, a los espacios en los que nuestras vidas «tienen lugar» en el sentido más literal. Las remotas islas del Pacífico que se encontraron en los años setenta y resultaron ser el último vestigio de estas formas de vida antiguas eran lugares dinámicos rebosantes de sentido del propósito y de la realización personal, pero hoy la navegación moderna ha contribuido a diezmar las culturas marineras autóctonas.

En 1976, una canoa de doble casco polinesia llamada Hōkūle'a emprendió un viaje de cuatro mil kilómetros desde Hawái hasta Tahití sin ningún instrumento de navegación a bordo. El propósito del viaje era demostrar el potencial de las técnicas de navegación polinesias de encontrar tierra firme a grandes distancias, y fue un éxito. La Hōkūle'a llevó a cabo muchas otras travesías a lo largo de las décadas siguientes, saliendo de Hawái, atravesando la Polinesia y Micronesia, y llegando a Japón, Canadá y la parte continental de Estados Unidos. Las tripulaciones a bordo

LA ORIENTACIÓN

se beneficiaron de la tutoría de Mau Piailug, un maestro navegante de las islas Carolinas que aún conservaba lo que quedaba de las prácticas de navegación antiguas propias de los polinesios, pero lo cierto es que tuvieron que aprender a dominar estos métodos prácticamente por sí solos. La orientación es una habilidad humana fundamental que todos podemos cultivar, pero para ello debemos tener la oportunidad de poner en práctica, desarrollar y refinar nuestra conexión con un mundo que queda oculto tras la tecnología con demasiada facilidad.

Desarrolla tu capacidad innata de orientación

El plan de estudios general de las escuelas de varios países escandinavos incluye la enseñanza de técnicas de orientación. Los tiempos que se dedican a aprender a orientarse abarcan toda una serie de disciplinas relacionadas entre sí y fomentan una habilidad de valor incalculable que dura para siempre, la de ser capaz de determinar dónde estás y adónde vas en cualquier momento. Saber orientarse es fundamental para la vida diaria, ya sea cuando desandamos lo andado en un lugar conocido o exploramos una ciudad por primera vez. Para ser hábil orientándose hace falta poner en práctica una serie de habilidades principales que son inherentes a la forma que tenemos de vivir momento a momento: nuestra forma de percibir el entorno, de dirigir la atención hacia los elementos útiles que encontramos en él, y la capacidad de recordar dichos rasgos en el futuro. Tu forma de abrirte paso es inseparable de las impresiones y de los recuerdos que te conectan a tu realidad: cuanto mejor se te dé orientarte, más ricas y refinadas serán tus percepciones. La capacidad de orientarse correctamente no es una cuestión de conveniencia o de bienestar, sino la base fundamental de cómo te mueves por el mundo. Lamentablemente, los amplios ritos de iniciación de las civilizaciones antiguas mediante los que los conocimientos sobre orientación pasaban de una generación a otra han desaparecido por completo: la gran mayoría no recibimos ninguna formación básica al respecto, y en las escuelas es prácticamente inexistente. Mientras que los polinesios aprendían de sus mayores hasta los detalles más sutiles sobre cómo orientarse por su mundo a lo largo de muchos años y viajes, el conocimiento que hoy tenemos está encerrado en unos mapas y dispositivos que empezamos a utilizar muy jóvenes, sin que nadie nos explique cómo funcionan o nos aconseje sobre su uso.

La actitud de cada uno frente a la dependencia endémica del GPS y al declive de las habilidades de orientación que se desprende de ella supone un reto personal, ya que la orientación natural es una disciplina que hace mucho cayó en el olvido en nuestra cultura y tenemos pocos recursos a nuestro alcance. Aun así, la oportunidad de reivindicar tus habilidades de orientación está a la vista: solo tienes que guardar el celular y mirar hacia fuera. El hábito de advertir detalles a tu alrededor es fácil de desarrollar con la práctica y, si perseveras, podrás afinarlo hasta el punto de tener a tu alcance extraordinarias proezas de navegación.

Presta atención al camino

El primer paso clave para desarrollar tus habilidades de orientación natural es guiarte más por tus propios sentidos y dejar de contar con la mediación de cualquier ayuda a la navegación, en especial del celular y otros dispositivos GPS. Las aplicaciones de navegación por satélite generan hábitos, así que tendrás que esforzarte para poner fin a tu dependencia de ellas. Un hábito útil para empezar es «la regla de solo a la ida», la cual consiste en utilizar el GPS para ir a un sitio desconocido y apagarlo para el camino de vuelta. Al hacerlo, estarás creando una necesidad más urgente de prestar atención en el trayecto de ida y tomarás nota mental de las referencias y los carteles que vayas viendo para poder volver. Tu nivel de concentración aumentará de forma natural en el camino de vuelta, y no te quedará de otra que ir buscando los puntos de referencia que te guíen hasta casa. Y si después de este ejercicio sigues la regla de «solo una vez», según la cual no puedes utilizar el GPS para seguir cualquier ruta que ya hayas realizado anteriormente, aún mejor. Estas técnicas podrán ayudarte a ver tu aplicación de navegación por satélite como una herramienta útil para aprender nuevas rutas y no como una muleta permanente.

Otro método útil es la «regla de casa», es decir, apagar el GPS cuando estés en la zona en la que vives. Hacer trayectos sin ayuda desde casa es un punto de partida natural que se hace eco de la forma en que nuestros antepasados pudieron ir alejándose cada vez más gracias a que mantenían una conexión con el punto de regreso. Lo mejor es hacerlo a pie, ya que así estarás más sintonizado físicamente con tu entorno. Sobre todo en las ciudades, conservamos paquetitos de información sobre nuestro entorno —pequeños radios alrededor de nuestra casa, la oficina y otros lugares que visitamos con frecuencia—, pero raramente conectamos dichos radios entre ellos. Camina en direcciones nuevas por rutas que no conozcas para generarte la necesidad de prestar más atención a los detalles —entre ellos, los típicos carteles de toda la vida— que te ayudarán a encontrar el camino.

El pionero piloto de avión francés Antoine de Saint-Exupéry voló durante los primeros años de la aviación, a principios del siglo XX, y fue desde el sur de Europa hasta la costa oeste de África. En lugar de limitarse a utilizar los mapas y los gráficos convencionales, fue buscando peculiaridades fáciles de recordar en los paisajes que sobrevolaba, imaginando rostros en las laderas de las montañas, ojos monstruosos y narices pronunciadas. Tú puedes hacer lo mismo, y los contextos urbanos en concreto pueden ser lugares fáciles de recordar. Diviértete buscando simetrías incoherentes o yuxtaposiciones y presta atención a lo inesperado, como nombres de calles extraños, edificios torcidos, ondulaciones en la acera o árboles de formas raras.

Cómo pasar a la acción

- Reduce tu uso del navegador por satélite: pon en práctica las reglas de «solo a la ida», «solo una vez» y «casa».
- Empieza con trayectos que te queden cerca de casa: busca caminos nuevos y visita barrios en los que nunca has estado, y luego intenta volver a casa sin ayuda.

Caminar distraídamente por la calle y hacerlo prestando atención a los detalles son cosas muy distintas. Cuando vamos distraídos, nuestra mente no está presente en el momento; el GPS hace que miremos la pantalla para que nos indique el camino o asegurarnos de que vamos bien, así que avanzamos con la cabeza en otro sitio. Si reduces el uso del navegador con las reglas de «solo a la ida», «solo una vez» y «casa», únicamente irás distraído cuando conozcas bien el lugar. El resto del tiempo prestarás atención a lo que te rodea, y lo harás por necesidad.

Oriéntate tú solo

La capacidad de orientarse consiste en combinar la observación y la deducción, es decir, fijarse en la información que tenemos a nuestro alcance y utilizar la lógica para reflexionar sobre un problema para resolverlo. Las personas que saben orientarse tienen presentes la dirección, el lugar y la posición en todo momento, y relacionan entre sí los lugares por los que pasan. La faceta más impresionante de la navegación polinesia surgía precisamente de esa combinación, ya que los marineros asimilaban los detalles inconexos de toda una serie de fenómenos naturales para deducir dónde estaban y decidir adónde ir a continuación. Leían el mundo como nosotros leemos el texto de una página, ya que para ellos era un conjunto de signos de los que podían sacar conclusiones lógicas. Tú también puedes hacerlo. Trata de hacer los trayectos tú solo primero para que no te distraiga la conversación o no terminar siguiendo los pasos de otro sin querer. Concédete el espacio mental para concentrarte e interpretar todas las evidencias combinadas que obtengas de distintos indicadores.

Leer las calles, los edificios y el terreno te dará unas pistas que no aparecen en ningún mapa. Por ejemplo, es muy útil saber que las iglesias tienen una orientación oeste-este, con la entrada principal en el lado oeste, mientras que cualquier pista de tenis con la que te cruces tendrá una orientación norte-sur. Y suele ser bastante rápido familiarizarse con el diseño de las calles principales, especialmente en las áreas metropolitanas de construcción reciente, cuyo urbanismo en cuadrícula es muy fácil descifrar: hay ciudades como Chicago, Denver y Kansas City que están incluso alineadas con los puntos cardinales. Todos los espacios urbanos presentan una forma u otra de organización natural, ya sea al pie de una montaña, alineados a ambos lados de un río o agrupados alrededor de un puerto.

Confía tanto como puedas en todos tus sentidos, y no solo en lo que ves justo delante de ti. El oído en especial es fenomenal para orientarse, así que ve con cuidado de no perderte un montón de pistas si llevas audífonos. Oímos sonidos constantemente —y en las ciudades, a un volumen increíble—, y cuando te pares a fijarte en ellos y a ubicar de dónde proceden, podrás utilizarlos para orientarte. El murmullo de las calles transitadas se oye desde un radio extenso, y la música y el rumor de los grupos grandes de gente también llegan lejos, especialmente si el viento sopla a tu favor. El ruido se puede utilizar tanto como las referencias visuales para orientarse, o se puede establecer como una guía útil para llegar al destino. El sentido del olfato también puede ayudarnos a ubicar restaurantes o bares fácilmente, mientras que la brisa marina se puede detectar a cientos de metros de la costa. Aprende a confiar en tus percepciones.

El sentido de la orientación no es innato, ya que saber adónde vas siempre exige observación y deducción. Si te detienes un momento y examinas lo que ves al dar una vuelta de trescientos sesenta grados, enseguida podrás ubicar montañas o rascacielos en el horizonte, los cuales te servirán de punto de referencia para que te orientes fácilmente y puedas tener en cuenta la posición del sol. En entornos rurales, puedes relacionar señales como la configuración de las montañas, la orientación de los valles y la inclinación de los árboles ladeados por el viento para orientarte. Si las vistas lo permiten, podrás crearte una imagen mental de la forma y los patrones del propio terreno y leer sus características. Las montañas y los ríos mantienen una relación especialmente estrecha, ya que dejan entrever la dirección de los movimientos de los glaciares y de las capas de hielo de hace miles de años. Los arroyos que fluyen hacia abajo tienden a hacerlo en una línea bastante recta, y solo serpentean en terrenos llanos. Si prestas más atención a lo que a primera vista podría parecer aleatorio o caótico, empezarás a ver patrones y señales en el paisaje, lo que te permitirá entenderlo mejor y abrirte paso por él. Y a medida que vayas generando una perspectiva más nutrida y personal de tu entorno, tu capacidad de orientación futura irá mejorando.

Cómo pasar a la acción

- Apaga el celular y acostúmbrate a utilizar el navegador solo cuando sea imprescindible.
- Familiarízate con los puntos de referencia de tu zona: fíjate en los detalles de los lugares que sueles recorrer a pie o en coche, y busca marcadores geográficos nuevos que te ayuden a orientarte.
- Recuerda que no pasa nada si te pierdes: fíjate el reto de seguir un camino más complejo y apóyate solo en las pistas que vayas encontrando para llegar a tu destino.

Crea tus propios mapas cognitivos

La naturaleza espacial de la memoria hace que responda muy bien al usarla; es decir, cuanto más te fijes mientras te desplazas y definas el camino por ti mismo, más detallados serán los mapas cognitivos que vayas generando. De todas formas, existen varias técnicas para leer y crear mapas que te permitirán acelerar el proceso de aprendizaje y ampliar tu panorama mental.

Hay un cambio muy sencillo que puede ayudarte a desarrollar tu propia geografía rápidamente, que consiste en sustituir los mapas digitales por los impresos. Si tomas un mapa oficial o alguno que sea de buena calidad y lo extiendes sobre la mesa, tendrás varias ventajas de partida, ya que ofrece información variada y exhaustiva, pero lo hace con una rica variedad de signos y símbolos que tendrás que interpretar para entender la topografía del lugar por el que pretendes moverte. En cambio, cuando las aplicaciones de navegación te dan una lista de indicaciones sencillas para que las sigas paso a paso, no puedes llevar a cabo la tarea cognitiva necesaria ni formar tus propios recuerdos a lo largo del proceso. Leer un mapa correctamente te permite comparar y contrastar más detalles con las pistas físicas que vayas encontrando, mientras que el sistema cuadriculado de los mapas te obliga a ampliar la perspectiva antes de centrarte en un lugar en concreto, lo cual es una forma fantástica de tener un punto de vista más extenso de la zona y de conectar distintos puntos entre sí.

Otro cambio sencillo que te ayudará a generar tus propios mapas cognitivos consiste en cambiar tu forma de leer los mapas digitales. Las aplicaciones de GPS vienen configuradas para ofrecer una visión egocéntrica por defecto, y orientan el mapa automáticamente para que coincida con tu perspectiva. Esta innovación ha sido crucial para eliminar gran parte del esfuerzo intelectual que solía necesitarse para leer mapas, pero la mayoría de las aplicaciones permiten desactivar esta función con solo tocar un botón, y en cuanto lo haces, el mapa del GPS se vuelve más alocéntrico y adopta una forma parecida a la de los mapas impresos. Te recomiendo encarecidamente que lo hagas. De pronto, te verás obligado a traducir el mapa a la dirección en la que está orientado tu cuerpo, y la consecuencia será que entenderás mejor su contenido en relación con tu propia posición. Aplicar esta visión alocéntrica a cualquier mapa que utilices en el celular mientras te mueves a pie es muy útil; por otro lado, cuando vas conduciendo, las indicaciones egocéntricas del navegador por satélite pueden venir muy bien cuando te encuentras en una ciudad nueva que además presenta un sistema complejo de calles de un solo sentido o cuando quieres llegar a algún sitio rápidamente. Pero insisto: trata de utilizar el modo alocéntrico siempre que puedas, ya que te ayudará a reforzar tus propios mapas cognitivos.

Cuanto más utilices los mapas correctamente, más capaz serás de memorizar lo que viene a continuación y de reducir los posibles errores de navegación. Prueba estudiar el mapa detenidamente antes de emprender un tramo concreto del camino y a recordar los puntos de referencia importantes en los que deberás ir fijándote, y luego guarda el mapa, ya sea digital o físico, y dibuja el camino que quieres seguir en un papel. Guarda este esquema en el bolsillo y trata de no sacarlo. Acostúmbrate a ir comprobando tus avances mientras te desplazas fijándote en lo que te rodea (o consultando el mapa o tu esquema si es estrictamente necesario). Poco a poco, empezarás a desarrollar un sentido más intuitivo de tu posición en todo momento.

En el caso de los desplazamientos que quieras recordar, vuelve a recorrerlos mentalmente después de hacerlos y pon a prueba cuánto recuerdas: los nombres de las calles, las carreteras, las direcciones que has seguido y cualquier otro punto de interés. Intenta acostumbrarte a fijar el norte en tu mente mientras avances, y tenlo presente cuando dibujes un mapa rápido después. La mayoría de los teléfonos inteligentes incluyen una brújula (o bien, se puede descargar), y es útil practicar con ella para ser consciente de tu situación de forma constante. Poco a poco, la habilidad de crear mapas mentales se convertirá en un hábito natural para el que no necesitarás papel y pluma, aunque al principio ir tomando notas puede resultar sumamente útil.

Planear rutas más complejas o largas y recordarlas es seguramente uno de los retos más difíciles que te plantee la tarea de orientarte, y por eso requiere tiempo y práctica. Cuando se trata de una ruta sencilla, basta con fijar una línea entre dos puntos de referencia, pero cuando la cosa se complica, deberás determinar los distintos tramos del camino. Este tipo de obstáculos fue el que llevó a los polinesios a desarrollar el sistema *etak*, y, a medida que vayas mejorando tus aptitudes, empezarás a desarrollar esos mismos métodos por ti mismo e irás fijando tu posición respecto a puntos de referencia importantes y observando tu progreso a medida que avances. Ponte a prueba y planifica una ruta nueva y más compleja a través de tu ciudad, a ver cómo te va. Consulta un mapa impreso, luego dibuja tus propios mapas y memorízalos antes de ponerte en marcha. Cuando todavía lleves poco recorrido, comprueba si estás siguiendo el rumbo correcto y trata de corregirlo si es necesario antes de consultar tus mapas o pedir ayuda. Con el tiempo, serás capaz de llegar cada vez más lejos.

El tipo de mapas cognitivos detallados que los polinesios llevaban en la cabeza están a tu alcance; además, las tecnologías digitales de navegación que tienes a tu disposición te ofrecen una información sin igual para planificar tus desplazamientos y, si la cosa se complica, encontrar el camino de vuelta. Si se utilizan con moderación y de forma adecuada, los dispositivos de navegación digitales, como las brújulas del celular y los mapas virtuales, pueden ayudarnos a recuperar la conexión con nuestro entorno.

Cómo pasar a la acción

- Cómprate un buen mapa impreso del lugar en el que vives: cuélgalo en la pared o extiéndelo sobre la mesa y dedica tiempo a estudiarlo detalladamente.
- Desactiva el «modo egocéntrico» de tus dispositivos de GPS y asegúrate de que los mapas digitales que empleas siempre están orientados hacia el norte.
- Prueba a dibujar tus propios mapas al planificar un desplazamiento: consulta un mapa impreso o digital en casa para planificar el recorrido y luego dibuja una versión simplificada en un papel que te ayude a recordarlo más adelante.
- Ponte a prueba con rutas más complejas: planifica y memoriza un camino más extenso en una zona nueva y ponte en marcha con la intención de no consultar tus notas ni ningún mapa, a menos que sea estrictamente necesario.

CAPÍTULO
2

El movimiento

NUESTROS ANTEPASADOS Y SUS PIES LIGEROS

En abril de 2017, una mujer de veintidós años llegó al estado de Puebla, en México, para competir en un ultramaratón de cincuenta kilómetros. María Lorena Ramírez no había seguido ningún entrenamiento formal ni llevaba equipamento profesional —corrió con una falda que había hecho ella misma y unos huaraches—, y tampoco llevaba bebidas ni geles energéticos consigo. Ramírez hizo una buena salida y mantuvo el ritmo, y según fueron pasando las horas, los otros quinientos corredores de doce países de todo el mundo empezaron a bajar el ritmo o retirarse. Con una marcha tranquila y una elegancia fluida, enseguida ganó una ventaja insuperable. La carrera UltraTrail Cerro Rojo es conocida en todo el mundo, y cuando Ramírez fue la primera en cruzar la línea de meta, hubo gran revuelo entre la comunidad de corredores. Había mantenido el ritmo durante siete horas y veinte minutos y había dejado atrás a todos los demás corredores vestidos de licra. Tras su victoria, empezó a competir en carreras más largas, de hasta cien kilómetros de distancia, por todo el mundo. Hoy, Ramírez sigue corriendo y ocupando buenas posiciones en las principales competiciones de ultramaratón del mundo. Pero para algunos, su talento natural no es ninguna sorpresa. Nació en las Barrancas del Cobre, en la Sierra Madre Occidental de Chihuahua, en México, y todavía hoy vive allí, donde cuida las cabras de su familia. Esta zona, que se encuentra a tres mil metros de altitud y está cubierta de bosques de coníferas, está habitada por los rarámuris, un grupo de unos sesenta mil indígenas que se enorgullecen de ser conocidos como «los de pies ligeros»: *rara* significa «pies», y *muri*, «correr». Desde muy pequeños y hasta que son ancianos, los rarámuris caminan y corren por un terreno difícil, escalando los barrancos escarpados con unas sandalias hechas de fibras vegetales o, como suele ser el caso en la actualidad, del caucho de las ruedas de los coches. Las carreteras no abundan, de forma que la labranza se lleva a cabo prácticamente sin utilizar vehículos motorizados, y los niños empiezan a escalar las laderas de las montañas para guiar a las cabras, las ovejas y las reses a los cinco o seis años. Un estudio de 2019 sobre un grupo de hombres rarámuris de más de 35 años observó que recorrían 15 kilómetros diarios, una media de 18 800 pasos, casi el doble de los 10 000 que los profesionales de la salud recomiendan hoy en día. Muchos de estos pasos los daban sobre inclinaciones elevadas, y los miembros de más edad de la comunidad hacían ascensiones de 1000 metros de forma habitual. Aunque la influencia de localidades lejanas está empezando a elevar los casos de obesidad y otros indicadores de enfermedades crónicas, los miembros de la sociedad rarámuri presentan una salud cardiovascular excelente.

La familia Ramírez lleva en la sangre lo de correr largas distancias. Tres de los siete hermanos —además del padre, Santiago— corrieron con María Lorena en un ultramaratón reciente en Chihuahua, y su hermano mayor, Mario, también se encontraba entre los competidores de Puebla, donde alcanzó la décima posición en la categoría de treinta kilómetros. Santiago lleva corriendo desde que era niño, igual que su padre y su abuelo antes que él. Para los rarámuris, correr es más un estilo de vida que una actividad, ya que es su medio de transporte principal y permite que varios grupos se reúnan y celebren festividades. Las carreras a pie rarajípari, que exigen un gran aguante, son una parte fundamental de su cultura, y los pueblos compiten entre sí en eventos que suelen surgir de forma espontánea. Consisten en correr distancias de sesenta y cinco kilómetros o más, al tiempo que se va dando patadas a una bola de madera, y equipos de todas las edades van haciendo relevos durante toda la noche, mientras que los más débiles van abandonando la carrera.

El reciente crecimiento del interés por los ultramaratones ha hecho que corredores de todas partes visiten la región en un intento de descubrir las técnicas de entrenamiento que dan a los rarámuris su extraordinaria resistencia. Pero no hay ningún secreto: para Ramírez, correr una distancia de cien kilómetros supone la misma dificultad que para cualquier otro corredor de ultramaratones, y los corredores más potentes alcanzan una forma física excepcional a base de agotarse entrenando.

La composición genética de los corredores rarámuris es básicamente la misma que la de cualquier otra persona, y sus habilidades naturales también son similares; lo único que los diferencia es que sus vidas cotidianas son mucho más activas. La supervivencia de su cultura nos permite ser conscientes de lo lejos que solíamos desplazarnos a pie. La humanidad siempre ha sido capaz de recorrer unas distancias enormes, y así fue durante gran parte de nuestro pasado, ya que caminar y correr son unas capacidades naturales que resultaron esenciales para nuestra evolución biológica.

Hubo un tiempo en que la capacidad para correr que hoy muestran Ramírez y su familia era habitual, y no solo en su región, sino en todo el continente americano. Los caminos y las carreteras que se recorrían exclusivamente a pie han cruzado las vastas extensiones de América del Norte y del Sur desde la llegada de los humanos hace unos catorce mil años. Se han descubierto redes de caminos que conectaban la bahía de Hudson, en Canadá, con el golfo de México, e incluso continuaban más allá. Las formas que adoptaban dichos caminos variaban enormemente: desde senderos sencillos a lo largo de claros hasta las calzadas con cunetas de doscientos kilómetros y las escaleras que salvaban los bordes de los peñascos que se encontraron en el cañón del Chaco en Nuevo México. Fuera como fuera el terreno que cubrían estos caminos, ya fueran las calzadas de piedra caliza blanca construidas por los mayas en la península del Yucatán, los caminos entre arbustos que atraviesan gran parte de la franja central de Estados Unidos o los pasos montañosos de Sierra Nevada o los Andes, todos ellos se recorrían a pie.

En las crónicas que se conservan de los primeros españoles y portugueses en llegar a partir de la década de 1490, las habilidades de los nativos americanos para correr se mencionan con frecuencia: incluso a pie conseguían escapar de los colonizadores que los perseguían a caballo. A su llegada a México en 1519, el conquistador español Hernán Cortés habló de la rapidez con la que los corredores transmitían sus mensajes sobre naves, marineros, armas y caballos a Moctezuma, el emperador del Imperio azteca, quien se encontraba en Tenochtitlan (el lugar que hoy ocupa la Ciudad de México), a cuatrocientos kilómetros de distancia. Y es que los corredores llenaban las despensas de Moctezuma con pescado fresco del golfo de México, a ciento cincuenta kilómetros de Tenochtitlan. En muchos de los registros e informes escritos por los europeos en aquella época se menciona la admiración por la forma física de la población nativa, por su vigor y su resistencia. Durante los conflictos que siguieron a la conquista española, los corredores nativos a menudo dejaban atrás a los batallones a caballo a lo largo de distancias largas, y mientras que en el siglo XVI el correo español entre Lima y Cuzco tardaba doce días en llegar, se hablaba de que los corredores nativos recorrían la misma distancia en tan solo tres.

Los colonos europeos que se encontraban en Norteamérica tampoco dejaban de sorprenderse de la velocidad y la resistencia de las poblaciones indígenas que se movían a pie, y existen muchos ejemplos muy iluminados documentados por antropólogos, historiadores, viajeros y nativos americanos. Estas crónicas vienen a recordarnos que, en nuestro pasado relativamente reciente, los humanos poseíamos unas habilidades físicas mucho más desarrolladas que nos permitían recorrer distancias que hoy a la mayoría nos cuesta siquiera concebir.

Correr hacía que fuera posible comunicarse y comerciar rápidamente: en las tribus nativas americanas, había quienes ocupaban el puesto de corredores mensajeros, los cuales eran responsables del transporte de mercancías o de enviar noticias urgentes. También eran admirados por ser los portadores imprescindibles de los últimos avances y elementos culturales. Corrían a través de complejas redes de caminos y atajos —a menudo haciendo relevos—, cargando con pieles sin curtir que habían sido grabadas con jeroglíficos o con cordones anudados y de colores para comunicar noticias. Sus mensajes permitían la administración de grandes extensiones; igual que hoy, la velocidad de la entrega de cualquier correspondencia era de gran importancia, especialmente si tenía que ver con amenazas de ataque, y por eso los corredores se entrenaban para estar listos para cualquier emergencia que pudiera surgir. Se ha documentado el caso de un corredor de la tribu de los mesquakis que ya pasaba de los cincuenta años y que recorrió seiscientos kilómetros corriendo desde Green Bay, en Wisconsin, para advertir a los indios sauks del río Misuri de un ataque enemigo inminente. Este tipo de misiones podían determinar la supervivencia de una comunidad entera.

En el marco de un extenso programa de investigación de campo sobre la cultura de los nativos americanos de Norteamérica que se llevó a cabo a principios del siglo XX, el antropólogo Truman Michelson observó niveles similares de entrenamiento entre un gran número de tribus. A los corredores se les entrenaba desde la infancia para que tuvieran en cuenta la zancada y gestionaran sus reservas de energía. Al correr era fundamental ser estratégico, y se dedicaba mucho tiempo a enseñar a los miembros jóvenes de la tribu a planificar el recorrido y establecer el ritmo necesario. En varias comunidades de nativos americanos se han conservado fábulas similares a la de la liebre y la tortuga de Esopo, y con ellas se enseñaba a los principiantes a mantener la resistencia a lo largo de distancias largas y a poner en práctica las técnicas de respiración adecuadas, así como a apretar el paso si era necesario. Se diferenciaba entre distintos estilos al correr, y cada uno tenía su propio nombre para que resultara más sencillo describir las variaciones, como los movimientos de finta o la calidad de una velocidad ajustada y controlada.

Los entrenamientos de fuerza eran habituales, y los ejercicios progresaban desde correr con pequeñas piedras hasta cargar con rocas cuesta arriba. Los corredores también entrenaban cargando con troncos de pesos diversos, algunos de sesenta kilos o más. Los mensajeros prestaban mucha atención a la necesidad de ir cambiando los objetos que portaban entre la mano derecha y la izquierda para equilibrar el esfuerzo al que sometían a sus cuerpos mientras corrían, y muchos entrenaban con pesos atados a los tobillos. El entrenamiento de esprint solía reservarse para la mañana, mientras que las distancias maratonianas se recorrían por la tarde. Una táctica habitual consistía en llenarse la boca de agua y mantenerla durante la carrera para respirar solo por la nariz y desarrollar así la resistencia; algunos corrían con carámbanos en la boca. Los planes de entrenamiento más extremos se reservaban para los corredores ceremoniales o los soldados; los corredores de la tribu mesquaki, por ejemplo, hacían voto de celibato y seguían unas dietas muy estrictas. Empezaban a caminar descalzos en cuanto llegaba la primavera, y entrenaban hasta que la piel de la planta del pie alcanzaba casi un centímetro de grosor. En invierno, los miembros de la tribu de los navajos rodaban sobre la nieve o se daban baños helados antes de empezar las carreras de entrenamiento, y era frecuente que, incluso en las mañanas más frías, corrieran a oscuras ataviados únicamente con mocasines y un taparrabos.

Aunque las crónicas sobre los corredores nativos americanos se centran en las hazañas más impresionantes en relación con la resistencia, la velocidad o las distancias que recorrían, lo cierto es que correr formaba parte de la vida cotidiana de las personas de todas las edades. Los viejos animaban al resto a que corriera siempre que pudiera, y las tribus adoptaban un amplio abanico de ejercicios. Tener los pies ligeros era algo muy admirado, y ser un corredor habilidoso era una fuente de orgullo importante.

Los orígenes del hábito de correr de los nativos americanos —y, en realidad, de todas las culturas— se remontan a la caza por persistencia, un método antiguo para seguir a los animales que ha existido en casi todas las sociedades y contextos desde los primeros indicios que se conservan de la humanidad. Los cazadores detectaban una presa adecuada y procedían a seguirla a pie a lo largo de grandes distancias, perseverando hasta que el animal por fin bajaba el ritmo, caía rendido o era dirigido hacia una emboscada o una trampa. Abundan las evidencias que indican que la caza de persistencia fue una parte muy importante de la vida de las poblaciones nativas que vivieron en el continente americano, y un estudio llevado a cabo en 2020 sobre los rarámuris nos permite posar una de las últimas miradas posibles en esta forma de vida que está desapareciendo; los rifles, la minería y la explotación forestal son ya elementos habituales de la región, y, que se tenga constancia, la última vez que se utilizó el método de caza por persistencia fue en 2011. Los cazadores que todavía viven cuentan que perseguían ciervos, jabalíes y presas más pequeñas, como conejos o ardillas, sin importar el tiempo que hiciera durante todo el verano o el invierno. La duración de una cacería iba desde las cuatro o seis horas, que era lo más típico, hasta los dos o tres días. Los cazadores salían a primera hora de la mañana y no descansaban hasta que la oscuridad impedía seguir las huellas del animal. Durante todo el día mantenían un ritmo estable y moderado que intercalaban con esprints decididos o caminatas cuando era necesario, y solían recorrer una media de unos diez kilómetros por hora. Se trata del mismo ritmo y de la misma combinación de caminar y correr que encontramos en los corredores de ultramaratones de la actualidad. Las cacerías por persistencia se llevaban a cabo en grupos que iban desde los tres participantes hasta los quince, y todos ellos trabajaban en equipo para seguir el rastro y perseguir al animal de forma estratégica. Solo los miembros más fuertes y en forma de la comunidad acometían estas cacerías, y era frecuente abandonarlas debido al cansancio; perseguir a los animales podía suponer sesiones largas y duras que exigían los niveles más elevados de resistencia.

Originalmente, los rarámuris habitaron gran parte de las zonas aledañas de Chihuahua, pero para escapar de los colonizadores españoles en el siglo XVI se retiraron a la Sierra Madre Occidental. Los cañones tropicales y los naranjos que se extendían por debajo de los elevados picos los protegían lo bastante del frío durante el invierno, así que podían vivir en la zona todo el año. Con el paso del tiempo, la región se ha mantenido lo suficientemente remota como para evitar su integración completa en la economía de mercado de México, pero la vida allí ha sufrido cambios ineludibles. Por muy alejada que se encuentre la familia Ramírez de la vida general de México, su cultura nativa cada vez se está viendo más influida por los estilos de vida modernos, y, aunque siguen siendo mucho más activos que la mayoría, no lo son tanto como cuando la caza por persistencia seguía siendo parte de su forma de vida. No cabe duda de que, siglos atrás, la media de pasos que caminaban al día superaría con creces los dieciocho mil.

Para hacernos una idea de lo que implicaba la práctica de correr como elemento de la vida cotidiana en aquel entonces, resulta útil fijarse en los fósiles encontrados y en el funcionamiento del cuerpo humano. Los estudios paleontológicos y etnográficos al respecto sugieren que la caza por persistencia estuvo presente en la mayor parte de nuestro pasado, y que se originó en África. Según los biólogos que estudian la evolución humana, el éxito del estilo de vida de los cazadores recolectores del Gran Valle del Rift y las zonas aledañas del este de África ayudan a entender por qué el cuerpo humano tiene la forma que tiene en la actualidad. Hace unos seis millones de años, nuestros antepasados empezaron a diferenciarse de otros primates y a salir de los bosques camino de las llanuras semiabiertas. Dado que las plantas eran mucho más escasas, tenían que desplazarse a distancias mayores para encontrar alimento, y su dieta cada vez se complementó más con carne. La caza por persistencia se volvió fundamental para sobrevivir, y con el tiempo la evolución se encargó de que los humanos desarrolláramos una gran variedad de adaptaciones anatómicas y fisiológicas para correr grandes distancias sin ponernos en peligro.

Es fácil dar por sentado que los humanos caminamos erguidos, aunque es un rasgo muy poco frecuente entre el resto de los animales (salvo las aves o los canguros), y los biólogos coinciden en que es probable que fuera la primera gran transformación de la evolución humana. Volvernos bípedos nos dio nuevas oportunidades, ya que nos dejó las manos libres para que usáramos herramientas y nos permitió desarrollar resistencia al correr. Caminar o correr erguidos resulta mucho más eficiente cuando se trata de grandes distancias, ya que mejora la termorregulación y reduce la radiación directa del sol. Así que cambiamos el paso rápido y la potencia de correr a cuatro patas durante un tiempo breve —el guepardo, por ejemplo, alcanza los cien kilómetros por hora, pero solo durante treinta segundos, y jamás podría llegar a recorrer las distancias que cubrimos nosotros— a cambio de la resistencia. A base de perseguir a la presa más débil de un grupo, fuimos adaptándonos cada vez más y sumando nuevas ventajas para poder llegar más lejos.

Por ejemplo, la pérdida de pelo en casi todas las partes del cuerpo y el desarrollo de las abundantes y sofisticadas glándulas sudoríparas con las que contamos actualmente hizo que fuéramos capaces de correr más de cien kilómetros sin parar en un día de temperatura moderada. Un corredor de ultramaratones puede perder diez kilos solo a través del sudor que genera su cuerpo para refrescarse, para lo cual va buscando un delicado equilibrio entre los niveles de sales y agua y dirigiendo la sangre hacia la piel para disipar el calor. Esta propensión a sudar es muy poco frecuente, ya que la mayoría de los animales que viven en tierras áridas se centran en conservar el calor, lo que nos dio otra ventaja para aguantar más que nuestras presas al correr grandes distancias.

Nuestros pies también desarrollaron mecanismos para reducir el fuerte impacto al chocar con el suelo para ahorrar más energía: el tendón de Aquiles se alarga al tocar el suelo, y el pie rebota y nos eleva con los dedos de los pies. Los muñoncitos que hoy tenemos por dedos en los pies se desarrollaron a partir de los cinco dígitos que usábamos, como los de las manos, para escalar. Hoy día, los dedos de los pies nos permiten alcanzar una gran velocidad al correr, y solo entran en contacto con el suelo momentáneamente cuando nos apoyamos en ellos. De hecho, cuando corremos a toda velocidad, apenas llegan a tocar el suelo. La combinación especial de fibras musculares de contracción rápida y lenta que tenemos en las piernas nos ofrecen potencia y resistencia, y los arcos longitudinales de los pies y los músculos del glúteo mayor que se extienden por la cadera hacen que podamos aguantar más tiempo.

Cuando corremos, nuestro cuerpo sincroniza el delicado movimiento de cientos de músculos para producir un potente reflejo que podemos controlar a voluntad, ya que todas las partes del cuerpo se unen para trabajar al unísono con una eficiencia asombrosa: los brazos se balancean en sintonía con las zancadas de las piernas y los ritmos respiratorio y cardiaco se estabilizan. La longitud de la zancada al correr podría crear una inestabilidad tremenda, pero logramos alcanzar un equilibrio perfecto al mantener la cabeza levantada y fijar la vista hacia delante, dejando que los canales auditivos tubulares y los sensores finos, como las vellosidades que tenemos en el oído interno, se ocupen de los ajustes más delicados.

La facilidad con la que caminamos o corremos disimula la enorme suma de complejidades que implica hacerlo, y nos movemos con una inteligencia que surge de las profundidades de los músculos y los huesos. Los análisis comparativos de los fósiles hallados de homínidos extintos que se han ido llevando a cabo muestran que el género *Homo* (el cual incluye al *Homo sapiens* y a otras especies desaparecidas como el *Homo neanderthalensis* y el *Homo erectus*) presenta múltiples adaptaciones por todo el cuerpo que nos permiten caminar, correr y llevar a cabo movimientos altamente organizados a medida que nos movemos por el mundo. En otras palabras, correr es la causa principal de que nuestros cuerpos sean tal como los vemos: no es algo que quizá deseáramos hacer, sino un elemento definitorio de nuestra especie.

La potencia de María Lorena Ramírez al correr sorprende a las multitudes que acuden a los ultramaratones porque equiparan los planes de entrenamiento prolongados y la ropa deportiva técnica con el éxito. Muy parecido fue el asombro de los primeros colonos ante la velocidad y la resistencia de los nativos americanos, ya que suponía un contraste extraordinario con sus propias habilidades. Los avances sociales que entonces se observaban en el mundo occidental, surgidos principalmente del progreso agrícola y tecnológico, habían alterado tanto la vida cotidiana que la necesidad de caminar, correr o hacer esfuerzos físicos en general se había reducido significativamente. Y desde entonces se ha mantenido la misma tónica: las distancias que recorremos a pie y el ejercicio que llevamos a cabo han caído en picada a lo largo de los años. Y, aun así, el cambio más marcado ha ocurrido en las últimas décadas, ya que la aparición de las pantallas —primero fueron los televisores, luego las computadoras y las consolas, y ahora el extenso abanico de dispositivos que utilizamos a diario— ha tenido un efecto profundo en nuestra movilidad.

Justo ahora empezamos a ser conscientes del gran alcance de estos cambios y de las fuertes repercusiones negativas que tienen sobre la salud y el bienestar, pero la familia Ramírez nos demuestra lo que todavía podemos hacer: la mayoría tenemos la capacidad de caminar, correr y hacer ejercicio como siempre hemos hecho los humanos. Nacemos con la habilidad de ponernos en pie y de movernos utilizando los pies, pero debemos ser un poco más proactivos para asegurarnos de hacerlo.

EL MOVIMIENTO

53

Los seres más sedentarios de la historia

En 1980, el tecnólogo y futurólogo Stewart Brand animó a los antropólogos Peter Nabokov y Margaret MacLean a que escribieran un reportaje para su revista, *CoEvolution Quarterly*. En su artículo «Ways of Native American Running» [Las formas de correr de los nativos americanos] recopilaron fragmentos de registros históricos y presentaron por primera vez la poca información que ha sobrevivido sobre las culturas de corredores de la humanidad. A partir de ahí, Nabokov, quien vivió y trabajó en las reservas de las tribus sioux, navaja, crow, penobscot y alabama-coushatta durante décadas, amplió el estudio con la búsqueda de palabras clave en todo el corpus de documentación etnográfica que se conservaba en la organización Human Relations Area Files, ubicada en New Haven, Connecticut. El libro que surgió de este ejercicio, *Indian Running* [El correr indio, 1987] sigue siendo el único resumen detallado que tenemos sobre la forma de correr de los nativos americanos y, en general, de cualquier civilización del mundo que girara en torno a esta práctica. Los testimonios escritos y pictóricos que presenta nos permiten hacernos una idea de la frecuencia con la que solíamos caminar y correr para cubrir largas distancias, pero también pone de relieve que la inmensa mayoría de los registros de este hábito durante los milenios previos al nuestro se han perdido para siempre.

Hoy, a Brand se le conoce principalmente por la concepción de *Whole Earth Catalog*, una revista contracultural estadounidense (de la que surgió *CoEvolution Quarterly*) que pretendía ser un compendio de herramientas tecnológicas útiles. En las portadas de sus primeros números aparecían imágenes por satélite nunca vistas que mostraban al planeta Tierra flotando en el espacio con la intención de evocar la idea de que los habitantes del mundo compartimos nuestro destino y nuestras estrategias adaptativas. Más recientemente, la habilidad de Brand de entender el potencial de las tecnologías actuales y de adoptar una visión del mundo que abarcaba todo el pasado de la humanidad y su posible futuro dio pie a la fundación de Long Now Foundation en San Francisco, un instituto que fomenta puntos de vista sobre los cambios sociales que miran hacia el futuro en el orden de miles de años. Hoy, el extenso periodo de tiempo que Brand siempre ha tratado de tener presente en gran parte de su trabajo adquiere un cariz muy clarividente: mientras que las herramientas técnicas que ocuparon las páginas de *Whole Earth Catalog* —y las innovaciones en el campo de la tecnología digital que han surgido desde entonces— solo han existido durante unas pocas décadas, en general las sociedades y las culturas humanas han abarcado siglos y milenios.

Si imaginamos que nuestro pasado evolutivo es una pista de 100 metros planos y que nuestros primeros antepasados bípedos se encuentran en la línea de salida, veremos que el lapso de tiempo que su progenie lleva compitiendo para llegar a la línea de meta que representa el presente equivale a unos 5.6 millones de años. Nuestro antepasado más cercano, el *Homo erectus*, apareció hace aproximadamente 1.9 millones de años —o en el metro 66 de los 100 de un esprint—, mientras que nosotros, los *Homo sapiens*, llegamos hace 200 000 años, a tan solo 4 metros y unas zancadas de la línea de meta. Y, aun así, la aparición de la agricultura, que fue el primer gran desarrollo que alteró el elemento físico de nuestras vidas cotidianas, ocurrió hace tan solo 12 000 años: en la pista de 100 metros de nuestro pasado evolutivo, se queda apenas a 20 centímetros de la línea de meta. Gran parte de la civilización actual resultó de este cambio, y unos segmentos cada vez más extensos de la sociedad pudieron desprenderse de la tarea diaria de buscar alimento.

En términos evolutivos, 12 000 años es un periodo muy breve —apenas unas 500 generaciones— y ciertamente demasiado corto como para que nuestros cuerpos se hayan adaptado a los cambios sociales. Si el simio bípedo más antiguo del que tenemos constancia, el cual vivió hace 5.6 millones de años, de verdad es nuestro primer antepasado erguido, nos separan de él 225 000 generaciones, es decir, un periodo temporal 450 veces más largo del que se extiende desde el surgimiento de la agricultura y el momento actual. Los cambios evolutivos biológicos necesitan de decenas, si no cientos o miles de generaciones para avanzar. Está claro, pues, que, aunque ciertos aspectos de nuestra anatomía física, como la altura o el tamaño de la mandíbula, hayan cambiado, nuestros cuerpos presentan básicamente el mismo diseño que los de nuestros antepasados cazadores recolectores, por muy alejados que estemos de sus estilos de vida.

EL MOVIMIENTO

Las revoluciones industriales y tecnológicas también han contribuido a que cada vez nos movamos menos. En los siglos XVIII y XIX, las poblaciones de Europa, Norteamérica y otros lugares empezaron a migrar de las zonas rurales, donde habían dedicado sus días principalmente al cultivo de la tierra, para controlar las máquinas nuevas en las fábricas, un trabajo más sedentario. Los cambios tecnológicos de los siglos XIX y XX también estimularon el advenimiento de la oficina tal como la concebimos hoy: el telégrafo de Morse, el teléfono de Bell y el dictáfono de Edison permitieron que las labores administrativas se llevaran a cabo fuera de las fábricas y de los almacenes, de forma que la población empezó a dedicar cada vez más tiempo a trabajar ante un escritorio. El invento de distintos modos de transporte, desde el tren hasta el avión, pasando por el coche, han reducido aún más nuestros desplazamientos a pie. Y a pesar de todos estos cambios sociales y tecnológicos de los últimos siglos, el factor que más ha contribuido a volvernos más sedentarios —y tengamos en cuenta que somos la generación de humanos más sedentarios de la historia— es el surgimiento de las pantallas, las cuales se situarían a 0.1 milímetros de la línea de meta en la pista de los 100 metros planos que representa los 5.6 millones de años de historia bípeda de la humanidad. Ni siquiera la tecnología de la foto de llegada de hoy llegaría a capturar tal distancia; huelga decir que no hemos tenido tiempo de adaptarnos físicamente a este cambio.

Un estudio sumamente trascendental de la Universidad de Cambridge en 2015 observó a 300 000 personas y concluyó que la falta de actividad suponía el riesgo más importante de muerte prematura y que provocaba 676 000 muertes anuales en Europa, más del doble de las que se atribuyen a la obesidad. Hasta la fecha, este estudio es la confirmación más evidente de la «teoría del desajuste» que los biólogos evolutivos llevan ya mucho tiempo sosteniendo para explicar que los rasgos físicos que desarrollamos los humanos para sobrevivir en épocas anteriores se han vuelto inadecuados para el mundo actual. Que nuestros ancestros tuvieran o no éxito a la hora de cazar dependía de los caprichosos cambios del tiempo y otros factores aleatorios, lo que hacía que fueran alternando entre épocas de abundancia y otras de necesidad. Históricamente, nuestros cuerpos se adaptaron a bajar el ritmo en las épocas de abundancia y a conservar el exceso de alimentos en forma de depósitos de grasa. La reducción de la movilidad y de la actividad es una protección natural para que ahorremos energía para los tiempos de escasez, cuando podremos quemar las calorías que hemos ido almacenando para sobrevivir. Sin embargo, y a pesar de que otros animales han desarrollado mecanismos que les permiten pasar mejor por periodos de inactividad sostenida, ese no llega a ser nuestro caso, ya que en el pasado no era común que dejáramos de cazar y de recolectar alimentos durante demasiado tiempo. Los huesos del oso, por ejemplo, no se vuelven quebradizos tras hibernar durante seis meses, mientras que los nuestros se debilitan enormemente si dejamos de hacer ejercicio a diario. Y, aunque para la mayoría de los miembros de las sociedades actuales la abundancia de alimentos es la norma, nuestros cuerpos no son conscientes de este gran cambio; de ahí que cuando llevamos una vida sedentaria acumulemos reservas de grasa, como hemos hecho desde siempre, y que lo que antaño fue una ventaja evolutiva hoy se haya convertido en una seria amenaza para la salud.

Los avances médicos han reducido drásticamente los índices de mortalidad en el último siglo, e incluso más atrás, y, sin embargo, los índices de morbilidad han ido en la dirección opuesta: vivimos mucho más tiempo, pero mostramos una propensión mucho mayor a padecer enfermedades crónicas que afectan a nuestra calidad de vida, desde el exceso de peso y la diabetes tipo 2 hasta las cardiopatías o las embolias. Y muy a menudo, el ejercicio es el elemento del que carecen nuestras vidas y que hace que caigamos enfermos y no mejoremos. La vida sedentaria es la causa de muchos de los problemas de salud física —y mental— que padecemos en la actualidad.

La adopción masiva de los televisores en la década de 1950 marcó un punto de inflexión en el estilo de vida sedentario: en apenas quince años, cientos de millones de personas ya pasaban periodos extensos de inactividad total. La integración de los horarios televisivos en la vida cotidiana afectó profundamente a los instintos nómadas de la humanidad, aunque en su momento no nos diéramos cuenta; las imágenes en movimiento nos cautivan y se apoderan de nuestra atención, y la súbita llegada de la retransmisión de momentos culturales importantes en nuestras pantallas era algo tan nuevo y fuera de lo común que, fascinados, los recibimos con los brazos abiertos. Entonces no sabíamos que las imágenes que veíamos en nuestros televisores —primero en blanco y negro, y luego en color— estaban estimulando una mezcla sin precedentes de dispersión de la atención y de inmovilización física que dejaba a nuestros cuerpos prácticamente inmóviles durante un tiempo asombrosamente largo. Hoy, el adulto medio del Reino Unido dedica aproximadamente un tercio del tiempo que está despierto a ver la televisión y contenidos en video en un dispositivo u otro: la agencia reguladora Ofcom observó que la media era de cuatro horas y cincuenta y tres minutos en 2019, una cifra que aumentó a consecuencia de la pandemia de COVID-19 hasta las cinco horas y diecinueve minutos en 2021.

Los humanos hemos evolucionado para prestar atención a nuestro entorno y estar pendientes de cualquier cambio, y por eso tenemos la capacidad de centrarnos en objetos de interés durante largos periodos de tiempo; el córtex prefrontal del cerebro reprime otras señales sensoriales para ayudarnos a reducir las distracciones. Una de las actividades principales que se desactivan cuando nos concentramos en algo es el movimiento corporal, algo que vemos perfectamente cuando vamos por la calle: si oímos una sirena, por ejemplo, es probable que paremos en seco para prestarle la atención necesaria. Cuando estamos ante una pantalla ocurre lo mismo: las imágenes retienen nuestra atención hasta el punto de reducir casi todas nuestras percepciones corporales. Naturalmente, somos capaces de planchar una camisa mientras vemos la televisión, o seguir un programa de ejercicio, pero en general es relativamente poco frecuente, y la mayor parte del tiempo que pasamos ante una pantalla nos mantenemos totalmente inmóviles. Incluso cuando comemos delante del televisor a menudo nos quedamos quietos para atender a la acción, y la cuchara, la taza o el vaso se quedan a medio camino hacia la boca.

Desde la llegada de la televisión, el número de pantallas que tenemos en nuestros hogares ha proliferado, y cada una de ellas captura nuestra atención y deja inmóvil nuestro cuerpo. Las pantallas se han vuelto cada vez más participativas desde su primera versión y el aluvión de opciones que nos ofrecen los televisores inteligentes modernos siguen el mismo patrón de diseño que cualquier otra aplicación móvil. Y, aun así, por muchas opciones interactivas que nos ofrezcan, nos mantenemos básicamente pasivos cuando vemos una serie entera o consumimos contenido en *streaming*. Cuando llevamos a cabo tareas digitales, ya sea responder correos electrónicos, consultar la cuenta bancaria o hacer una búsqueda en internet, prestamos una atención mucho más directa a la pantalla, lo que es una mala noticia para el bienestar físico; mientras que podemos ver una película o un capítulo sin pena ni gloria, hoy existen otras experiencias digitales que nos exigen mucho más y que nos mantienen todavía más inmóviles. En todo el mundo, los adultos solemos pasar entre tres y cuatro horas al día utilizando los dispositivos móviles, y durante este tiempo es casi imposible llevar a cabo cualquier movimiento físico complejo. A pesar de que nuestros teléfonos estén diseñados para ser móviles, el tiempo que pasamos moviéndonos físicamente mientras los utilizamos es en realidad muy limitado. Y cuando nos movemos mientras los sostenemos y los utilizamos, nuestra capacidad física se ve enormemente reducida, tal como ocurre, por ejemplo, cuando vamos deteniéndonos o abriéndonos paso torpemente entre los demás mientras enviamos un mensaje. Normalmente, mientras utilizamos nuestros dispositivos móviles permanecemos sentados o acostados, o nos detenemos y nos quedamos quietos en una esquina en plena calle. Resulta irónico, pues, que cuanto más portátil resulte un dispositivo, más capaz sea de volvernos sedentarios en lugares nuevos y diferentes. Mientras que la televisión se infiltró en nuestras salas de estar y nos mantuvo inmóviles en el sofá, los celulares, las laptops y las tabletas nos dejan igual de inmóviles, estemos donde estemos.

Puede que a nuestros cuerpos les lleve mucho tiempo adaptarse a los cambios sociales y de estilo de vida, pero los humanos somos capaces de adaptarnos psicológicamente a las circunstancias nuevas a gran velocidad. No hemos tardado mucho en aceptar nuestros hábitos digitales diarios y los tiempos sedentarios que pasamos ante las pantallas como algo normal, y suele ser necesario algún problema de salud para que seamos plenamente conscientes de los estilos de vida que llevamos y de los riesgos para la salud que pueden entrañar. Desde que la Universidad de Cambridge llevó a cabo su estudio en 2015, han surgido incontables programas de investigación y estudios académicos para seguir investigando los efectos del aumento de la falta de actividad física como resultado del uso de las pantallas, y los resultados han dado lugar a correlaciones concluyentes: si no dedicamos cierto tiempo a alguna actividad correctiva alejados de las pantallas, los periodos extensos de tiempo sedentario que pasamos ante ellas resultan nocivos para la salud física y mental.

Con el tiempo, nuestros músculos se van atrofiando a paso firme; en especial, los músculos centrales de la espalda, que nos estabilizan el torso. Pasar tiempos prolongados sentados en una silla tiene casi los mismos efectos que tiempos prolongados en la cama, ya que no utilizamos los músculos de las piernas para soportar el peso del cuerpo; asimismo, si la silla en cuestión cuenta con respaldo, reposacabezas y reposabrazos, es probable que tampoco utilicemos muchos de los músculos de la parte superior del cuerpo. El deterioro muscular se debe a la pérdida de tejido, lo que afecta especialmente a las fibras de contracción lenta que necesitamos para tener resistencia, y los músculos del torso y del abdomen en concreto se debilitan y se cansan rápidamente. Si pasamos horas interminables sentados, las articulaciones pierden movilidad, y si no estiramos los músculos lo suficiente, no tardan en acortarse. Pasar tiempo ante las pantallas puede contraer los músculos flexores de la cadera: cuando se contraen demasiado, inclinan la pelvis hacia delante y generan una curva exagerada en la zona lumbar. Para contrarrestar esta inclinación hacia delante, los músculos isquiotibiales que recorren la parte trasera de los muslos inclinan la pelvis hacia atrás. Este ajuste en la alineación del cuerpo puede derivar en una postura de aplanamiento en la espalda que hace que nos encorvemos. El dolor lumbar que afecta a tantas personas hoy en día también es una consecuencia de estos desequilibrios posturales provocados por un exceso de sedentarismo.

Tal como apunta el libro *Indian Running* de Nabokov, y tal como demuestran varias generaciones de corredores de la familia Ramírez, los nativos americanos corrían desde muy pequeños, y los hombres y las mujeres seguían recorriendo grandes distancias hasta una edad bastante avanzada. Tanto en los esprints como en otros deportes de gran intensidad, la potencia y la capacidad aeróbica disminuyen con la edad. Sin embargo, en lo que concierne a la resistencia, existen estudios recientes que demuestran que nuestros cuerpos aguantan durante mucho más tiempo. El Instituto de Fisiología y Anatomía de Alemania, por ejemplo, ha observado que los corredores masculinos y femeninos que no son deportistas de élite no presentan pérdidas de resistencia importantes relacionadas con la edad antes de los cincuenta años, e incluso tras esta edad, la capacidad decae bastante lentamente. Se han llevado a cabo análisis con corredoras que han observado los mismos puntos de transición del metabolismo anaeróbico al aeróbico que en los hombres, así como en el metabolismo de carbohidratos a grasa. En otras palabras: aunque los hombres y las mujeres presentamos diferencias en cuanto a masa muscular, tipos de fibras musculares y absorción máxima de oxígeno (VO_2 máx.), compartimos los mismos procesos fisiológicos y metabólicos que nos permiten correr grandes distancias.

Todos los miembros de la sociedad actual estamos igual de predispuestos a caminar y a correr como resultado directo de nuestra herencia evolutiva. Ya seamos jóvenes o viejos, e independientemente de cuál sea nuestro sexo biológico, todos presentamos la misma capacidad natural de recorrer unas distancias excepcionales, aunque hacerlo haya dejado de ser un imperativo biológico. Teniendo en cuenta lo mucho que han cambiado nuestros estilos de vida desde la llegada de las pantallas que utilizamos para comunicarnos, trabajar y entretenernos, si queremos conservar las habilidades físicas de nuestros antepasados, debemos tomar la decisión consciente de utilizarlas. Parece que para caminar y correr de forma habitual hace falta hacer un esfuerzo deliberado y tener fuerza de voluntad, pero no tiene por qué ser así. Si somos conscientes de la posición sin precedentes en la que nos encontramos, con integrar una serie de rutinas nuevas y sencillas en nuestros hábitos y estilos de vida puede bastar para hacer un cambio significativo que nos ayude a proteger nuestro bienestar físico y mental de los efectos de la tecnología y, en general, de las tendencias digitales que nos rodean.

Vuelve a ponerte en marcha

El mismo año que la Universidad de Cambridge sacó su trascendental estudio, la Academy of Medical Royal Colleges publicó un informe titulado *Exercise: The Miracle Cure and the Role of the Doctor in Promoting It* [El ejercicio: la cura milagrosa y el papel del médico] que también resultaría revolucionario. Esta institución se encargó de recopilar un extenso corpus de evidencias que demostraban que el ejercicio es más beneficioso para la salud que muchos fármacos para prevenir un gran número de enfermedades que pueden resultar mortales. Se observó que con dedicar ciento cincuenta minutos a caminar a paso rápido a la semana —es decir, hacer treinta minutos de ejercicio de intensidad moderada cinco veces por semana— bastaba para reducir al menos un 30 % el riesgo de padecer embolias, muchos cánceres, depresión, enfermedades del corazón y demencia; asimismo, las probabilidades de padecer artrosis, hipertensión o diabetes tipo 2 se reducían en un 50 %. Desde entonces, la Organización Mundial de la Salud (OMS) también ha investigado los riesgos del comportamiento sedentario, y a finales de 2020 publicó sus propias guías, algo más estrictas. Actualmente, la OMS recomienda hacer al menos entre dos horas y media y cinco horas de actividad física de intensidad moderada a la semana, y entre setenta y cinco minutos y dos horas y media de ejercicio de intensidad elevada por semana, y establece también otros umbrales de ejercicio para un cuidado íntegro de la salud.

Es bastante probable que estos cambios le den un buen giro a tu estilo de vida, teniendo en cuenta que se ha observado que el 25 % de la población del Reino Unido presenta una «inactividad física total». La Sport and Recreation Alliance ha descubierto hace poco que, aunque el 40 % de los hombres creían alcanzar los objetivos de actividad física recomendados por el Gobierno, solo un 6 % llegaba a alcanzarlos. Si conduces para ir al trabajo o tomas el transporte público, o trabajas desde casa, y como la mayoría de los adultos del mundo desarrollado tienes un trabajo sedentario, tus oportunidades de hacer ejercicio físico están significativamente mermadas de entrada. Y si el tiempo libre del que disfrutas fuera del trabajo también lo pasas frente a una pantalla, puede que tu actividad física diaria no consista en mucho más que sentarte así o asá.

El primer paso consciente que puedes dar para moverte más puede ser prestar más atención a cuánto tiempo pasas en posiciones sedentarias. Puede que te parezca que las causas de tu inactividad son inocuas o cotidianas, pero a lo largo de los días, las semanas, los meses y los años, la inactividad supone uno de los mayores riesgos para la salud a los que seguramente te enfrentes, ya que es igual de peligrosa que beber alcohol, comer en exceso o fumar y, según algunos, lo es todavía más.

Por suerte, tienes la fortuna de contar con la habilidad innata de adaptar tu fuerza y forma física rápidamente. Este tipo de cambio suele resultar bastante agradable, y no tiene por qué ser demasiado trabajoso; lo más importante es que escuches a tu cuerpo y que no te excedas. La popularidad de los maratones y otro tipo de carreras —por no decir del aumento de los dispositivos tecnológicos que te permiten hacer un seguimiento y medir tus resultados— puede dar pie a hacer cambios abruptos en el nivel de ejercicio al que se está acostumbrado, que, además, son la causa de la mayoría de las lesiones que presentan los corredores hoy en día. Hacer cambios pequeños y progresivos es la mejor forma de dar al cuerpo el tiempo que necesita para recuperarse y mejorar.

Ni siquiera hace falta correr —por muy liberador y satisfactorio que pueda resultar— para devolver la salud a un nivel óptimo; con que recorras la distancia suficiente cada semana caminando puede bastar para mantenerte en forma y saludable. No todos podemos correr o caminar, pero suele haber otras formas que nos permiten mantenernos activos y gozar de buena salud. Lo más importante es que te muevas siempre que puedas, y existen un montón de técnicas que pueden ayudarte a conseguirlo.

Sé consciente de tu sedentarismo

La cantidad de tiempo que pasamos sentados o acostados a diario suele tomarnos por sorpresa. Es importante que te hagas una idea de tu grado

EL MOVIMIENTO

de sedentarismo en el día a día para poder calcular qué cambios tienes que implementar para ser más activo, y vale la pena ir repitiendo este ejercicio en intervalos regulares, pero separados en el tiempo.

Los contadores de pasos son la herramienta que suele prescribirse para hacer seguimiento de cuánto nos movemos a lo largo del día, y al principio resultan muy útiles para conocer más o menos tu nivel de actividad. Seguramente ya habrás oído hablar de la regla general de caminar diez mil pasos al día, pero de media la mayoría nos quedamos entre los cuatro mil y los cinco mil, que suelen corresponder a breves desplazamientos por casa o la oficina. Los médicos consideran que un estilo de vida en el que se dan menos de cinco mil pasos al día es sedentario. En lugar de apoyarte demasiado en una aplicación o de verte obligado a llevar el celular contigo cada vez que te mueves, en internet encontrarás podómetros sencillos, del tamaño de una piedrita, fáciles de llevar en el bolsillo, por menos de veinticinco euros. Llévalo contigo durante unos días para hacerte una idea de tu punto de partida, y luego guárdalo en un cajón para que no se pierda. Puedes volver a sacarlo más adelante para ver si estás progresando, pero no hace falta que analices cuantitativamente tu movimiento todos los días; es igual de importante que escuches a tu cuerpo y veas cómo te sientes.

Por muy extendido que esté el uso de podómetros, ya sea en forma de aplicación en el celular o en dispositivos independientes, en el mercado no hay ninguna herramienta capaz de hacer un seguimiento preciso de cuánto tiempo pasamos de pie y sentados. Los investigadores académicos suelen utilizar acelerómetros de activPAL para sus estudios sobre los niveles de sedentarismo actuales, ya que son capaces de realizar un seguimiento preciso del tiempo exacto que pasamos acostados, sentados o de pie, y de distinguir si estamos de camino al trabajo, paseando o corriendo, pero no están disponibles para el público general a precios asequibles.

Por fortuna, lo único que te hace falta para hacer un seguimiento de tu sedentarismo es una libretita y una pluma. Escoge un día normal de la semana, preferiblemente de lunes a viernes, y lleva contigo tu libreta vayas donde vayas. Ve anotando la hora concreta a la que empiezas una actividad nueva y toma nota de si estás acostado, sentado o de pie. Sé sincero y trata de reflejar los detalles de un día típico, o mejor aún, hazlo durante varios días y busca variaciones. Es probable que descubras que pasas la inmensa mayoría de las horas inmóvil, y que, cuando te mueves, sea solo durante un periodo breve. Fíjate en cuáles son los causantes principales de tu sedentarismo: ¿haces alguna pausa alejado del escritorio mientras trabajas? ¿Dedicas toda la tarde a ver la televisión? ¿Pasas mucho tiempo fuera de casa? Trata de establecer una idea clara del ritmo de tus días y presta atención a cuándo dejas de moverte.

Cómo pasar a la acción

- Analiza cuánto te mueves: consigue un podómetro sencillo y llévalo en el bolsillo durante unos días.
- Investiga cuán sedentario eres: lleva una libreta contigo durante uno o dos días y anota cuánto tiempo pasas acostado, sentado o de pie.
- Identifica las causas principales de tu sedentarismo: reflexiona sobre tu rutina diaria y los hábitos que más contribuyen a tu inactividad.
- Mantente alerta: trata de estar más atento a cuándo dejas de moverte y revisa tu nivel básico de actividad de vez en cuando.

Adapta tus rutinas diarias

Con hacer unos pequeños cambios y modificaciones bastará para introducir momentos de mayor actividad física en tu día y, con el tiempo, generar rutinas más saludables. El primer paso es fijarte en cómo vas al trabajo, si es que tienes que desplazarte. Si vas en coche o en transporte público, ¿podrías hacer parte del camino corriendo o caminando? Quizá podrías caminar a la estación de tren en lugar de ir en coche, o estacionarte un poco más lejos de la oficina. Si buscas formas de ir a pie a algún lugar al que tienes que acudir a diario, o al menos con bastante frecuencia, estarás creando una rutina instantánea que aumentará tu nivel base de actividad física. Empieza caminando en lugar de pasar a correr directamente, y si la distancia es considerable, puedes hacerlo solo en el camino de vuelta, ya que así podrás descansar y recuperarte en casa al final del día. Si inviertes en una buena mochila para correr, podrás llevar la laptop y ropa limpia, lo que te permitirá convertir tu trayecto hacia el trabajo, ya sea todo o solo una parte, en una pista de atletismo. Empieza con tramos cortos y descansa varios días entre una sesión y la siguiente. A medida que tu forma física y tu resistencia vayan mejorando, podrás cubrir distancias mayores y explorar caminos nuevos.

Al margen del trayecto hacia el trabajo, o si trabajas desde casa, piensa en los desplazamientos cortos y regulares que haces en coche o en transporte público y decide cuáles podrías hacer a pie: puede ser algo tan sencillo como llevar a tus hijos a la escuela o ir a hacer las compras. Todas las oportunidades que te permitan usar más los pies, aunque sea durante un ratito, se irán sumando para hacer que notes una gran diferencia. Se recomienda hacer pausas breves y alejarse del escritorio cada treinta o sesenta minutos, así que intenta recordarlo; si te pones una alarma durante algunos días, enseguida desarrollarás el hábito de levantarte de la silla. Si haces algunos estiramientos más o menos cada hora y te centras especialmente en los músculos del cuello, los hombros, la espalda y las piernas, conseguirás aliviar mucha tensión y mejorar tu postura corporal. Otra forma de volver a ponerte en pie son las reuniones-paseo: si tienes que comentar algo con un compañero o hacer una llamada, ¿por qué no hacerlo mientras dais un paseo por la oficina o saliendo unos minutos? Si trabajas desde casa, puedes incorporar una serie de ejercicios breves y sencillos en tus pausas: si te marcas una hora concreta cada día para hacer algunas sentadillas, zancadas, flexiones o saltos de tijera, mejorarás significativamente la circulación y tu forma física en general.

Cómo pasar a la acción

- Haz un espacio para caminar o correr durante el trayecto hacia el trabajo: incluso si tienes que ir lejos, intenta buscar algún tramo que puedas realizar a pie.

- Evita los viajes cortos en coche: determina qué desplazamientos de los que sueles hacer en coche podrías recorrer a pie.
- Pon una alarma que suene cada hora durante varios días: utiliza la alarma del celular para crear el hábito de hacer pausas regulares en las que te alejes del escritorio. Pasados unos días, desactívala y trata de mantener la rutina.
- Prueba a usar un escritorio elevable durante un día: ¿notas algún cambio en tu comodidad, atención y productividad?

Por otra parte, los escritorios elevables son una forma fantástica de reducir drásticamente el tiempo que pasas sentado durante el día. Puede que al principio la idea no te resulte demasiado atractiva, pero al usarlo enseguida sale a la luz la propensión natural a estar de pie, y a menudo resulta más cómodo para jornadas más largas. Si trabajas en un escritorio, el tiempo que pasas frente a él seguramente se lo dedicarás a una pantalla; si te pasas a un escritorio elevable, evitarás que este tiempo sea también sedentario. Los músculos de la pierna, de la región abdominal y de la parte superior del torso saldrán beneficiados, y también quemarás más calorías. La mayoría nos sentimos más atentos y productivos cuando estamos de pie; tu postura empezará a mejorar de forma natural, y el riesgo de compresión de la columna y de la espalda se verá reducido.

Gana fuerza y resistencia

Subir escaleras quema más calorías por minuto que salir a correr, y cualquier profesional médico lo contaría como un ejercicio de alta intensidad. Cambia los elevadores y las escaleras eléctricas por las escaleras para fortalecer y mantener los huesos, las articulaciones y los músculos, y es que subir escaleras es lo más parecido que puedes hacer a un entrenamiento de alta intensidad dentro de tu rutina diaria.

Si integras algunas actividades adicionales con las que ir desarrollando tu nivel de fuerza, el rango de movimiento de tus músculos, ligamentos y tendones mejorará muchísimo. También estarás reforzando las rodillas,

EL MOVIMIENTO

la cadera, los tobillos y otras articulaciones importantes, lo que te ofrecerá una mayor protección ante las lesiones. Si implementas algunos cambios proactivos para conservar la masa muscular, no solo verás cómo las tareas diarias de pronto te resultan mucho más fáciles —las bolsas de las compras cada vez te pesarán menos—, sino que también ganarás potencia y resistencia a la hora de caminar y correr.

No hace falta que te apuntes al gimnasio, ya que puedes hacer el ejercicio que necesitas caminando y corriendo más a menudo en tu entorno, pero si quisieras añadir un ejercicio de entrenamiento de fuerza o de alta intensidad a tu rutina diaria, una buena opción sería balancear una pesa rusa, algo que puedes hacer en el jardín o en la sala de tu casa y que constituye un ejercicio intensivo que solo lleva unos minutos. La pesa rusa es una bola de hierro o acero de base plana, con un asa en la parte superior. Originalmente se utilizaba como contrapeso en los mercados para pesar los granos, pero con el tiempo sus beneficios físicos para desarrollar la fuerza se fueron reconociendo. Al balancear una pesa rusa se activan los músculos de la parte superior e inferior del cuerpo, además de la zona abdominal, y la fuerza que ganas en la cadena posterior —los músculos que se extienden por la espalda, los glúteos, los músculos isquiotibiales y los gemelos— contribuye a darte impulso mientras te mueves. Una búsqueda rápida en internet basta para obtener un montón de videos y artículos sobre cómo practicar el balanceo con pesa rusa de forma segura: ten muy en cuenta cuál es el peso más adecuado para ti y empieza haciendo pocas repeticiones una vez cada varios días, y ve avanzando a partir de ahí para notar los beneficios.

Cómo pasar a la acción

- Opta por las escaleras: evita los elevadores y las escaleras eléctricas siempre que puedas. Aprovecha para añadir un entrenamiento de alta intensidad y rápido a tu rutina diaria.
- Cómprate una pesa rusa: empieza haciendo pocas repeticiones e intégralas en tu rutina diaria.

- Haz un espacio para hacer esprints: trata de cubrir una distancia corta varias veces, idealmente cuesta arriba, y repítelo durante varias semanas para notar sus beneficios.

Es verdad que, cuanto más corras y camines, más fuerza irás ganando, pero también es cierto que hacer repeticiones de esprints regulares puede ayudarte a mejorar tu potencia y resistencia, las cuales te ayudarán a superar distancias más prolongadas o de mayor pendiente con mayor comodidad. Dedica algo de tiempo todos los días para hacer un esprint corto varias veces y, si puedes, busca un lugar en cuesta que puedas subir corriendo y bajar caminando. En el primer intento, prueba con tres repeticiones y, en las sesiones siguientes, sube a cinco primero y luego a siete. Llévate casi a tu límite aeróbico y luego permítete recuperarte por completo antes de volver a intentarlo; a menudo suele bastar con un par de minutos para recuperar el aliento. Verás cómo, tras unas pocas sesiones, empezarás a notar que tus paseos y salidas a correr se vuelven más fáciles y agradables; la potencia y la resistencia que desarrolles te permitirán llegar más lejos e ir acostumbrando el cuerpo a los niveles naturales de esfuerzo. Con hacer una o dos sesiones de esprint a la semana basta, y además es una forma muy estimulante de alejarte de la pantalla por un momento. Puede que incluso empieces a disfrutar del reto que supone.

Corre en entornos naturales

Cuando corres una distancia lo suficientemente larga y te dejas llevar por la experiencia, empiezas a sumergirte en el paisaje y a formar parte de él. La solidez de la roca y de las piedras reverberan por todo tu cuerpo y sientes la suavidad de la tierra y de la hierba bajo tu peso. Los sonidos y los olores van y vienen. Mientras que las experiencias digitales son principalmente visuales, cuando caminamos o corremos al aire libre estamos mucho más conectados, a través de todos los sentidos, con el mundo real que nos rodea. Al correr vemos también con el cuerpo, y cuanto más lo hacemos,

EL MOVIMIENTO
69

mejores son nuestras interpretaciones físicas. Gran parte del contenido digital que consumimos nos es dado, mientras que cuando caminamos y corremos el control es todo nuestro y desempeñamos un papel absolutamente activo en la experiencia que estamos creando. Así que, la próxima vez que vayas a pie, salte de la carretera y prueba a prestar más atención al mundo a medida que avanzas por él: céntrate en la experiencia sensorial que recibes al caminar o correr, en la sensación del sol o de la brisa sobre la piel y en el sonido de tus pasos sobre superficies distintas. Fíjate en cómo tus músculos se estiran y tu respiración se sincroniza con el ritmo de tu movimiento y el latido de tu corazón; ten presentes las diferencias en la textura del suelo que pisas y procura asimilar el paisaje natural que te envuelve.

Avisa a alguien adónde vas y deja el celular en casa, a menos que te encuentres en una zona aislada. Evita escuchar música o pódcast, ya que interrumpirán tu conexión con el entorno. Trata de no utilizar ningún dispositivo de *fitness* y de no centrarte demasiado en los tiempos o distancias que recorres. En su lugar, escucha a tu cuerpo y sé consciente de cuándo es el momento de dar la vuelta; tu capacidad y alcance irán mejorando, pero debes tener paciencia. La mayoría de las lesiones que nos hacemos al caminar o correr son evitables: presta atención a cualquier dolor o molestia y no te fuerces cuando tu cuerpo te pida que pares.

Cómo pasar a la acción

- Presta más atención cuando corras o camines: trata de centrarte en tus sensaciones físicas, en lugar de perderte en tus propios pensamientos.
- Asimila el entorno con todos tus sentidos: fíjate en los efectos que el paisaje tiene sobre ti y disfruta de la emoción de estar rodeado de naturaleza.
- Deja el celular en casa: evita escuchar música o pódcast, y no lleves ningún dispositivo que mida tu rendimiento.
- Escucha a tu cuerpo: presta atención a cualquier dolor o molestia y deja que tu instinto te diga cuándo es el momento de bajar el ritmo o dar media vuelta.

Medita mientras corres

Caminar y correr largas distancias también tiene el efecto de aclarar la mente. El ritmo del propio movimiento genera serenidad, y los momentos más técnicos requieren toda tu atención, por ejemplo, cuando cruzas un terreno inestable u ondulado o pasas por una calle muy transitada. A medida que la rigidez inicial de las extremidades se suaviza, puede que al correr te parezca que vuelas, ya que vas dejando atrás tu entorno. Aunque sea durante tiempos cortos, caminar o correr puede hacer maravillas para combatir la depresión y subirte el ánimo, y también dormirás mejor.

En su forma más pura, correr nos conecta con el cuerpo y la respiración, y existen varias técnicas que te ayudarán a centrarte en ello y dejar de pensar en otras cosas. En lugar de respirar con el pecho mientras corres o caminas, trata de respirar «con el abdomen» para aprovechar al máximo tu capacidad pulmonar. La técnica de respirar con el abdomen, también llamada *respiración diafragmática*, es la forma natural y más eficiente de respirar, y es como lo hacen los bebés de forma instintiva. Concéntrate en hinchar el abdomen en lugar del pecho; cuando lo estés haciendo correctamente, verás subir el ombligo. Practica un poco mientras te mueves y, cuando te sientas cómodo, intenta exhalar en pasos alternos para repartir la fuerza del impacto contra el suelo de ambos lados del cuerpo. Con este gesto puedes reducir el riesgo de lesionarte o tener molestias más adelante. Cuando el diafragma se relaja al exhalar, la zona abdominal se vuelve menos estable y recibe más fuerza con cada impacto, de forma que si cada vez que exhalas pisas con el mismo pie, estarás duplicando la fuerza del impacto en ese lado del cuerpo. Pero si respiras siguiendo un ritmo de 3:2 —es decir, contando uno, dos, tres pasos al inhalar, y uno y dos pasos al exhalar—, equilibrarás la fuerza del impacto en ambos lados del cuerpo. Este patrón enseguida te resultará natural, y mientras te mantengas concentrado en tu respiración, verás cómo los pensamientos y las preocupaciones desaparecen entre la cadencia de tus pasos.

Cómo pasar a la acción

- Trata de «respirar con el abdomen» cuando camines o corras: en lugar de llenar el pecho de aire, llena el abdomen, de forma que, con cada inhalación, veas cómo se mueve el ombligo.
- Exhala a pasos alternos: respira con el abdomen siguiendo un ritmo de 3:2 entre inhalaciones y exhalaciones.
- Concéntrate en la respiración y deja atrás tus pensamientos: mantén el ritmo de la respiración sincronizado con tus pasos y déjate llevar.

CAPÍTULO

3

La conversación

EXPRESIONES TRANSITORIAS

En 1872, Charles Darwin publicó un libro que muchos describen hoy como su gran obra maestra olvidada, alejada del conocimiento del público tras la sombra de *El origen de las especies*, el cual había sido publicado trece años antes. *La expresión de las emociones en el hombre y los animales* fue la primera exploración de los orígenes ancestrales de muchos de los rasgos humanos que hoy damos por sentados: la forma que tenemos de alzar las cejas al sorprendernos, por ejemplo, o de mirar con desdén cuando nos enojamos. Mientras estudiaba la biología evolutiva, Darwin había llenado cuadernos y cuadernos de pensamientos sobre las posibles interacciones entre los factores hereditarios y los aspectos sociales de nuestras vidas cotidianas. Observó que las expresiones faciales que utilizamos para transmitir emociones parecen ser las mismas en todo el mundo, algo que ha sido respaldado por múltiples estudios recientes sobre culturas literarias y preliterarias. También sostenía la idea, en aquel entonces controvertida, de que las emociones no son exclusivas de los humanos, ya que pueden encontrarse en muchas otras especies. Darwin consideraba que nuestras expresiones faciales no solo eran la mayor fuente de información sobre nuestras emociones, sino también un vínculo que mantenemos con nuestro pasado evolutivo. Por ejemplo, ¿por qué levantamos el labio superior cuando nos enojamos? Según Darwin, es porque hace miles de años nuestros antepasados primates enseñaban los dientes cuando se sentían amenazados para indicar que se estaban preparando para atacar. Cuando nos enojamos —por muy momentáneo que sea el enojo— también abrimos los ojos y enseñamos la parte blanca del ojo y bajamos las cejas, juntándolas, para aumentar la intensidad de la mirada y que el otro se sienta más amenazado e intimidado. La anatomía de las expresiones faciales y los movimientos corporales en los que nos apoyamos es primitiva y está grabada en nuestro código genético.

Darwin guardaba toda su correspondencia y organizaba sus cuadernos por letras. En 1948, la mayor parte de su archivo fue transferido a la biblioteca de la Universidad de Cambridge. En los cuadernos M y N se habla principalmente de sus ideas sobre la expresión de las emociones, pero en el resto de sus notas también se pueden encontrar cantidades ingentes de observaciones sobre todos los aspectos de la comunicación humana. Darwin empezó a pensar acerca de la interacción humana ya al inicio de su carrera, mucho antes de publicar sus famosas teorías de la evolución, y nunca abandonó su estudio. Le interesaban principalmente los orígenes del lenguaje e investigó extensamente sobre el tema, llegando incluso a estudiar el desarrollo del lenguaje de sus propios hijos. No obstante, lo que más le interesaba era entender los aspectos físicos y la relevancia evolutiva de la comunicación humana, no solo las expresiones faciales, sino también los gestos y cualquier otro tipo de pista no verbal que podamos utilizar al hablar con los demás.

El archivo de Cambridge también incluye una colección de fotografías, dibujos, pinturas y láminas encargadas por Darwin, y es aquí donde sus mayores esfuerzos para entender la conversación humana se hacen patentes. Darwin observó que nuestras expresiones faciales y los gestos que hacemos son transitorios, la mayoría compuestos de asociaciones complejas de contracciones o movimientos musculares, y que las expresiones no verbales suelen articularse mediante una sucesión rápida de fases a lo largo de un breve periodo de tiempo. Darwin quería estudiar las expresiones humanas naturales más de cerca, y cuando se dio cuenta de que no podría obtener muestras de la forma convencional, empezó a buscar maneras alternativas. Primero estudió obras de arte tradicionales en busca de atributos y coincidencias en la actitud que presentaban las personas procedentes de momentos y tradiciones culturales distintos, pero pronto empezó a investigar el potencial que podía tener la fotografía, que acababa de inventarse, para mostrar con mayor detalle cada expresión facial o gesto que estaba estudiando.

En aquel momento era muy poco habitual que la fotografía, un proceso lento e incómodo, capturara expresiones auténticas de risa, tristeza o enojo. Darwin tuvo que organizar varias sesiones fotográficas para sortear las limitaciones de aquel medio, y también encontró varias soluciones inesperadas. Entró en contacto con el trabajo del neurólogo francés Guillaume-Benjamin Duchenne de Boulogne, quien utilizaba unas sondas eléctricas para inducir de forma artificial una serie de expresiones faciales reconocibles durante el tiempo que llevaba tomar una fotografía. Duchenne sentaba a la persona en una silla y le colocaba la cabeza entre dos varillas que estaban conectadas a una batería y a una serie de cables que llegaban hasta distintas partes de la cara. Al hacer que una corriente eléctrica atravesara unos músculos faciales concretos, era capaz de inducir los movimientos que generan todo un abanico de expresiones (en los últimos tiempos, su trabajo ha influido en el desarrollo de las tecnologías de reconocimiento facial, las cuales se basan en nuestra capacidad de detectar y analizar cambios sutiles en las expresiones para identificar a otros individuos a partir de sus rasgos). Cuando Darwin recibió las impresiones finales de parte de Duchenne, decidió encargar unas esculturas de madera que reprodujeran las fotografías para poder eliminar los cables que se veían y evitar que fueran una distracción visual. El libro resultante fue una de las primeras obras científicas en contener imágenes impresas de este tipo y, de hecho, en contener cualquiera que reflejara las emociones humanas. La mayoría de los lectores desconocían qué había hecho Darwin para obtener aquellas representaciones tan naturales y realistas de las emociones humanas. Su llamativa calidad enseguida hizo que el libro fuera un éxito entre el público general.

Nuestros rostros son capaces de generar más de diez mil expresiones, las cuales permiten al anglófono adulto darle un empujón asombroso a su vocabulario activo medio, el cual comprende unas veinte mil palabras.* Las expresiones faciales forman parte de nuestra herencia evolutiva y se encargan de compartir con los demás las emociones que estamos experimentando de una forma rápida y sencilla. Algo que, en el día a día, resulta muy efectivo. Nos apoyamos en nuestras emociones para evaluar automáticamente cualquier situación y prepararnos para lidiar con lo que nos parezca importante; no solemos ser conscientes de las reacciones que tenemos en cuestión de milisegundos, a pesar de que motivan y movilizan la mayor parte de nuestra actividad. Las señales emocionales que transmitimos a los demás con nuestras expresiones faciales y los movimientos corporales ocurren de forma casi instantánea: las microexpresiones son las más sutiles, y tardan menos de una quinta parte de un segundo en cruzarnos el rostro. Y, aunque es posible disminuir nuestras señales no verbales, es prácticamente imposible inhibirlas del todo. Y es que, como *Homo sapiens*, somos tribales: si hemos sobrevivido y prosperado ha sido gracias a vivir en grupos grandes, y al ser capaces de entender las preocupaciones y los sentimientos más profundos de los demás en un instante, hemos podido actuar juntos y al unísono. Lo que leemos en los rostros de los demás revela nada más y nada menos que nuestro lado humano, y puede conectarnos de formas que sobrepasan con mucho a las palabras.

* * *

Darwin participó activamente en la Real Sociedad de Londres y fue elegido miembro en 1839 a la edad de treinta años, un título que conservó durante el resto de su vida. Participaba en los encuentros y debates que se celebraban en Londres, y en 1858 presentó un artículo sobre su teoría de la evolución por selección natural junto a Alfred Russel Wallace, una presentación que ahora se conoce como «el artículo de Darwin-Wallace» y se considera uno de los artículos científicos más importantes de la historia. En la época de Darwin, la Real Sociedad era un lugar destacado para

---

* En el caso del español, se calcula que el vocabulario activo medio comprende entre diez mil y quince mil palabras. Véase: <https://www.lingoda.com/es/content/vocabulario-espanol/>. *[N. de la t.]*.

LA CONVERSACIÓN

mantener conversaciones y debates científicos, y contribuyó a dar forma al clima intelectual y cultural de entonces. El ambiente animado y de compañerismo que se respiraba en sus encuentros y conferencias públicas propiciaba el intercambio de ideas, y sus miembros fundadores se reunían de forma regular en cafeterías para comentar y debatir experimentos. Existe incluso una crónica según la que el físico Isaac Newton, quien terminaría presidiendo la Sociedad entre 1703 y 1727, diseccionó un delfín ante el público en la cafetería Grecian Coffee House en las Wapping Old Stairs de Londres.*

La primera cafetería había abierto en Oxford en 1651 y se convirtió en un lugar popular muy frecuentado por estudiantes y por la comunidad científica de la zona, donde se reunían para leer, aprender y debatir. Lejos de las ruidosas cervecerías y tabernas, enseguida se estableció un ambiente serio, culto y abierto de mente. Al año siguiente, al tiempo que empezaron a abrirse cafeterías en Londres, la población de la ciudad experimentaba un gran crecimiento: el número de habitantes pasó de 375 000 a 490 000 solo entre 1650 y 1700. Los recién llegados que todavía no contaban con una red social propia —una situación exacerbada por el desplazamiento de muchas comunidades a causa del gran incendio de Londres— no tardaron en ver las cafeterías como una primera parada obligada para encontrar trabajo y hacer contactos. Al poco, las cafeterías empezaron a extenderse por toda la ciudad. Los protocolos de reconocimiento de rango y origen, frecuentes en aquel entonces en otros contextos sociales como los salones que se celebraban en las casas nobles, se dejaron a un lado para que todos pudieran sentirse cómodos enseguida, y las conversaciones relajadas y espontáneas que surgían de forma natural han quedado bien documentadas gracias a Samuel Pepys, Jonathan Swift y Samuel Johnson.

Los visitantes pagaban una entrada de un penique a cambio de un café, compañía social, periódicos, conferencias o conversaciones intelectuales. Las llamadas «universidades a un penique» se convirtieron en lugares a los que acudir de forma habitual para ponerse al día de las últimas

---

* Históricas escaleras de piedra que llevan desde Wapping High Street hasta la orilla del río Támesis. [N. de la t.].

noticias o encontrarse con un amigo, y el científico Robert Hooke dejó escrito en sus diarios que visitó al menos sesenta y cuatro establecimientos distintos entre 1672 y 1680, y a menudo hasta tres en un mismo día. El propio Hooke utilizaba las cafeterías como recurso para nutrirse del conocimiento de todo tipo de personas, desde sirvientes hasta trabajadores especializados o aristócratas, y consideraba que aquellas conversaciones complementaban significativamente su trabajo en el laboratorio.

La expansión de las cafeterías por el área metropolitana de Londres coincidió con la expansión del imperio comercial y colonial británico por todo el mundo. Estos establecimientos se convirtieron en sinónimo de intercambio de información; allí uno podía enterarse de las últimas noticias en el ámbito de los negocios o de oportunidades nuevas. La propia Bolsa de Londres empezó a funcionar a finales del siglo XVII en Jonathan's Coffee House, en la calle Exchange Alley de la City de Londres, una de las cunas de la revolución económica que financiaría la mayoría de las misiones de Inglaterra en el extranjero. Lloyd's Coffee House abrió en Tower Street en 1686 y se convirtió en un lugar de encuentro popular para marineros, mercaderes y propietarios de barcos, y el intercambio de información marítima que se producía en el lugar terminó dando pie a la fundación de la compañía aseguradora Lloyd's of London, que todavía hoy existe. Las cafeterías fueron adoptando nuevas funciones, hasta ejercer como centros postales, agencias de empleo y razón social de algunas empresas, con lo que se convirtieron en un elemento fundamental de la actividad mercantil de la ciudad. Las salas de subastas proliferaron en las cafeterías, donde vendían desde productos al por mayor hasta presas marítimas y obras de arte, y se fueron especializando en objetos extraños y exóticos que incluían colecciones de curiosidades, como libros antiguos, prendas de gran calidad e incluso un elefante o un rinoceronte. Estas subastas reunieron a una gran cantidad de gente en las primeras etapas del consumismo global.

Y, aun así, a pesar de toda esta actividad comercial y de tanta ebullición, las cafeterías eran espacios mayoritariamente informales que dependían de las acciones libres y de la asistencia de sus clientes. Estos establecimientos, que a menudo ocupaban poco más que una estancia, aunque en ocasiones podían constar de varias zonas cerradas, se caracterizaban por ser lugares animados, dicharacheros y energéticos. Nadie se encargaba de juzgar los importantes debates que allí tenían lugar. El refinamiento del arte de la conversación se convirtió en una de las cualidades más apreciadas de las cafeterías, y los periódicos de la época empezaron a publicar artículos en los que ofrecían consejos sobre cómo hacer que el interlocutor se sintiera cómodo o cómo practicar el autocontrol durante las conversaciones más acaloradas, ya que una de las aspiraciones principales era poseer la habilidad de moderar el fervor político o las ideas religiosas para dar espacio al otro. Aunque los lectores se interesaban por saber cómo podían mejorar sus habilidades de conversación, como más aprendían era participando. El foco de atención solía ser una gran mesa central que estaba abierta a que cualquiera que acabara de llegar interviniera en el debate que se estaba manteniendo en ese momento, y a menudo solía haber mesas más pequeñas para que los distintos grupos se centraran en sus propios intereses. Los pensamientos y las ideas cruzaban la sala a través de comentarios en voz alta, murmullos de ánimo o exclamaciones que expresaban acuerdo o protesta. Los oradores más experimentados eran capaces de construir y defender sus argumentos según lo que exigiera la situación, además de lidiar con los abucheos o interjecciones con elegancia.

Las cafeterías evolucionaron hasta convertirse en los lugares en los que la opinión pública se recogía y se comunicaba a través de lo que el historiador Thomas Babington Macaulay llamó el *cuarto estado del reino*. Allí, cualquier persona, fuera quien fuera, podía reunirse y compartir sus opiniones. Las conversaciones vivificantes y animadas de las cafeterías de Londres y otras zonas urbanas de Gran Bretaña fueron tomando fuerza hasta llegar a impulsar cambios sociales, y podemos establecer una analogía muy clara con los cambios culturales que estamos viendo hoy a raíz de las redes sociales. Las funciones de nuestros dispositivos —desde las plataformas sociales y los mensajes de texto hasta el correo electrónico y las videollamadas— también han cambiado nuestra forma de conversar y han ejercido una serie de influencias profundas en nuestros hábitos a la hora de comprar, trabajar, reunirnos y consumir noticias. Pero lo cierto es que las conversaciones de las primeras cafeterías modernas tenían un carácter físico ineludible: el tamaño reducido del propio edificio y del espacio personal que se compartía en su interior y la inmediatez de los movimientos corporales, gestos y contacto visual que acompañaba a lo que se decía eran precisamente los aspectos de la expresión humana que Darwin estudió tan de cerca, y es lo que más nos perdemos al comunicarnos por internet.

* * *

Para Darwin, los gestos eran tan esenciales para la comunicación como los movimientos faciales. Observó que, a diferencia del lenguaje universal de las expresiones faciales que encontramos en todas las poblaciones humanas, el lenguaje corporal es mucho más idiosincrásico y variable según la cultura o la situación. Darwin no terminó de acertar al explicar por qué gesticulamos con las manos y otras partes del cuerpo al hablar: lo atribuyó correctamente a nuestro pasado evolutivo, pero también aceptó la noción que se tenía en la época de que gesticulamos principalmente para dar énfasis, y aportar energía y floritura a nuestro discurso. Hace apenas unos años que los estudios en el ámbito de los gestos se multiplicaron y revelaron que las razones que nos llevan a recurrir a la gesticulación son mucho más profundas. Se ha observado que el lenguaje y los gestos están íntimamente relacionados, ya que los movimientos de las manos y del cuerpo no solo nos ayudan a transmitir nuestros pensamientos e ideas a los demás, sino que también contribuyen a generar esos mismos pensamientos: en otras palabras, gesticulamos para esclarecer nuestros pensamientos, y lo hacemos por interés propio tanto como en beneficio de nuestros interlocutores.

Organizar nuestros pensamientos de forma física y comunicarnos a través de todo el abanico de habilidades motrices finas que nos ofrece nuestro cuerpo mejora el impacto de lo que decimos. Cuando hablamos en persona, los estados de percepción que atravesamos al gesticular dependen de la activación de las mismas vías neuronales que participan en cualquier otra experiencia vital. Mover las manos puede desencadenar recuerdos de momentos pasados en nuestra mente, y podemos meternos más en la idea en cuestión. Es casi como si manipuláramos los pensamientos físicamente mientras hablamos, estirándolos y explorándolos con los gestos de las manos para añadir detalles perceptivos; los movimientos del cuerpo también pueden estimular la creatividad y ayudarnos a desarrollar nuestros pensamientos en direcciones nuevas.

Asimismo, los gestos físicos nos ayudan a escuchar. Tenemos la habilidad natural de imitar mentalmente el lenguaje corporal del otro, ya que cuando vemos que alguien está haciendo un gesto, las neuronas espejo se activan en nuestro cerebro como si lo estuviéramos haciendo nosotros. Cuando un amigo encorva los hombros con tristeza y se muestra afligido, empatizamos plenamente con él porque sentimos instintivamente esas mismas sensaciones, y todo ello gracias a su lenguaje corporal.

* * *

Darwin publicó *El origen del hombre* apenas un año antes de *La expresión*, donde exploraba la historia evolutiva de los seres humanos con más detalle, y concluyó que «el lenguaje de los gestos fue, sin duda alguna, el medio de comunicación universal entre los miembros de la familia humana antes del invento del discurso articulado». Terminó convenciéndose de que las formas de comunicación no verbal desempeñaron un papel fundamental en la supervivencia de nuestros antepasados, y que su versatilidad y uso instintivo, ambos profundamente arraigados, terminaron incorporándose al lenguaje humano, una teoría que sigue sosteniéndose según los últimos estudios en los campos de la lingüística, la psicología cognitiva y la neurociencia. Las regiones cerebrales responsables del procesamiento lingüístico y del reconocimiento de los gestos están estrechamente interconectadas, y si se nos impide ver el lenguaje corporal del otro, nos perdemos una gran cantidad de información contextual y nos cuesta mucho más entendernos.

La conversación física es una interpretación en vivo que se parece mucho más a un espectáculo o a un concierto de lo que pueda parecer a simple vista, ya que existen una serie de patrones complejos y de regulaciones del comportamiento de cada hablante que influyen en los de sus interlocutores y también se ven influidos por ellos. Los estudios académicos sobre los gestos han seguido los pasos de Darwin al registrar distintos tipos de expresiones humanas para tratar de explicarlas, pero hoy los investigadores pueden utilizar videos para analizar las conversaciones con más detalle. Al observar grabaciones a cámara lenta de interacciones cotidianas y analizar la sutil correspondencia del movimiento corporal, los científicos han observado que las personas reflejamos y reaccionamos a los gestos del otro de unas formas sumamente sutiles. El ritmo de los movimientos corporales del oyente se coordina con los del hablante, sincronizándose con las sílabas y las palabras del discurso. Toman las tazas de café y beben de ellas a la vez, y los puntos de inicio y de fin de los componentes principales de una acción, como recolocarse en el asiento o levantarse para estirar las piernas, suelen coincidir con los del otro. Se ha llegado incluso a observar que los movimientos oculares, el parpadeo y los movimientos de la boca se sincronizan para ajustarse al ritmo de los de nuestros interlocutores.

El propio Darwin sufría de timidez y ansiedad social cuando estaba en público, pero logró superarlo gracias a la extensa red de amigos íntimos y científicos, intelectuales y figuras prominentes de la época de los que se rodeaba. Era un conversador considerado e interesante y, tal como lo describió el botánico alemán Anton Kerner von Marilaun, «al hablar con Darwin, tenía tal forma de escuchar que hacía que uno quisiera expresarse libremente y sin reservas».

Existen estudios académicos recientes que han descubierto el importante papel de la *atención conjunta* —la habilidad de seguir de cerca al interlocutor— en cualquier conversación. Este tipo de atención nos permite alcanzar los niveles más profundos de comprensión mutua. Cuando tratamos de entender las motivaciones que pueden estar rigiendo las acciones del otro, utilizamos nuestras propias experiencias mentales y emocionales, y ampliamos su alcance con la ayuda de la imaginación para hacernos una idea de lo que puede estar pasándole por la cabeza. Cuando nos reunimos cara a cara la tenemos más fácil para aplicar la llamada *cognición social*, es decir, la habilidad natural que todos podemos desarrollar para procesar y utilizar la información que obtenemos de la conversación para explicar y predecir el comportamiento del otro. Cuando hablamos sin pantallas de por medio somos más empáticos, perceptivos, detallistas y equilibrados.

Cuando una conversación física fluye libremente, cuando estamos absortos, respondemos instintivamente o nos emocionamos, somos capaces de compartir perspectivas e integrar la visión del mundo del otro en nuestra propia perspectiva. Una de las diferencias más importantes de cuando nos vemos cara a cara es que la forma en que nos prestamos atención mutuamente se convierte en una experiencia directa y palpable de la que podemos aprender. Es fácil que la simplicidad de algunas de estas acciones esconda su poder e importancia: por ejemplo, una mirada rápida es una de las formas más fáciles que tenemos de compartir nuestros pensamientos, por muy complejos o intricados que sean, o de establecer y alinear nuestra opinión sobre alguna cuestión. Seguir la mirada, que es la tendencia que tenemos de mirar adonde está mirando el otro, es otro aspecto crucial de la conversación física que solemos dar por sentado con demasiada facilidad. Sin él, no podemos ampliar el enfoque que compartimos para asimilar las tres dimensiones que nos rodean y establecer un punto en común literal o, a menudo, metafórico.

Darwin creía firmemente que podemos mejorar nuestra forma de comunicarnos, especialmente en lo referente a las expresiones faciales y al lenguaje corporal. Intentó no limitar sus investigaciones sobre la comunicación física al inglés, y en 1867 creó un cuestionario titulado *Preguntas sobre la expresión* que envió a corresponsales remotos de todos los rincones del Imperio británico. Observó grandes semejanzas en la forma en que las poblaciones de todo el mundo se comunicaban físicamente, pero también descubrió que, cuando había diferencias, los participantes eran perfectamente capaces de aprender y adaptarse a ellas. En aquella época, sus ideas sobre la evolución y la selección natural resultaban sumamente polémicas, y la sociedad en su conjunto se mostraba bastante contraria a ellas. Le llevó veinte años decidirse a publicar sus impresiones, y si logró recopilar las opiniones que necesitaba para identificar los puntos débiles de sus argumentos y refinar su razonamiento fue únicamente gracias a las extensas conversaciones y debates que mantuvo con sus colegas y amistades.

84   **SIGAMOS SIENDO HUMANOS**

Desde entonces ha quedado demostrado fuera de toda duda que la conversación es una habilidad que todos podemos mejorar. Solo necesitamos practicar. Cuando nos vemos en grupo, leer los cambios posturales y los movimientos corporales puede ayudarnos a medir si los pensamientos de todos están o no coordinados, y los oradores experimentados saben detectar si alguien está empezando a mostrar los primeros signos de que no le gusta la dirección que está tomando la conversación fijándose únicamente en su lenguaje corporal. En los niveles más elevados, la cognición social da lugar a una verdadera comunión de las mentes: cuando nos prestamos una atención plena surge una comprensión compartida a partir de la que se puede alcanzar un consenso nuevo.

Sin embargo, cuando estos encuentros se dan en formato virtual, perdemos la posibilidad de recurrir a gran parte de la herencia evolutiva de las expresiones faciales y de los gestos comunicativos. Afortunadamente, siempre que lo necesitemos podemos recurrir a la conversación física. Ahora bien, ¿cómo podemos recuperar parte de la seguridad, la percepción y la mesura que tan evidentes eran en las cafeterías de los siglos XVII y XVIII? Y, por otro lado, ¿podemos utilizar algunas de estas habilidades conversacionales cuando nos comunicamos por internet?

LA EVOLUCIÓN DE LOS EMOJIS Y LOS GIF

En el punto álgido de la Guerra Fría, a principios de la década de 1960, a Paul Baran, un ingeniero que trabajaba en RAND Corporation —un laboratorio de ideas fundado por el Ejército de Estados Unidos tras la Segunda Guerra Mundial—, le encargaron el desarrollo de un sistema de comunicación nuevo que pudiera seguir funcionando incluso si una de sus partes quedaba afectada por una explosión nuclear. Baran inventó una red distribuida que dividiera las comunicaciones en piezas diminutas y las extendiera: así, si alguna parte de la red quedaba fuera de servicio, las demás secciones podrían seguir funcionando sin problemas. Publicó un artículo sobre su nuevo sistema en 1964, y sus observaciones se materializaron unos años después en el ARPANet del Departamento de Defensa de Esta-

LA CONVERSACIÓN

dos Unidos, una innovación que con el tiempo iría evolucionando hasta convertirse en el internet actual.

La tecnología digital nos ha proporcionado una capacidad asombrosa de comunicarnos independientemente de dónde estemos, y la facilidad con la que podemos enviar correos electrónicos o conectarnos por videollamada con otras partes del mundo es un privilegio y un lujo inmenso. Las redes descentralizadas que utilizamos son sumamente potentes y se encargan de dividir nuestros mensajes en paquetitos diminutos de datos y entregarlos a lo largo y ancho del mundo. Pero cada vez más dependemos de estos sistemas no solo para enviar mensajes rápidamente a través de largas distancias o cuando, por cuestiones de salud, por ejemplo, nos resulta imposible vernos en persona, sino también para sustituir conversaciones que perfectamente podríamos tener en persona.

Las herramientas sociales y digitales que utilizamos hoy día son simulaciones de cómo los humanos interactuamos en el mundo real: con un diseño hecho por manos expertas, tratan de acercarse lo máximo posible a las complejidades de los encuentros naturales cara a cara. Y lo hacen de forma encomiable, ya que la mayoría de las aplicaciones ofrecen distintas opciones, desde mensajes de texto más básicos hasta videollamadas en alta resolución. Pero lo cierto es que incluso una emisión de video captura solo una porción limitada y bidimensional de lo que está ocurriendo en realidad en cada espacio físico. Sencillamente, no existe forma alguna de replicar la realidad plena de la conexión humana en internet; incluso la tecnología de realidad virtual más sofisticada limita los movimientos corporales, y un ambiente digital jamás podrá contar con la riqueza y la complejidad sensorial del mundo físico.

Las cafeterías de hoy son muy distintas de las de finales del siglo XVII. Puede que un Starbucks llene las mismas cuatro paredes que una cafetería de las primeras y que tenga un mobiliario parecido, pero, a pesar de su potencial de generar comunidad, hoy es mucho más probable que en ellas haya muchas personas sentadas solas frente a sus pantallas. La naturaleza descentralizada de la tecnología digital que utilizamos puede surtir el desagradable efecto de dispersar nuestro potencial social colectivo, ya que cada vez más formamos grupos a partir de la suma de individuos aislados.

Igual que cuando esperamos en una fila o estamos en un embotellamiento, puede que estemos compartiendo un lugar físico, pero nuestra atención y pensamientos están en otra parte. La comunicación digital se ha vuelto tan habitual e incluso compulsiva que a menudo la utilizamos por defecto; por ejemplo, le enviamos un correo electrónico al compañero que tenemos sentado al lado incluso cuando tener una conversación cara a cara sería más eficiente y agradable. Cuanto más dependamos de la tecnología digital para comunicarnos, mayor será el riesgo de sustituir la intimidad por la distancia y de alejarnos poco a poco del momento presente de un lugar compartido.

* * *

La mañana del 19 de septiembre de 1982, el catedrático Scott Fahlman, informático de la Universidad Carnegie Mellon, utilizó el primer emoticono de una carita sonriente, :). Lo escribió en un tablero virtual de uso interno y añadió una nota en la que recomendaba que los alumnos lo utilizaran para indicar que un mensaje debía interpretarse como una broma. La inmaterialidad de las redes sociales siempre había sido parte de su promesa explícita: la eficiencia que aportaban las comunicaciones virtuales o las oficinas digitales fueron siempre un argumento de venta de las primeras empresas de internet, pero nadie tuvo en cuenta las repercusiones negativas que tendría en nuestras relaciones interpersonales. Fahlman no tardó en detectar las dificultades que plantearía la escasez de las expresiones faciales en la mayoría de las comunicaciones digitales, y fue uno de los primeros en tratar de encontrar una forma apropiada de suplirlas.

La primera colección de 176 emojis (la *e* significa «imagen», y *moji*, «carácter» en japonés) no se inventó hasta 1999, y fue obra de Shigetaka Kurita, un artista y diseñador que trabajaba en la empresa de telecomunicaciones japonesa NTT Docomo. A Kurita le habían encargado que creara un conjunto de íconos sencillos que pudieran usarse para transmitir información o emociones en un espacio limitado, y para hacerlo se inspiró no solo en los emoticonos, sino también en los *kanji* japoneses, en los letreros de las calles y en los mangas. El uso de los emojis se extendió más allá de Japón a principios de los años 2000 con la llegada de los *smart-*

phones y de las redes sociales, y ahora se han convertido en una parte fundamental de toda comunicación digital. Tal como Darwin podría haber predicho, los emojis de rostros se entienden globalmente.

Las crecientes colecciones de emojis coloridos que incluyen nuestras aplicaciones han evolucionado con el tiempo para tratar de suplir la distancia entre los mensajes escritos y las emociones que sentimos al redactarlos. Pueden parecer nuevos, originales y divertidos, pero es imposible que su simplicidad caricaturesca englobe el sutil abanico de emociones que encontramos en las caras humanas de verdad. Unicode Consortium saca emojis nuevos a intervalos regulares, y su versión 15.0, la más reciente, incluye 3664, una cifra que se aleja mucho de las diez mil expresiones faciales que somos capaces de hacer. Naturalmente, los emojis ayudan a que las interacciones por escrito sean más fluidas y se malinterpreten menos, pero el mero hecho de que los necesitemos y lo rudimentarios que resultan en comparación con las expresiones reales no hacen más que subrayar lo que nos falta cuando nos comunicamos por texto a través de internet.

Para tratar de sortear las limitaciones de los emojis, últimamente se han popularizado toda una serie de símbolos digitales que pretenden replicar nuestras expresiones faciales y gestos. Ya es habitual añadir imágenes o animaciones prediseñadas en forma de «calcomanías» o *stickers* a los mensajes para transmitir una emoción concreta o aportarle cierto carácter. En 2014, una empresa canadiense llamada Bitstrips inventó los avatares de Bitmoji, los cuales se pueden personalizar de forma que parezca que el usuario está expresando distintos sentimientos y emociones; por su parte, Apple sacó su aplicación Memoji en 2017, que utiliza el sistema de cámara TrueDepth de los modelos más recientes de iPhone e iPad para analizar nuestros movimientos y crear unas imitaciones más precisas de nuestras expresiones faciales.

Con cada una de estas versiones, las expresiones que podemos utilizar para comunicarnos por internet se vuelven un poquito más detalladas, pero lo cierto es que no hay forma posible de emular del todo nuestros rasgos faciales ni los movimientos corporales de una forma totalmente precisa, tridimensional y en tiempo real. Nuestros movimientos faciales

—como el gesto de asentir, de sonreír, de fruncir el ceño o alzar las cejas— apuntalan y complementan nuestro discurso de formas complejas y variadas. Nuestros rostros ofrecen información al interlocutor al momento, y nos permiten ir ajustando nuestro comportamiento mientras conversamos. Cuando nos comunicamos por internet y los rostros desaparecen, nos resulta mucho más difícil coordinar las conversaciones de forma responsable, en especial si el ambiente se acalora. Tanto al hablar como al escribir, los humanos siempre hemos estado limitados por el obligatorio carácter lineal del lenguaje, es decir, la forma en que una palabra sigue a la siguiente en una secuencia consecutiva. Los gestos no están sometidos a esta restricción en absoluto, y son un modo de comunicación flexible y visual que va siempre con nosotros para respaldar nuestro discurso. Evidentemente, cuando nos comunicamos por internet, la mayoría de los gestos físicos desaparecen por completo, pero las redes sociales han ido madurando con el tiempo y cada vez son más visuales: los íconos del pulgar hacia arriba y otros gestos similares son de uso cotidiano, y hoy día muchas publicaciones incorporan alguna imagen o un video. La popularidad del formato GIF (*graphics interchange format*), desarrollado por un equipo de CompuServe en 1987, estalló hace poco. Los GIF suelen consistir en bucles breves de video en los que un personaje hace un gesto o mantiene una expresión facial exagerada. Están disponibles a través de colecciones ya preparadas que vienen incluidas en la mayoría de las aplicaciones de mensajería, y se usan principalmente para comunicar un pensamiento de forma ingeniosa o cuando resulta difícil encontrar las palabras adecuadas. Actualmente, el uso de los GIF suele combinarse con las *cinemagrafías*, es decir, fotografías que contienen una pequeña zona en movimiento que se repite en bucle y que suelen estar diseñadas para evocar un estado de ánimo o ambientación concreta, desde la rabia hasta el humor, pasando por la ensoñación o el asombro.

Los GIF, las cinemagrafías o los videos en bucle utilizan la repetición y el movimiento para transmitir acciones que las imágenes estáticas no logran capturar; suelen usarse para mostrar a una persona que asiente, saluda con la mano o sonríe, y pueden indicar que quien lo envía está de acuerdo, del mismo modo que lo haría un gesto físico. Enviarlos solo requiere un par de pasos, pero la ausencia del movimiento físico necesario para generar las imágenes en cuestión deja constancia de su menor impacto.

Puede que cuando echamos un vistazo rápido al celular mientras estamos teniendo una conversación cara a cara nos parezca que no tiene mayor trascendencia, pero, a medida que lo hacemos una y otra vez, el daño que causa puede ser importante. El baile de miradas y gestos en el que nos apoyamos se interrumpe, y la conexión que tan fácilmente podemos generar al encontrarnos en persona corre el riesgo de romperse, aunque sea por un instante. No se considera en absoluto de mala educación que cada uno tome asiento alrededor de la mesa y deje el celular justo delante, pero cuando hablamos a menudo nos encontramos con que nos estamos dirigiendo a unas cabezas que están agachadas y concentradas en un mundo que queda muy lejos de la mesa que compartimos.

A medida que van pasando semanas, meses y años, las interrupciones y las pausas que afectan a nuestros encuentros en persona a raíz del uso de la tecnología —por no hablar de las veces que optamos directamente por no vernos y enviarnos mensajes en su lugar— empobrecen y merman nuestras oportunidades de conectar plenamente con los demás y alimentan una sensación de desapego cada vez mayor. En general, sabemos que deberíamos centrarnos en las personas de nuestro entorno, pero la preocupación sobre lo que podríamos estar perdiéndonos en otros sitios suele resultar demasiado difícil de soportar. Así pues, podemos convertirnos en expertos en mantener la ilusión de que estamos presentes en una conversación mientras consultamos una notificación. Pero cuando ignoramos deliberadamente la alerta de un mensaje y le dedicamos toda nuestra atención a la otra persona, le estamos diciendo que la estamos escuchando de veras y que la conversación puede florecer siguiendo su curso natural.

El contacto visual es la forma más sencilla e intuitiva que tenemos de conectar entre nosotros. Cada mirada que compartimos nos confirma que contamos con la atención del otro. También es el medio principal que nos permite meternos plenamente en un pensamiento o experiencia acompañados de nuestro interlocutor. Compartimos todo tipo de miradas fugaces: están las «miradas de iniciación» rápidas que dan comienzo a una conversación; las «miradas cómplices», cuando estamos de acuerdo; y las «miradas de referencia», cuando dirigimos la atención del otro hacia algún punto. Estas formas de establecer contacto visual parten de unas de las etapas más tempranas de nuestra evolución como especie. El cerebelo, una de las regiones más antiguas de nuestro cerebro, se ha ido desarrollando a lo largo de miles de años para coordinar automáticamente los movimientos de la cabeza y del ojo cuando cambiamos la dirección de la mirada. Nuestro reflejo vestíbulo-ocular es un mecanismo fundamental que nos permite mantener la visión estable durante los movimientos rápidos de cabeza y hace que seamos sumamente hábiles a la hora de establecer y mantener el contacto visual, incluso cuando estamos inmersos en maniobras corporales complejas o corremos a gran velocidad. Cruzamos la mirada de una forma sumamente intuitiva y a menudo totalmente inconsciente, y, aun así, el contacto visual resulta fundamental no solo para compartir nuestros estados psicológicos, sino también para la mayoría de las etapas del desarrollo humano y para nuestro bienestar general. Incluso durante un momento alarmante y dramático —como en pleno atraco a un banco—, nuestra motivación por compartir la experiencia puede ser tan fuerte que nos arriesgamos a perdernos lo que pueda pasar a continuación para girar la cabeza y mirar a la persona que tenemos al lado.

El efecto que tiene en nosotros la pérdida del contacto visual se hace sobre todo evidente durante las videollamadas: al encontrarnos en lugares distintos, nos es imposible intercambiar miradas como solemos hacerlo en persona. No podemos seguir la trayectoria de la mirada del otro para ver lo que está viendo, y, como respuesta al instinto primordial de compartir nuestra atención mientras hablamos, no podemos evitar fijar los ojos en la pantalla, lo cual genera una ilusión de contacto visual lo suficientemente potente como para engañar a nuestra mente y hacerle creer que sí lo hay, pero a la vez conlleva una serie de consecuencias perjudiciales.

La modalidad estándar de videollamada, en la que todo el mundo ve a todos los demás constantemente, haría que cualquier encuentro parecido en la vida real resultara increíblemente intenso. Cuando nos vemos en persona, alternamos el contacto visual con periodos extensos de tiempo en los que asimilamos otras circunstancias que nos rodean, y el contacto visual prolongado se reserva para los encuentros más emotivos. Además, la forma en que están colocadas las cámaras en los dispositivos hace que ocupemos la mayor parte de la pantalla con nuestras cabezas y hombros, lo que crea una impresión de cercanía que normalmente solo admitiríamos en las personas de nuestro círculo más próximo. Tanto la cercanía como el contacto visual que emulan las videollamadas chocan con la forma en que la mente humana ha evolucionado para ayudarnos a descifrar los encuentros físicos: si en la vida real alguien se nos acercara tanto, nuestra reacción más intuitiva sería interpretarlo como una insinuación sexual o una amenaza de violencia. Mirarse mutuamente tan de cerca y durante tanto tiempo hace que entremos instintivamente en un estado insostenible de hipervigilancia, una de las razones principales que hacen que las videollamadas resulten tan agotadoras.

Las redes informáticas interconectadas que facilitan las conversaciones digitales tienen un funcionamiento que nuestros cuerpos y mentes no están preparados para gestionar. Durante todo nuestro pasado evolutivo, nuestra adaptación nos ha llevado a ser una especie cooperativa. Dependemos de la compañía de los demás para crecer. El poder que tiene la tecnología de dislocarnos de nuestro entorno nos permite socializar en cualquier sitio y de forma instantánea, y nuestra sociabilidad natural hace que resulte muy tentador tratar de llegar lo más lejos posible, pero cuando nos desconectamos físicamente demasiado de las personas que nos rodean, estamos dejando de lado las relaciones sociales auténticas. Desarrollar habilidades conversacionales lleva tiempo y esfuerzo, y en plena proliferación de mensajes, conversaciones digitales y aplicaciones sociales, puede que debamos establecer ciertas medidas de forma deliberada para recuperar primero y luego reforzar nuestra habilidad de conectar plenamente en persona.

AFINA TUS HABILIDADES CONVERSACIONALES

La conversación es una habilidad que se puede mejorar. Todos estamos dotados de la habilidad intuitiva de prestar atención a los demás, y aprendemos a leer la mirada y los movimientos corporales más evidentes de los demás desde muy pequeños, pero igual que ocurre con cualquier otra capacidad natural, existen unos niveles de competencia mucho más matizados que podemos llegar a dominar. Para tener una conversación de verdad en la que escuchamos activamente, compartimos novedades e ideas y consideramos nuestras reacciones, hace falta una dosis generosa de tiempo, paciencia y atención.

Piensa en cuántas horas al día habrán dedicado nuestros antepasados, incluso unas pocas generaciones atrás, antes de la adopción generalizada del teléfono y más adelante de internet, a hablar en persona. Antes de la invención de la escritura, es decir, durante la inmensa mayoría de la existencia humana, la única forma que teníamos de conversar era estando en compañía de los demás. Aunque nuestros métodos de comunicación se hayan ido digitalizando cada vez más y nuestra sociedad haya ido cambiando a consecuencia de ello, la herencia evolutiva que nos condiciona a querer conectar y cooperar con los demás cara a cara no ha cambiado un ápice.

Los conversadores de las cafeterías londinenses nos llevaban una ventaja considerable: vivían en una época en la que las ramificaciones del invento de la imprenta y otras formas nuevas de comunicación por escrito justo empezaban a modificar a la sociedad, y nuestra cultura oral natural seguía básicamente intacta. La imposibilidad práctica de conectar de verdad fuera de la presencia del otro, con la salvedad de la recepción retardada de cartas, prestaba a los tiempos que se compartían con los demás una calidad distinta. Al acudir a las cafeterías, la gente escuchaba a su interlocutor, ya que no existía ningún otro medio conversacional al que recurrir una vez que se separaran. Los tiempos mucho más extensos que pasaban en la compañía de otros les daban incontables oportunidades de practicar el arte de la conversación. Estaban atentos a cualquier detalle sutil de los intercambios, desde una ceja que se levantaba casi de forma imperceptible hasta los cambios en el tono de voz, y eran capaces de reaccionar y controlar todo su abanico comunicativo corporal con gran destreza.

Algunos de los conocimientos que se obtuvieron a través del cuidado y la atención que se invertían con tal diligencia en las conversaciones físicas que se daban en las cafeterías de los siglos XVII y XVIII han sobrevivido gracias a los ensayos que se escribieron en el momento y que circulaban por todo Londres en la forma de periódicos y panfletos impresos. Tú tienes la inmensa suerte de poder conectar con quien quieras estés donde estés, y con una serie de cambios sencillos en tu forma de comunicarte, tanto virtualmente como en persona, podrás sacar el máximo provecho del tiempo que pases en compañía de los demás.

Conversaciones físicas

Cuándo verse en persona

Hay ocasiones en que se requiere verse cara a cara. Los grandes momentos de la vida, como las bodas o los funerales, solo reciben la atención que merecen si pasamos un tiempo de calidad con las personas de nuestro círculo; asimismo, los temas complejos y sensibles también se benefician de una mayor comprensión y cooperación que solo se pueden alcanzar a través de conversaciones cara a cara. La facilidad con la que podemos acceder a las personas de forma virtual y la actitud de disponibilidad absoluta que la mayoría trata de mantener en las aplicaciones sociales hacen que sea muy tentador compartir lo que vaya surgiendo a medida que ocurre. Pero vale la pena pensar en el tiempo que se habría esperado en el pasado para compartir una noticia importante: cuando por fin tenían ocasión de encontrarse en persona, los temas que habían estado reservando daban impulso a la conversación. El hecho de que hoy estemos constantemente disponibles puede hacer que, al encontrarnos en persona, nos veamos obligados a volver a repasar los mismos temas o a optar por otros menos importantes: en cualquier caso, el empuje de verse puede desaparecer.

El escritor satírico angloirlandés Jonathan Swift, a quien se le recuerda sobre todo por *Los viajes de Gulliver*, acudía a las cafeterías asiduamente. En su ensayo de 1713 «Sugestiones para un ensayo sobre la conversación», Swift desgrana las formas en que podemos profundizar en las perspectivas, las experiencias y las opiniones del otro durante una conversación física, e insiste en lo importante que puede resultar a la hora de construir relaciones sólidas y comprender a los demás. En concreto, sugiere estar dispuesto a escuchar las perspectivas de los demás con la mente abierta, incluso si difieren de las propias; del mismo modo, desaconseja hablar demasiado de uno mismo para dejar el espacio necesario para que la conversación pueda seguir su curso natural.

Puede resultar útil recordar que las conversaciones digitales siempre son menos significativas y memorables. La tendencia a recurrir a los mensajes, a los correos o a las videollamadas puede llegar a restar calidad a las conversaciones físicas cuando por fin se dan. Un cambio clave con el que podrías reavivar tu vida social es reservarte los mensajes digitales, dentro de lo posible, para organizar los detalles logísticos y otros aspectos esenciales. Deja de contar tus novedades por mensaje y de contactar con los demás para saber cómo les va, y guárdatelas para cuando se vean en persona. Es normal que quieras responder a los mensajes que te envíen, pero si eres menos proactivo en tus conversaciones virtuales, estarás más dispuesto a organizar un encuentro físico antes, y enseguida apreciarás la diferencia en los niveles de energía y de atención en general cuando te veas en persona. A veces las circunstancias pueden hacer que resulte complicado, especialmente cuando hay distancia de por medio: en ese caso, guárdate las novedades para cuando hables por teléfono o hagas una videollamada, en lugar de contarlas por mensaje, ya que estas conversaciones te aportarán mucho más.

No es raro querer trasladar algunos de los encuentros más difíciles o emotivos al terreno digital, pero son precisamente este tipo de intercambios los que más se benefician de verse cara a cara. Hablar en persona suele ser la mejor forma de distender una situación, por muy difícil que parezca. Trata de ver esa conversación tensa o compleja como una oportunidad para conocerte mejor a ti mismo y a la otra persona. Cuando sientas el impulso de enviar un mensaje o un correo, recuerda que podrás controlar mucho mejor el resultado del intercambio si se da en persona.

Cómo pasar a la acción

- Reduce tus mensajes digitales: reserva las novedades para contarlas en persona y observa el efecto que tiene en los niveles de energía y de atención durante la interacción cuando por fin te veas con otra persona.
- Haz tiempo para conversar: reserva una mañana o una tarde entera para verte con un amigo simplemente para ponerse al día.

Aprende a escuchar

Swift incide en que una de las habilidades conversacionales más importantes es saber escuchar. Considera que cuando uno se mantiene más callado y escucha más en una conversación, y no tiene problema alguno en ceder la palabra y el control de la conversación a los demás, es más fácil responder de una forma más cuidada y, con el tiempo, convertirse en mejor orador. Sugiere que, para escuchar de forma más activa, vayas esclareciendo las preguntas y parafraseando lo que dicen los demás para asegurarte de que estás entendiendo correctamente lo que querían decir.

Cuando estés en plena conversación física, prueba a intentar asimilar de forma más consciente la combinación completa de movimientos, gestos y expresiones faciales de tu interlocutor. ¿Está recargado hacia atrás en actitud desganada o inclinado hacia delante con los ojos bien abiertos? ¿Sus movimientos transmiten que está inquieto o tranquilo? ¿Detectas algún «indicio» que se repita? Arrojamos mucha más luz sobre nuestros pensamientos y sentimientos con nuestra forma de gesticular de lo que podríamos imaginar, y prestar más atención a los demás puede ser muy revelador.

Pon a prueba la escucha profunda y fíjate en qué otras diferencias encuentras. Para acallar tu voz interna, concéntrate todo lo que puedas en lo que te está diciendo tu amigo o amiga. A menudo ocurre que, durante una conversación, estamos preparados para hablar, bromear o comentar y dedicamos el mismo tiempo a pensar en lo que vamos a decir a continuación que a seguir lo que se nos está diciendo. El estímulo de las interacciones rápidas de las comunicaciones digitales solo consigue intensificar este instinto, así que trata de identificarlo cuando se active y de calmarlo de forma deliberada. Invierte más tiempo en absorber las palabras y las ideas que está expresando la otra persona, y si ves que te cuesta un poco participar en una conversación, sigue el consejo de Swift y parafrasea lo que ha dicho el otro para no salirte de ella.

También te ayudará observar tu propio lenguaje corporal. ¿Tienes los brazos abiertos o sueles cruzarlos? Fíjate en cuándo sueles gesticular más: ¿hay algún tipo de movimiento que repitas a menudo con las manos? Piensa en qué movimientos puedes hacer para que los demás se sientan más a gusto. El tacto es una de las formas de comunicación más íntimas y que transmiten más emociones, y, naturalmente, es totalmente imposible de trasladar a la comunicación virtual. Tócale el hombro o el brazo a tu amigo cuando te parezca que el gesto puede repercutir en él y observa qué efecto surte.

Cómo pasar a la acción

- Escucha atentamente durante una conversación en persona: concéntrate activamente tanto como puedas en lo que te están contando y trata de acallar tu voz interior.
- Prueba a parafrasear: haz preguntas para aclarar distintos puntos y parafrasea lo que te están diciendo para alcanzar un entendimiento mutuo.
- Presta atención a los movimientos corporales, a los gestos y a las expresiones faciales: fíjate bien en cómo las acciones físicas del otro puntualizan y acompañan su discurso.
- Observa tu propio lenguaje corporal: fíjate en cuándo gesticulas más y piensa en qué acciones físicas puedes implementar para que los demás se sientan más a gusto.

LA CONVERSACIÓN   97

Si sufres de ansiedad social, hazle frente

El lexicógrafo y crítico literario Samuel Johnson, quien se encargó de elaborar el primer diccionario completo en lengua inglesa, también frecuentó las cafeterías del siglo XVIII, y en una colección de artículos en su publicación periódica *The Rambler* escribió extensamente sobre la importancia de mantener conversaciones de forma regular para desarrollar las habilidades personales. Johnson consideraba que las interacciones profundas con los demás son esenciales para el crecimiento personal y la felicidad, y que la habilidad de mantener conversaciones estimulantes y sustanciales es fundamental para construir relaciones sólidas y desarrollar el sentido de comunidad. Plantea que, al mejorar las habilidades conversacionales, uno puede disfrutar de encuentros más gratificantes con los demás y llevar una vida más plena en general.

Según el punto de vista de Johnson, no todo el mundo sabe conversar de forma instintiva, e incluso las personas que han sido dotadas con el don de la conversación deben practicar y refinar sus habilidades para llegar a dominar de veras este arte. Johnson dice que, con el tiempo, se puede aprender a estar más cómodo con la naturaleza abierta del rumbo de las conversaciones, aprender a expresarse con más claridad y de manera más efectiva, y pulir la capacidad de escuchar con atención y ofrecer reacciones cuidadas. Pero a menudo hay obstáculos que debemos superar. El propio Johnson sufrió ciertas dificultades físicas y emocionales a lo largo de su vida, ya que presentaba síntomas del síndrome de Tourette y varios problemas de salud mental, y es más que probable que tuviera que seguir conversando en momentos en los que se sentía ansioso o cohibido. Pero lo logró y se hizo conocido por su conversación aguda e interesante, y durante su vida creó una amplia red de contactos que incluía a escritores, intelectuales y políticos de renombre.

Hoy, el uso de la tecnología es uno de los obstáculos habituales que impiden que desarrollemos nuestras habilidades conversacionales. Cuanto más nos comuniquemos por internet, más probable será que sintamos ansiedad social y malestar en el mundo real. Cada vez que le damos mil vueltas a una respuesta escrita o a una publicación en las redes sociales estamos creando un personaje que se puede desvanecer enseguida durante los encuentros en persona en los que debemos participar en conversaciones físicas en tiempo real, las cuales se desarrollan a toda velocidad y presentan unos niveles de complejidad y unos matices que no encontramos en internet. Johnson creía que las conversaciones sin rumbo y espontáneas son una forma importante de aprender y crecer como persona, pero, por desgracia, el uso excesivo de la comunicación digital puede hacer que tengamos ansiedad cuando se trata de vernos en persona, lo que a su vez hace que pasemos más y más tiempo en internet.

Cómo pasar a la acción

- Observa tu ansiedad social desde la curiosidad: considera los momentos de timidez o incomodidad durante las conversaciones como indicadores del tipo de intercambios cara a cara que te convendría practicar.
- No luches contra el silencio: resiste la necesidad de rellenar cada hueco de la conversación; fíjate en si sientes algún tipo de incomodidad, y observa cómo y cuándo termina pasando.

Cuando tengas momentos de timidez o de ansiedad en compañía de los demás o veas que estás evitando una situación social, pregúntate a qué se debe. Por incómodo que pueda resultar pasar vergüenza en contextos sociales, los momentos en los que te quedas en blanco, te sonrojas o tartamudeas pueden ayudarte a identificar qué tipos de intercambios cara a cara necesitas seguir practicando.

Johnson también creía que las conversaciones avanzan mejor cuando existe un cierto grado de flujo natural, y que es mejor no forzarlas ni imponerles demasiada estructura. Por desgracia, cuando nos sentimos incómodos en una situación social es común que tratemos de rellenar los huecos de la conversación en lugar de dar un paso atrás y dejar que surja el silencio. La próxima vez que veas que estás rellenando un silencio, intenta resistir la tentación: no se trata de ignorar o reprimir tus sensaciones de incomodidad, sino de dirigir la atención hacia dentro y convivir con ellas hasta que pasen. Relajarse en silencio en compañía de otro puede ser una forma tan potente de conectar como cualquier palabra que puedas decir.

Mejora tus conversaciones digitales

Las videollamadas

Las videollamadas son el equivalente digital más cercano que existe hoy en día a verse en persona; no obstante, si tienes en cuenta las distintas formas en que se distinguen de tus encuentros en la vida real, podrás implementar ciertos cambios pequeños para gestionarlas con más naturalidad. Asegúrate de desactivar el recuadrito con tu cara que aparece en la pantalla: la mayoría de las plataformas de video lo incluyen para avisar de que estamos siendo grabados, pero genera la experiencia del «espejo de gestos», que es poco natural, nos distrae y a veces puede estresarnos, ya que nos muestra nuestros propios gestos y expresiones faciales.

Si reduces el tamaño de la pantalla del navegador, podrás emular más fielmente la distancia que mantendrías de forma instintiva durante una conversación normal; y si además conectas un teclado externo a la laptop, podrás beneficiarte aún más de ello, ya que ampliarás el espacio personal entre tú y los rostros que aparecen en la pantalla.

Crear una distancia física adicional entre tú y tu pantalla te dará el espacio que necesitas para gesticular con las manos. Además, no hace falta que estés sentado todo el tiempo. Quizá puedas incluso caminar un poco frente al escritorio mientras hablas. Si te sientes cohibido la primera vez que pruebes todo esto en una videollamada, apaga el video un rato.

Permítete ciertas pausas también en otros momentos y apaga momentáneamente el video para evitar mirar a la pantalla durante demasiado tiempo. Cuando lo hagas, aléjate totalmente de la llamada, especialmente si se trata de llamadas en grupo o reuniones largas. Podrás seguir el hilo de la conversación mientras repasas con la mirada el espacio en el que te encuentras, y al tiempo que vuelves a anclarte en tu contexto físico, podrás descansar un poco de ese contacto visual intenso y simulado que tan agotador puede llegar a ser.

Cómo pasar a la acción

- Utiliza la opción de «ocultar imagen propia» durante una llamada: no verte puede servir para reducir el estrés y el cansancio mental.
- Conecta un teclado externo a la laptop: crea una sensación espacial más natural entre tú y las caras que aparecen en la pantalla durante una videollamada, y date el espacio necesario para gesticular y moverte.

Aléjate del teclado

Joseph Addison fue otro escritor influyente de la época de las cafeterías al que quizá se reconozca más por su labor como editor de *The Spectator*, una publicación periódica que se centraba en los protocolos sociales y las habilidades conversacionales. En su artículo «On Anger» [A propósito de la rabia], publicado en *The Spectator* en 1711, Addison da consejos sobre cómo controlar la rabia durante una conversación. Más concretamente, nos dice que debemos evitar hablar o actuar de forma impulsiva cuando estamos enojados, ya que hacerlo suele llevar a palabras o acciones de las que luego nos arrepentimos. Puede que este consejo cobre todavía más relevancia cuando nos comunicamos por internet. La incapacidad de los mensajes escritos de transmitir del todo nuestras emociones, junto a la ausencia de expresiones faciales y lenguaje corporal, hace que los canales digitales sean muy poco apropiados para las interacciones tensas o acaloradas. Cuando notes que empiezan a invadirte la rabia o las emociones negativas mientras escribes un mensaje, una publicación o un correo, déjalo y haz una pausa. No vuelvas a tomar tu dispositivo hasta que hayas calmado tus pensamientos; la rabia desatada nunca da pie a nada bueno en internet, y a menudo permanece en los formatos digitales mucho tiempo después de ese momento de enojo transitorio.

Cómo pasar a la acción

- No escribas si estás enojado: haz una pausa y no vuelvas a tomar el dispositivo hasta que no te veas capaz de responder con la cabeza fría.

Concéntrate plenamente en la conversación virtual

Uno de los temas que más tocaban los escritores de los días de las cafeterías es la importancia de entregarse a la conversación. Swift, Johnson y Addison hablaban a menudo de la necesidad de dedicar toda nuestra atención al acto de hablar y escuchar a los demás. Eso es algo que pasa raramente en internet. Las herramientas digitales simplifican las conversaciones y, a cambio, nos exigen mucho menos. Así las cosas, es fácil leer y enviar mensajes y estar pendiente de conversaciones virtuales mientras hacemos otras cosas. Conectamos con los demás, pero solo a intervalos de tiempo que sacamos de aquí y de allá, y normalmente no les prestamos toda nuestra atención.

Piensa en la diferencia entre las interacciones digitales y las conversaciones que tienes cara a cara. Suele considerarse de mala educación no dedicar toda nuestra atención a la otra persona cuando estamos hablando cara a cara; trata de aplicar el mismo grado de entrega y concentración a las conversaciones que tengas por medios digitales. Deja a un lado las demás actividades o pensamientos cuando escribas un correo o respondas a un mensaje; y en el caso de las interacciones más importantes, si no es posible verse en persona, trata de replicar algunas de las condiciones de un encuentro en la vida real. Reservarte un tiempo concreto al final del día para enviar un correo, mantener una conversación o, mejor aún, hacer una llamada sin ningún tipo de prisa, hará que sea mucho más fácil compartir tus novedades y pensamientos de forma adecuada y tener en cuenta de verdad lo que te digan tus amigos y familiares al respecto.

Cómo pasar a la acción

- Crea momentos de tranquilidad para tus mensajes: date la oportunidad de reflexionar y responder como es debido. ¿Crees que sería más apropiado tener una conversación en persona o llamar por teléfono?

CAPÍTULO
4

La soledad

NAUFRAGIO EN MÁS A TIERRA

En 1713, el cofundador de *The Spectator* Richard Steele se sentó en una cafetería londinense con el corsario escocés y oficial de la Marina Real Alexander Selkirk para escuchar su historia. Selkirk rezumaba un encanto áspero y duro, pero lo que más sorprendió a Steele fue su semblante sereno. Selkirk le explicó que lo habían dejado abandonado en el archipiélago Juan Fernández, a quinientos ochenta kilómetros de la costa oeste de Chile, tras incitar un motín contra el capitán de su nave. Selkirk había permanecido en la isla cuatro solitarios años, con escasas posesiones. Enseguida tuvo que adaptarse para sobrevivir, y para ello debió someterse a los ritmos de la vida en la isla. Cuando tuvo la gran fortuna de ser rescatado, los relatos de sus salvadores y de los miembros de la tripulación empezaron a llegar a oídos del público de su país natal. No obstante, lo que consolidó su reputación fue el artículo que escribió Steele tras su encuentro, ya que llegó a manos de Daniel Defoe, quien adaptó la crónica en una de las primeras novelas escritas en inglés. *Robinson Crusoe* fue un éxito inmediato y logró que los lectores de la época se identificaran con el relato. La historia de Selkirk despertó fascinación entonces y sigue haciéndolo hoy en día, en parte por lo abrupto de su abandono y por la extensa duración de su soledad forzada.

Selkirk había sido un joven rebelde y se había enrolado en una sucesión de travesías bucaneras hacia el Pacífico Sur durante la guerra de Sucesión española. Zarpó a bordo del Cinque Ports en 1703 en una expedición para buscar y saquear los barcos mercantes españoles que transportaban valiosos productos desde Acapulco hasta Manila a través del océano Pacífico. La misión contaba con financiación privada, pero, dado que Inglaterra estaba en guerra con España, también se hacía en servicio de la reina Ana de Gran Bretaña. Al mando de la expedición se encontraba William Dampier, un explorador de prestigio que fue la primera persona en circunnavegar el mundo tres veces. Como capitán, nombró a Thomas Stradling.

El viaje del Cinque Ports a través del Atlántico y alrededor del cabo de Hornos no salió bien. El barco iba abarrotado, muchos marineros perecieron debido al escorbuto, y a Selkirk, encargado de navegación, cada vez lo irritaban más las decisiones del capitán Stradling.

Cuando el Cinque Ports atracó en Más a Tierra, en el archipiélago Juan Fernández, en septiembre de 1704, lo hizo con la tripulación diezmada. Los supervivientes estaban hambrientos y enfermos, y llevaban ropas harapientas. Selkirk se puso en contra de Stradling y empezó a azuzar la disconformidad entre los demás. El ambiente se fue acalorando hasta el punto de que Selkirk se enfrentó al capitán con los puños. Lo acusaron formalmente de incitar un motín y Stradling ordenó que su baúl y su ropa de vestir y de cama se quedaran en tierra con él.

Desde la bahía rocosa y arqueada de Más a Tierra, Selkirk observó cómo se alejaba el barco que había sido su hogar durante seis meses. La isla, que entonces estaba deshabitada, ocupa apenas diecinueve kilómetros de longitud y seis kilómetros de ancho. Los acantilados del extremo este se alzan vertiginosamente desde el mar, y el centro de la isla está presidido por dos montañas. La brisa del Pacífico se encuentra con las cumbres de los picos, se enfría, se condensa y cae en forma de lluvias torrenciales; las hondonadas y los arroyos rocosos llevan la escorrentía hacia la orilla. En los valles, el viento sopla entre helechos altos, el sotobosque y los árboles de sándalo de dulce olor; y mientras las nubes rodean las zonas más elevadas de la montaña, la luz del sol baña las colinas inferiores y las playas. El símbolo de la isla desierta está muy arraigado en nuestra cultura

LA SOLEDAD

y representa tanto la atractiva imagen de un paraíso como un entorno en el que es muy difícil sobrevivir; Más a Tierra era ambos.

A Selkirk le dejaron un revólver, pólvora y balas, un machete y una olla en la que hervir los alimentos. Tenía también consigo una Biblia y un libro de oraciones, así como sus instrumentos de navegación y gráficos marítimos, ahora inútiles. Los restos de comida y gotas de licor que racionó no tardaron en terminarse. Con el tiempo, la angustiosa y creciente comprensión de que quizá nunca saldría de aquella isla ni volvería a ver otro rostro humano se habría apoderado de él. Pero los calambres de la sed y el hambre mantuvieron su atención alejada del miedo y la desesperanza mientras se adaptaba rápidamente a su nueva situación. Empezó a asearse y a beber en los arroyos, encontró nabos, berros y bayas, y poco a poco aprendió a cazar tortugas y langostas con su afilado machete. Se mantenía ocupado: recopilaba rocas y piedras para construir un brasero y construyó una despensa en la que almacenar sus provisiones, y con madera confeccionaba cuencos y barricas. Para refugiarse de los aguaceros y de los animales mientras dormía, construyó una cabaña de madera y tejado de paja con un enrejado de trozos de sándalo. Tras haber disparado su última bala, empezó a perseguir las cabras a pie y no tardó en desarrollar el aguante suficiente para atraparlas.

A pesar de toda esta actividad, es imposible que a veces Selkirk no se sintiera sobrecogido por el inmenso e imponente silencio de la isla. Estaba tan lejos del continente que construir una balsa no era una solución factible. Como más probabilidades tenía de ser rescatado era gracias a algún barco que pasara cerca, pero también entrañaba sus riesgos, ya que una eventual nave española no se mostraría amable ante su presencia. Selkirk escogió un punto en los acantilados más elevados de la isla para vigilar el horizonte —todavía hoy se le conoce como el «puesto de vigilancia de Selkirk»—, y pasó gran parte de su tiempo escudriñando el horizonte en busca de cualquier actividad marítima. Desde allí podía ver cómo se desarrollaba la vida en la isla, desde el sol matutino irradiando su cálido brillo sobre los contornos de las colinas hasta las estrellas del cielo nocturno que circunvolaban el mar. Asimiló los ritmos de un mundo que giraba lentamente y observó con calma el paso de las estaciones. La soledad de Selkirk era total, y habría sido difícil superarla en cualquier otro lugar del mundo. ¿Cómo lo afectó? ¿Alteró su forma de ver el mundo?

En el trasfondo de casi todas las filosofías o religiones —ya procedan de la Grecia clásica, de las tradiciones herméticas y monásticas de todo el mundo o de las prácticas de la nueva era—, encontramos la idea de que la soledad es un prerrequisito indispensable para la introspección y el autoconocimiento. Cuando la humanidad ha estado en paz y silencio, alejada de las vicisitudes de la vida diaria, ha tratado de encontrar las respuestas a las preguntas más difíciles y ha reflexionado sobre la interconexión del mundo a través del diálogo interno. Al aislarnos de las distracciones cotidianas, empezamos a advertir cosas nuevas, a encontrar formas alternativas de pensar y a preguntarnos cómo queremos vivir de verdad. Pensadores tan variados como Aristóteles, Platón, Boecio, Montaigne, Thoreau o Woolf observaron, uno tras otro, que pasar tiempo solo es fundamental para reflexionar y prepararnos para nuestras agitadas vidas sociales.

Las religiones y los sistemas de creencias del mundo —de todas las tradiciones, ya sean occidentales u orientales— coinciden en plantear la escurridiza idea de que existe un fundamento elemental, una conexión universal que lo une todo. Las prácticas espirituales han tratado una y otra vez de ayudarnos a encontrar los vínculos que existen entre la vida interior y las confusas complejidades del mundo externo. Sin embargo, con seguir una doctrina o suscribirse a una institución religiosa no suele bastar para alcanzar la misma claridad de pensamiento que sí ofrece la experiencia directa y de primera mano; para acercarnos lo máximo posible a la «esencia» de lo que significa estar vivo, debemos descubrir las realidades de nuestra experiencia por nosotros mismos.

Las antiguas escrituras y las hagiografías atestiguan la necesidad de trascender el ego y llevar una vida sencilla para acercarnos a la posibilidad de entender el verdadero significado y las realidades más profundas de nuestra existencia. Selkirk experimentó sin buscarlo el grado de retiro que tanto podrían esforzarse en alcanzar un monje o un anacoreta. Una y otra vez se ha observado que las inquietudes mentales, así como los hábitos del pensamiento analítico y las distracciones sociales, son de los obs-

LA SOLEDAD

táculos más significativos a los que nos enfrentamos a la hora de llegar a comprender profundamente la realidad interconectada y material de nuestro mundo; ahora que estos obstáculos habían desaparecido, Selkirk tenía los ojos cada vez más abiertos. Sin tener a nadie con quien hablar, sus capacidades lingüísticas empezaron a empeorar, y los hábitos que tan arraigados estaban en él y que había ido desarrollando desde su nacimiento para descodificar el mundo a través de una serie de palabras preconcebidas fueron desapareciendo.

Bien podría haber empezado a maravillarse, que es una de las formas más puras de la felicidad que existen. Podría haber empezado a pasarle primero por las noches, cuando sus otros sentidos se esforzaban por compensar su falta de visión, y sintiera que la conciencia de todo lo que lo rodeaba se iba agudizando. Desde su puesto de vigilancia, podría haber observado cómo el horizonte se curvaba ligeramente hacia arriba y, al levantar la cabeza hacia el cielo, empezar a ver las estrellas de otra forma, como puntadas que señalaban un pasado lejano, mucho más allá de la existencia geológica de la isla. Podría haberse quedado pasmado ante la escala de todo ello, y los pensamientos podrían haberse agitado y detenido en su mente. Selkirk estaba teniendo experiencias de tal complejidad y magnitud que en ocasiones sus capacidades de razonamiento podrían haberse venido abajo. También habría empezado a abrir cada vez más los ojos durante el día: la luz del sol de la mañana que iluminaba la parte inferior de los árboles le podría haber ofrecido una imagen casi tangible de la cualidad concreta de la luz; y a medida que observaba los pequeños movimientos de la fauna de la isla, y el florecimiento y el decaimiento de su flora, habría sido capaz de percibir la transitoriedad perpetua de la vida y también su inevitable renovación. Todo ello habría llevado sus pensamientos al límite, y en ocasiones su capacidad de razonar y comprender ya no habría sido capaz de seguir el ritmo de la profundidad de algunas de sus experiencias. Selkirk aceptó la intensidad de los cambios de Más a Tierra y abrió un hueco en su nueva vida para apreciar lo sublime sin necesidad de mediar palabra.

También le habría resultado más cómodo mirar hacia dentro. Al tener pocas distracciones, sería más consciente de su propia mente y se habría

108 SIGAMOS SIENDO HUMANOS

ido dando cuenta de que su estado interno afectaba a su propia realidad. A medida que prestaba más atención al mundo natural, también habría empezado a observar su forma de reaccionar ante él: se veía viendo, y poco a poco fue desarrollando la capacidad de poseer sus pensamientos. En su mente habría revivido las escenas del motín que había iniciado, hasta que finalmente se reconcilió con el hecho de que él mismo había propiciado su propio abandono y desarraigo de la sociedad. Sus puntos de vista sobre la isla cambiaron por completo hasta llegar a adorar la verde flora y la fluidez del día a día. Cada vez más, apreciaría el orden invisible de las cosas, y el mundo que lo rodeaba le inspiraría una sensación de unidad y solidaridad. Y, sobre todo, aprendió a enfrentarse a sí mismo y a sus miedos. Las decisiones que tanto le había costado tomar en el pasado ahora le parecían mucho más claras y, poco a poco, se hizo una idea más auténtica de quién era en realidad.

Un buen día había salido a pescar cuando la sorpresa le cortó la respiración: a lo lejos, un grupo de velas de color crema se balanceaban alegremente sobre las olas. Nadó tan rápido como pudo hasta la orilla y puso las preparaciones en marcha. En los años que llevaba en la isla, Dampier había logrado convencer a un sindicato de concejales de Bristol de que financiaran una nueva expedición. De nuevo habían surgido problemas en alta mar, y el capitán, Woodes Rogers, tuvo la idea de recurrir al refugio de Más a Tierra para echar el ancla y recuperarse. Selkirk encendió una hoguera para llamar la atención del barco, convencido de que aquella era una oportunidad única de reconectar con la civilización. Por desgracia, la tripulación interpretó que las llamas indicaban una presencia enemiga, prepararon las armas para atacar y se alejaron, rodeando la bahía, antes de acercarse de forma más sigilosa a tierra firme. Selkirk se dirigió a su puesto de vigilancia, y en cuanto se hubo convencido de que la tripulación era inglesa, por fin se acercó a ellos.

A su regreso a casa, el capitán Rogers publicó un libro sobre sus aventuras, *Viajes alrededor del mundo*, en el que dedica un espacio considerable al primer encuentro entre la tripulación y Selkirk. Rogers recuerda a un «hombre vestido con pieles de cabra que parecía más salvaje que sus dueñas originales»; su discurso, «a falta de usarlo», le fallaba, y «parecía

LA SOLEDAD

pronunciar las palabras solo a medias». Rogers y sus hombres enseguida se quedaron asombrados de la fortaleza e independencia de Selkirk, y admiraron especialmente su templanza mental. Se recomendó nombrarlo segundo de a bordo y se le puso a cargo de veintiún hombres, y aquella nueva responsabilidad le sentó de maravilla: no participó en ninguna intriga ni contienda, y ejecutaba todas las tareas que se le asignaban. Más adelante —y tras haber hecho fortuna granjeándose presas marítimas y botines— fue ascendido a patrón de barco, es decir, responsable de toda la tripulación y del valioso cargamento. Volvió a casa convertido en un hombre rico.

Las descripciones que hizo Rogers de Selkirk fueron las primeras historias sobre el abandonado en despertar interés en Gran Bretaña, y fueron las que llevaron a Richard Steele a organizar aquel encuentro en una cafetería. Steele luego diría que Selkirk poseía una «seriedad fuerte, pero alegre en su apariencia» y «un cierto desdén por los aspectos ordinarios, como si hubiera estado sumido en sus pensamientos». Selkirk le habló de adversidades muy duras: en una ocasión, mientras corría hacia una cumbre, se había caído violentamente por un precipicio tras estirarse demasiado para agarrar una cabra, y permaneció allí tirado, sin poder moverse, tres días enteros. Pero en general recordaba con cariño sus días en Más a Tierra. Recordaba una alegría y una calma constantes, y explicaba que había llegado a reconciliarse totalmente con su nueva condición.

Steele se encontró con Selkirk por la calle unos meses después, y, aunque habían estado hablando, no lo había reconocido: la vida en la ciudad había empezado a afectarlo y, según Steele, había «alterado notablemente el aire de su rostro». Con el paso de los años, tras su regreso a casa, los malos hábitos de Selkirk resurgieron. Sus tendencias violentas empeoraron, y llegó el día en que le imputaron el delito de agresión común. Pero no se presentó al juicio y pronto anduvo buscando nuevas oportunidades en el mar. Se encontraba sirviendo como oficial en el HMS Weymouth cuando enfermó de la fiebre amarilla, que estaba causando estragos entre la tripulación, y falleció el 13 de diciembre de 1721. Lo enterraron en el mar.

Selkirk había logrado alcanzar una serenidad envidiable por medio de la soledad, pero al ser incapaz de llevarse la vida isleña a casa, no consiguió mantener dicha condición una vez que se reincorporó a la sociedad. Su historia resulta familiar: al vivir acompañados, los humanos hemos tenido la dificultad constante de preservar la paz y la perspectiva que alcanzamos cuando estamos solos.

Una de las articulaciones más claras de ello la encontramos en la Bhagavad-gītā, el antiguo texto sagrado hindú que data aproximadamente del siglo II a. n. e. Al plantear si deberíamos llevar una vida ajetreada dedicada a las obligaciones personales y a nuestra profesión o renunciar a la existencia como propietarios para vivir como ascetas, el texto establece cómo podríamos llevar a cabo ambas: al vivir menos apegados a los resultados de nuestras acciones y encontrar un espacio para reflexionar sobre la verdadera naturaleza del ser y del universo, podemos alcanzar la iluminación y la liberación, al tiempo que llevamos una vida con responsabilidades y acciones. No obstante, a lo largo de los siglos han sido muchos los que han tenido dificultades para seguir este camino. Las presiones sociales suelen empujarnos hacia acciones motivadas por el beneficio personal, y nuestras tendencias humanas innatas hacia el apego pueden nublarnos el juicio.

Hoy nos enfrentamos a situaciones muy parecidas, pero al estar inmersos en nuestras vidas digitales, tenemos que luchar mucho más para poder pasar un tiempo a solas, en silencio y sin interrupciones. Cuando nos conectamos a internet y nos sumamos a la multitud de distracciones digitales, nos cuesta mantener el pensamiento independiente y nuestra capacidad de introspección. ¿Cómo podemos aprender de la soledad que alcanzó Selkirk en su isla? Y, asimismo, ¿qué lecciones podemos extraer de sus errores una vez que regresó a casa?

La isla de Robinson Crusoe

En un intento de atraer a los turistas, Más a Tierra pasó a llamarse isla de Robinson Crusoe, y actualmente cuenta con un total de 997 habitantes. A pesar de que tienen cobertura y wifi, sigue siendo una vida muy remota: los visitantes llegan en una avioneta de seis pasajeros o tras un trayecto de treinta minutos en barco, y reciben suministros dos veces al mes gracias a un barco de apoyo que se fleta desde el Chile continental. Las características físicas de la geografía de la isla son las mismas, pero sus habitantes no viven ni de lejos en un estado de aislamiento parecido al que se enfrentó Selkirk hace trescientos años: envían mensajes instantáneos, ven los últimos capítulos de sus series favoritas y están conectados a la cultura popular prácticamente del mismo modo que si vivieran en el continente.

El futurólogo Arthur C. Clarke observó en una ocasión que «cualquier tecnología que sea lo suficientemente avanzada es indistinguible de la magia». Mientras que los únicos medios de conectar con los demás a los que podría haber recurrido Selkirk durante su estancia en la isla habrían sido la telepatía o un afortunadísimo mensaje en una botella, hoy la omnipresencia de las redes informáticas y su alcance «mágico» por todo el mundo nos parecen muy normales. Como seres humanos, nuestra propensión social nos ha llevado a adoptar las tecnologías de la comunicación sin pensar ni deliberar demasiado sobre cuándo podría resultar natural conectarnos o desconectarnos de la sociedad, y al hacerlo hemos permitido que el mundo exterior usurpe las partes más personales de nuestras vidas. Aunque la absoluta soledad de Selkirk fue especialmente inusual incluso para el siglo XVIII, las personas de su época solían pasar mucho más tiempo a solas y sin interrupciones que nosotros. Históricamente, la gente pasaba acompañada periodos más largos que nosotros, pero cuando estaban solos, permanecían prácticamente desconectados de los demás. Durante gran parte de nuestra existencia, las personas que tenían el privilegio de tener tiempo libre lo dividían entre momentos fortificantes de encuentros en persona y periodos para una reflexión más contemplativa, alejadas de la compañía de los demás.

Gran parte del florecimiento temprano de la civilización humana tuvo lugar durante el tiempo libre del que se disponía. En la Grecia antigua, por ejemplo, la vida contemplativa —*bíos theoretikós*— se consideraba la única forma verdadera de dar un propósito profundo a la existencia humana. *Scholé*, la palabra griega que denota «ocio», es el origen de la palabra *escuela* y de sus derivados. El tipo de pensamiento sostenido que necesitamos para pensar como es debido a la hora de resolver un problema suele llegar cuando estamos solos o cuando nos reunimos en grupos reducidos escogidos por nosotros. La auténtica contemplación alterna la pasividad alerta y el tiempo de concentración, y para ello necesitamos cierto grado de tranquilidad y calma. La soledad permite a la mente vivirse a sí misma por medio del acto de pensar, considerar sus propios pensamientos y reflexiones, examinarlos desde perspectivas diversas y, con ello, avanzar en el conocimiento y la comprensión. Existen estudios científicos que han demostrado que somos más conscientes de nosotros mismos en los momentos en los que estamos solos, y que pasar tiempo a solas puede mejorar la creatividad, aumentar la concentración y reforzar las habilidades de resolución de problemas. Se ha observado que el silencio y la calma favorecen el crecimiento de células nuevas en el hipocampo, la parte del cerebro que se encarga de la memoria y del aprendizaje.

Pero, naturalmente, la soledad también está muy relacionada con la *sensación* de soledad. Cuando estamos en nuestra propia compañía, la sensación de soledad —ese sentimiento de tristeza o aflicción que surge cuando nos sentimos desconectados de los demás y carecemos de contacto o relaciones sociales significativas— puede hacer que sintamos que hemos fracasado, ya que dedicamos gran parte de nuestro tiempo personal, aunque sea de forma inconsciente, a organizar nuestras vidas para evitar sentirnos aislados. Esa misma necesidad también hace que estemos muy alerta a las reacciones de los demás para procurar encajar o ser apreciados. Aun así, como seres subjetivos, hasta cierto punto siempre nos sentiremos alejados de los demás. La sensación de soledad es un precursor esencial de cualquier forma de soledad cultivada, y es normal que tengamos que pasar por cierto malestar o desasosiego antes de volver a sentirnos cómodos en nuestra propia compañía.

Selkirk tuvo años para ponerlo en práctica y terminó acostumbrándose a la soledad. No es de extrañar que sintiera cierta incomodidad social al regresar a la ciudad tras tanto tiempo alejado del contacto humano. Se refugió en el alcohol, y al volver a caer en sus hábitos de antes, acabó enredándose en unos altercados cada vez más agresivos. Mientras que en la isla no tenía más remedio que convivir con su soledad y perseverar hasta

LA SOLEDAD

salir de aquella situación, en la civilización tenía todo tipo de tentaciones a la mano que le ofrecían un alivio temporal de sus emociones difíciles, pero que, en realidad, solo empeoraban su situación.

Hoy en día, la sensación de soledad se ha convertido en un problema importante como consecuencia directa de la reducción de las conversaciones en persona, una tendencia que se intensificó con la pandemia de la COVID-19. Como especie, estamos hechos para reaccionar ante las interacciones auténticas y humanas, y, aunque sigamos conectados de otras formas —por medio de mensajes instantáneos, correos electrónicos o mensajes de texto, o manteniéndonos al día de las últimas noticias—, nada de ello consigue alimentar el bienestar psicológico como una conversación en tiempo real y en persona. Para contrarrestar el dolor o el malestar de la sensación de soledad, es frecuente recurrir a aquello que nos genera placer —ya sean las distracciones digitales, comer, beber o ver la televisión— y, al hacerlo, tendemos a caer en hábitos que no curan ese malestar existencial básico, sino que más bien perpetúan o exacerban el problema. Los dispositivos digitales, siempre a la mano para distraernos de nuestra angustia, son la causa misma del problema. En lo primero que solemos refugiarnos suele ser en mirar los mensajes que hemos recibido, pero es igual de común acudir a internet para pasar un tiempo pasivo y agradable, es decir, para mirar, hacer clic y deslizar el dedo por la pantalla según las indicaciones que nos dan sin que nosotros tengamos que invertir demasiada atención pasiva y consciente. Eso que nos decimos que es una «pausa» suele convertirse en un objetivo en sí mismo que hace que perdamos la oportunidad de disfrutar de un tiempo que podría haber sido más productivo o valioso si hubiéramos dejado que la inquietud nos llevara por otro camino.

Por naturaleza, a los humanos nos cuesta sentarnos y no hacer nada, ya que la tendencia de nuestra mente de buscar cualquier cambio en el entorno nos la pone difícil. Hoy, lo más frecuente es que la tentación de echar un vistazo al mundo digital sea más fuerte que la voluntad de convivir con un aburrimiento incómodo. Pero lo cierto es que la tensión a la que nos enfrentamos durante las pausas diarias —cuando nos esforzamos por mantenernos dentro de nuestros pensamientos, permanecer concentrados y estar totalmente presentes en lo que estemos haciendo— puede darnos pistas sobre cómo recuperar nuestra capacidad de estar solos. A lo largo de la historia, distintas religiones y prácticas espirituales han adoptado y desarrollado métodos o ritos ceremoniales que ayudan a calmar los pensamientos y centrar la atención. Lo que todos tienen en común es una técnica —de la forma que sea— que ayuda a identificar los impulsos que nos llevan a distraernos y a redirigir esa atención hacia dentro. Las prácticas de meditación suelen centrarse en la respiración o en un mantra interno para estabilizar la mente; el yoga y la práctica tradicional china del *qigong* o *chi kung* hacen que dirijamos la atención hacia el movimiento físico del cuerpo para cultivar una energía tranquila, y la mayoría de las formas de oración o culto recurren a la repetición de unas secuencias de texto memorizadas para acallar los pensamientos. En los últimos años, la práctica de la conciencia plena o mindfulness se ha popularizado como método basado en las mismas técnicas para serenar la mente, solo que se presentan de tal forma que resultan más coherentes con el mundo de hoy. Todas y cada una de estas técnicas beneficiosas requieren que saquemos cierto tiempo de nuestras ajetreadas vidas, y ese puede ser, al menos al principio, el aspecto que más nos cueste acomodar.

La pregunta principal que planteaba la Bhagavad-gītā hace ya más de dos milenios todavía conserva su urgencia: ¿cómo podemos integrar en nuestras vidas diarias esa perspectiva sensata que nos aportan los momentos trabajados de calma solitaria? Si aspiramos a tener la más mínima oportunidad de contrarrestar las sofisticadas formas en que la tecnología atrapa y gestiona nuestra atención, necesitamos contar con técnicas y prácticas en las que podamos confiar no solo cuando estamos alejados de nuestros dispositivos, sino también cuando los llevamos con nosotros o los estamos empleando. Es impresionante lo poco que se habla de esta necesidad de la vida moderna. Las soluciones reparadoras estándar que se nos ofrecen, ya sea en los manuales de mindfulness o en forma de aplicación móvil, suelen consistir en ejercicios de meditación de veinte minutos al día, sesiones de yoga semanales o retiros de fin de semana para despejar la mente. Por muy útil que todo esto resulte para conservar ciertos momentos de desconexión total de las exigencias del mundo digital, no alcanza para proteger la soledad hasta el punto que sería necesario, tanto cuando estamos conectados como cuando

LA SOLEDAD

no, y prácticamente no existe ninguna guía general que nos enseñe a proteger nuestros propios pensamientos y nuestra calma, al tiempo que utilizamos e interactuamos con las tecnologías digitales que participan en todas las facetas de la vida y que roban nuestra atención y comercian con ella a diario.

Existe un pensador cuya obra parece muy apropiada para abordar este tipo de problemas. Se trata del no muy conocido filósofo armenio George Gurdjieff. De joven viajó por Irán, Asia Central, la India y el Tíbet, antes de llegar a Moscú en 1912 con una filosofía nueva y original sobre el desarrollo personal. Gurdjieff describió su sistema de pensamiento como el «cuarto camino», tras observar que era prácticamente imposible aplicar las prácticas espirituales ascéticas de monjes, yoguis o anacoretas a la vida cotidiana. Tras reunirse con sabios, derviches y muchos otros guías espirituales, consolidó sus enseñanzas en una disciplina coherente. Gurdjieff defendía que las personas —contrariamente a lo que podamos pensar— existimos por norma sin ejercer demasiado control sobre los procesos de pensamiento y avanzamos por la vida de una forma semiautomática. Por ello, creía que solo podemos centrarnos más en nuestros pensamientos y emociones si nos separamos de forma intencionada de las influencias y de las distracciones externas. Los estudios académicos llevados a cabo posteriormente sobre la atención y las observaciones que se van recopilando tras examinar las experiencias de múltiples personas confirman que es cierto: una gran parte de las decisiones que tomamos están motivadas por apuntes externos o por las expectativas que tenemos asimiladas, y cuando interactuamos con las tecnologías digitales, es frecuente que nuestras decisiones se rijan exclusivamente por los estímulos que vemos en la pantalla. Y es que los programas que utilizamos a diario están cuidadosamente diseñados para asegurarse de tomar el control de nuestra atención. Nuestros cerebros funcionan sumamente bien en este modo de piloto automático, y nos acostumbramos fácilmente a que sean las motivaciones externas las que determinen nuestro próximo movimiento. Naturalmente, el sector de la publicidad es especialmente consciente de ello: los eslóganes y las frases sencillos y llamativos de los carteles, por ejemplo, pueden influir mucho más en nuestras opiniones de lo que podríamos pensar. Gurdjieff innovó por el hecho de utilizar los métodos tradicionales de los monjes, los yoguis y los anacoretas para recuperar nuestros propios pensamientos en la vida diaria. Hoy todavía se considera que su método es uno de los pocos viables que tenemos para proteger la conciencia de nosotros mismos, la autonomía y la soledad sin renunciar a nuestras vidas digitales.

Los sutiles sentimientos de ansiedad que nos llevan a mirar el teléfono suelen encontrarse fuera de nuestra conciencia personal. Cuando sentimos una punzada de desasosiego o alguna emoción negativa, en lugar de hacerle frente para entender de dónde proviene, nos abocamos a la siguiente tarea digital que nos hemos asignado. La tecnología nos la pone muy fácil para evitar estar presentes en nuestras propias vidas. Y, aun así, cuando desconectamos de cualquier experiencia digital y permanecemos tranquilos, en silencio, sin ningún objetivo ni nada a lo que prestar atención —es decir, cuando paramos de verdad—, de pronto nos vemos obligados a lidiar con nuestros pensamientos. Huelga decir que no se calman enseguida; de hecho, es posible que cada vez resuenen más fuerte en nuestra cabeza y que surjan las tentaciones. Si dedicamos un tiempo a limitarnos a observar el curso natural que siguen nuestros pensamientos, vemos claramente hasta qué punto un pensamiento puede dominar toda nuestra experiencia perceptiva. El principio básico de cualquier tipo de meditación es centrar la atención en otra cosa para ralentizar o, idealmente, detener nuestros pensamientos por completo. Cuando lo logramos, empezamos a experimentar una sensación profunda y revitalizante de tranquilidad, y alcanzamos un estado reconstituyente que puede quedarse con nosotros durante un buen tiempo. A medida que vamos adquiriendo más experiencia en el ámbito de la meditación, cada vez nos resulta más fácil discernir cuándo los pensamientos están empezando a tomar el mando y somos más capaces de recuperar nuestra atención para controlarla mejor.

Los métodos de Gurdjieff son una forma de evitar que la tecnología digital nos robe la capacidad de concentrarnos, ya que podemos identificar mejor esos momentos en los que recurrimos a internet sin pensarlo siquiera, y agudizamos la capacidad de observar cuándo nuestro comportamiento sigue un camino que no hemos trazado nosotros. A medida que vamos siendo más conscientes de las formas en que los dispositivos influ-

LA SOLEDAD

yen en nuestros pensamientos y en nuestras acciones, somos más capaces de estimular los cambios necesarios para proteger nuestros momentos privados y motivaciones personales.

Gurdjieff ofrecía una serie de consejos prácticos para ayudarnos a arraigarnos más en la vida diaria, y defendía un ejercicio con el que romper los patrones automáticos e introducir una conciencia activa en el momento presente: si nos decimos «detente» y nos quedamos inmóviles de vez en cuando, podremos fijarnos en nuestros pensamientos y emociones y permitirnos estar más presentes. También insistía en la importancia de reconectar con el cuerpo físico como medio de anclarnos en cualquier experiencia. Planteaba que, en momentos trascendentales —como el nacimiento o el fallecimiento de un ser querido—, o en la plenitud transitoria que experimentamos en los instantes de alegría, nos sumimos plenamente en todos nuestros sentidos a la vez. Observó que en estos momentos de despertar profundo cambia el concepto que tenemos de nuestro aislamiento, ya que adquirimos una comprensión mucho más completa de lo conectados que estamos con el mundo que nos rodea. Gurdjieff decía que, al observar de forma más consciente los que él denominaba «autorrecuerdos» y explorar con toda la profundidad que podamos cómo los vivimos internamente, podemos recrear este estado de despertar estemos donde estemos. Hoy, la obra de Gurdjieff puede ofrecernos técnicas que nos permiten disfrutar de la soledad en lugar de temerla, así como mantener el contexto y la perspectiva tanto en nuestras vidas dentro de internet como fuera. Hay ciertos pasos que podemos dar hoy mismo para proteger nuestra soledad; al implementar unos comportamientos sencillos podremos estimular los cambios de pensamiento y de carácter que tanto beneficiaron a Selkirk en su vida como náufrago en el Pacífico Sur.

Cultiva tu propia soledad

La habilidad natural de prosperar en soledad ya la tienes, pero sentirse cómodo en compañía de uno mismo requiere práctica. Con el tiempo podrás estar más seguro de tu capacidad de estar solo y serás más capaz de apoyarte en tus recursos internos. El primer paso es generar el espacio que necesitas para desconectar del todo de vez en cuando, y hay varios cambios sencillos y efectivos que puedes llevar a cabo para controlar los niveles de estímulo que recibes de tus dispositivos. También puedes usar técnicas de meditación y respiración para mejorar la calidad de tus momentos de soledad; se trata de métodos tradicionales que nos ofrecen una forma intensiva de recuperarnos de las presiones de la vida digital cuando nos haga falta.

No obstante, por muy importantes que sean, el retiro y la renovación no bastan para proteger plenamente la soledad y la individualidad. Si no andamos con cuidado, las redes digitales a las que recurrimos para conectar con los demás pueden exponernos al pensamiento de grupo y predisponernos a puntos de vista que carecen de mediación. Incluso cuando apagamos los dispositivos, las conexiones digitales pueden irrumpir en nuestros pensamientos más íntimos, porque los puntos de anclaje que nos conectan al mundo digital son en gran medida psicológicos. Pero también están motivados por instintos que puedes empezar a controlar. Si modificas el grado de atención que prestas cuando estás frente a la pantalla, podrás empezar a observar de qué forma la tecnología está afectando a tus decisiones, pensamientos y estados de ánimo. A medida que aprendas a identificar exactamente de qué forma el tiempo que pasas en internet afecta a tu perspectiva personal, se irá volviendo más fácil determinar de qué modo te afecta también cuando estás desconectado. Los impulsos de sacar el celular cuando nos sentimos solos o aburridos se vuelven más evidentes, de forma que controlarlos, o incluso hacer que desaparezcan por completo, también resultará más fácil.

Controla las distracciones digitales

Reduce las interrupciones cuando no estás conectado

Es probable que lo que más te distraiga cuando estás solo sean las notificaciones del celular; por suerte, si vas al apartado de ajustes, podrás desactivarlas fácilmente. Los sonidos de llamada y los modos de vibración diseñados para atraer nuestra atención cuando recibimos un mensaje vienen predefinidos por defecto. Si dejamos los ajustes que vienen por defecto y no los modificamos, hacemos nuestra la obligación de acordarnos de acallar el celular cuando queremos concentrarnos, un paso que todos sabemos lo fácil que es de olvidar. Para proteger la soledad, es mucho más efectivo desactivar las notificaciones por defecto y activarlas solo cuando las necesites. ¿Cuánto tiempo dejas pasar para leer una notificación desde que la recibes? Al margen de los casos de emergencia —lo cual se solventa fácilmente marcando ciertos contactos como favoritos para que puedan dar contigo independientemente del modo que tengas activado—, puede haber algún mensaje que esperes con ansias o algo relacionado con el trabajo que debas atender. Pero la inmensa mayoría de los mensajes que te roban la atención a lo largo del día podrían gestionarse igual de bien un poco más tarde, cuando tomes la decisión activa de mirar tus mensajes.

Cómo pasar a la acción

- Desactiva las notificaciones por defecto en el celular: plantéate seriamente cuándo necesitas leer tus mensajes desde que los recibes y vuelve a activar las notificaciones solo cuando sea necesario.
- Deja el celular en un lugar fijo: crea el hábito de tomarlo solo cuando quieras consultar tus mensajes. Además, mantenlo fuera de tu alcance por las noches, al menos hasta después de haber desayunado.

Sacar el celular puede convertirse en un hábito tan frecuente que la mejor solución suele ser quitártelo de encima, directamente. Crea el hábito de dejarlo en el recibidor cuando llegues a casa o colócalo en el escritorio. Tómalo cuando quieras consultar tus mensajes, pero asegúrate de volver a dejarlo en su sitio cuando termines. Por la noche, déjalo ahí hasta después de desayunar.

Protege tu atención en internet

Proteger tu soledad es igual de importante cuando estás conectado. Cuando estás trabajando, leyendo o jugando con un dispositivo, tu flujo de pensamientos es demasiado valioso como para desperdiciarlo en distracciones que no lo merecen. Por ejemplo, mantener ordenado el escritorio de la computadora puede ayudar a crear el entorno adecuado para que reflexiones y tengas en cuenta tus pensamientos con el mismo cuidado una vez que te desconectes. Quita los documentos del escritorio y organízalos en carpetas; de igual forma, trata de minimizar la cantidad de íconos que veas en la pantalla de inicio de tus dispositivos. Utiliza el modo de pantalla completa siempre que puedas cuando utilices tus aplicaciones o navegues por internet para reducir la proliferación de botones y opciones, y desactiva los permisos del explorador de forma que las únicas notificaciones que te muestre sean las del calendario.

¿Hay alguna página a la que acudas en momentos de aburrimiento y que luego te arrepientas de haber malgastado tu tiempo en ella? Quizá te convenga instalar un bloqueador que no te permita acceder a ciertas páginas o redes sociales en tus dispositivos. Actualmente, el bloqueador más potente y amplio de este tipo es Cold Turkey Blocker.

Cómo pasar a la acción

- Ordena el escritorio: minimiza los íconos de las aplicaciones y utiliza el modo de pantalla completa siempre que puedas.
- Instala un bloqueador de páginas web en la computadora: plantéate bloquear permanentemente las webs o redes sociales que más te distraigan.

No corras a meterte en internet

Aunque la mayor parte del tiempo te sientas totalmente satisfecho y contento con tu vida social, presta atención a esos momentos en los que percibas punzadas de soledad. Cuando estés frente a una pantalla —ya sea en el trabajo, al consultar el celular durante el día o mientras te relajas frente al televisor por la noche—, trata de recordar que, en un pasado no tan lejano, cada uno de estos momentos se habrían pasado en compañía de otros. La humanidad siempre ha vivido en comunidades unidas y tribales —incluidos nuestros antepasados de hace unas pocas generaciones—, y estas costumbres y comportamientos tan duraderos son los fundamentos de la necesidad evolutiva de buscar el contacto social o de sentir malestar cuando estamos solos. Por muy ocultas o alejadas de tu vida diaria que puedan estar estas sensaciones, debes ser consciente de que seguramente presentes unos niveles de alienación y aislamiento que tus antepasados jamás tuvieron que gestionar, y que ese peso puede influir en tus decisiones y acciones diarias.

Recuerda que la soledad se puede manifestar de distintas formas, y que las más típicas son la sensación de aburrimiento o inquietud. Cuando veas que te aburres o que tienes muchas ganas de mirar el celular, resístete y observa hasta dónde llega tu zona de confort. En lugar de evitar ese aburrimiento enseguida, convive con él y trata de entenderlo: investiga cuáles pueden ser sus causas y presta atención a tus impulsos de volver a meterte en internet. Con el tiempo te irá siendo más fácil identificar las asociaciones que pueden estar detrás de gran parte del tiempo que pasas *online*, como pensamientos o recuerdos que hacen que busques esos mensajes nuevos, o una sensación de desazón que te lleve a buscar consuelo en la televisión. Al ser capaz de entender mejor estas motivaciones, estarás más preparado para decidir cuándo es mejor no conectarte y encontrar formas más duraderas de calmar tu mente.

Cómo pasar a la acción

- Convive con tu aburrimiento en lugar de evitarlo: fíjate en tus impulsos de mirar el celular en los momentos de tranquilidad y practica resistiéndote a ellos.
- Explora tus sentimientos de desasosiego: trata de investigar las causas de tu malestar en lugar de recurrir al celular o a la televisión para distraerte.

Mejora la calidad de tus tiempos a solas

La meditación es una de las formas más efectivas de trabajar la capacidad de estar solo, siempre que se haga como es debido. Al meditar, hay que detener los pensamientos e ir desmontando poco a poco cualquier patrón de pensamiento que resulte perjudicial. Debes acallar tus impulsos y tentaciones, y, a medida que tu pensamiento se tranquilice y se detenga, alcanzarás una profunda sensación de calma que permanecerá contigo.

Para los no iniciados, meditar puede ser muy difícil: al principio, estar a solas con los propios pensamientos puede costar muchísimo y hace falta acostumbrarse poco a poco. Para allanarte el camino y obtener resultados positivos de inmediato, empieza con unos ejercicios de respiración. Estos ejercicios son una forma más intensa de meditación que se sirve de técnicas de respiración activa para entrenar la atención: el carácter físico de la respiración profunda, así como el correspondiente esfuerzo que se invierte en ella y el cansancio que produce, hacen que para la mente sea más difícil para ponerse a divagar. Al dividir la sesión de meditación en dos partes, empezando con diez minutos de ejercicios intensos de respiración para preparar la mente y anclarte en el momento, y luego pasar a hacer diez minutos de meditación reconstituyente, te estarás poniendo en la mejor de las situaciones para calmar tus pensamientos y aumentar la conciencia de ti mismo.

LA SOLEDAD

Lo más fácil es empezar en casa. Encuentra un lugar tranquilo en el que nadie te moleste y siéntate con las piernas cruzadas o acuéstate. Pon una alarma para dentro de diez minutos para no tener que ir mirando el reloj. La respiración en tres tiempos, también conocida como *dirga pranayama*, es una técnica fantástica para empezar, ya que es sencilla pero ofrece resultados de inmediato. Cierra los ojos. Inhala profundamente con la boca, la nariz o con ambas hasta llegar a lo más profundo del abdomen. Tras llenar de aire el abdomen, sigue inhalando para llenar también el pecho, expandiendo la caja torácica y la parte del medio de los pulmones. Por último, respira hasta llegar al punto en que la clavícula se encuentra con el hombro y llena la parte superior de los pulmones. A continuación, exhala. Repite esta dinámica hasta que suene la alarma. No hay forma de hacerlo bien o mal: puedes respirar más ágilmente o de un modo más pausado y controlado si te sienta mejor. Cuando suene la alarma, pon otra en diez minutos y vuelve a cerrar los ojos para la parte de la meditación. Aleja la atención de tu respiración y empieza a repetir una palabra o un sonido en tu cabeza. Lo mejor es que carezca de significado, ya que cualquier connotación que pueda tener podría distraerte. Puede que te ayude imaginar un lugar en tu cabeza en el que oyes el eco del sonido de dicha palabra. Concéntrate en repetir ese mantra, y cuando tu mente empiece a divagar, aunque no te des cuenta enseguida, redirígela hacia la palabra que resuene en tu cabeza. Cuando vuelva a sonar la alarma, dedica unos momentos a observar qué diferencias notas en cómo te sientes, y disfruta de la relajación y la calma que alcanzaste.

Cómo pasar a la acción

- Prueba la técnica de la respiración en tres tiempos: concéntrate en llenar de aire el abdomen, el pecho y, luego, la parte superior de tus pulmones en cada inhalación.
- Investiga otros ejercicios de respiración: el método de Wim Hof, por ejemplo, consiste en respirar profundamente por la nariz o la boca cuarenta veces. En la última exhalación, saca todo el aire y aguanta tanto como puedas

antes de inhalar hasta llenarte los pulmones, y vuelve a aguantar durante un minuto. Repite el ciclo todas las veces que quieras.

- Después de tus ejercicios de respiración, haz una meditación sencilla: siéntate en un lugar tranquilo, pon una alarma a los diez minutos, cierra los ojos y concéntrate en tu respiración.
- Sigue una rutina de ejercicios de respiración y de meditación: busca un espacio fijo cada día –idealmente, por la mañana– para dedicar diez minutos a respirar y otros diez a meditar.

La meditación y los ejercicios de respiración son habilidades que puedes practicar durante toda la vida. Meditar es una forma fantástica de empezar el día o de relajarte antes de acostarte, y los beneficios se extienden al resto del tiempo que pases a solas. Es inevitable que la intensidad de algunas experiencias en internet a veces nos ponga de nervios —ya sea por el agotamiento mental que provoca mirar pantallas y pantallas de información o entender las implicaciones de cada contacto social—, y la meditación es un método que tenemos al alcance de nuestra mano para contrarrestarla, ya que es un momento para recargarnos y volver a empezar. Puedes meditar en casa, en el autobús, en el parque o en una iglesia silenciosa. A medida que vayas avanzando, podrás regalarte momentos de serenidad cuando más la necesites.

Estar más presente al utilizar los dispositivos digitales

La meditación y los ejercicios de respiración son unas herramientas muy potentes que aportan equilibrio entre la exposición brillante y penetrante de las tareas diarias y la calma protegida de la soledad. Gracias a la paz que generan los estados meditativos, alcanzamos cierto grado de calma que nos puede proteger en los momentos más ajetreados una vez que volvemos a estar inmersos en el frenesí de la vida activa, pero solo hasta cierto punto. Normalmente, la vida toma el control y dirige nuestra atención en un sinfín de direcciones nuevas.

LA SOLEDAD

Para ayudarte a ser más consciente de hasta qué punto tu atención controla tus pensamientos y experiencias internas, y para que cuentes con una forma de estar más presente en tu vida diaria, Gurdjieff diseñó unos ejercicios para dividir la atención. Señaló que, cuando llevamos a cabo cualquier tarea intelectual, también es posible seguir los sonidos o las sensaciones del entorno, y experimentar unos sentimientos profundos e intensos por muy poca relación que guarden entre ellos. Por naturaleza somos capaces de dividir nuestra percepción y atender distintas cosas a la vez.

Esta capacidad también puede ayudarte a estar más presente en internet. La próxima vez que te sientes ante la computadora, permítete proceder con tus tareas digitales, manteniendo activo lo que Gurdjieff llamó tu *centro intelectual*, pero al mismo tiempo crea deliberadamente un segundo foco de atención. Aleja tu *centro instintivo* de lo que estés haciendo y deja que siga los sonidos ambientales que te rodean, ya sea el tictac de un reloj o el sonido de unos trabajadores en la calle. Cuando sientas que has conseguido activar ambas atenciones, trata de activar una tercera, la que Gurdjieff llama el *centro emocional*. Permítete descansar en un sentimiento concreto; por ejemplo, puedes encontrar una razón por la que sentir felicidad o gratitud, o sencillamente fijarte en las emociones que estés sintiendo en ese momento y dejarte absorber por ellas.

Dividir la atención en tres y vivir en cada parte las experiencias distintas que encuentres aporta viveza y corporeidad a la experiencia. Quizá notes que la respiración se vuelve más superficial y rápida; si es el caso, deja que siga así. También es posible abrir una cuarta atención al observar las otras tres que creaste y dejar que tu sentido del asombro se desarrolle. Mantén tus atenciones separadas durante todo el tiempo que puedas, idealmente durante un par de minutos. Y cuando estés listo, vuelve a integrarlas en una sola y siéntete completamente presente.

Dividir la atención mientras utilizas la tecnología digital te permite estar más atento a cómo afecta a tu mundo interior. A medida que separas tu centro emocional de las tareas que estás llevando a cabo, podrás discernir con más claridad cómo te hace sentir lo que ocurre en el mundo digital. Cuando deslices el dedo por la pantalla de las redes sociales, busca cualquier indicio de celos, rabia o ansiedad y convive con ellos para tratar de entender por qué puedes estar sintiéndolos. Entonces aleja la atención de tu centro instintivo de la pantalla —por ejemplo, fijándote en la dureza de tu asiento o la suavidad de la mesa contra tus antebrazos— para anclarte en el lugar físico en el que te encuentras y evitar que lo que estás viendo en internet te arrastre. Las técnicas del mindfulness también sirven para dirigir la atención hacia el momento presente y, con la práctica, podrás utilizarlas mientras estés ocupado haciendo tus tareas, pero se prestan menos a aplicarlas a la actividad en internet. Dado que el enfoque de Gurdjieff se centra específicamente en la división de la atención entre varios centros del cerebro y te anima a que seas más consciente de los distintos aspectos de tu experiencia, encaja perfectamente con la naturaleza compleja y multifacética de la mayoría de las tareas digitales y te ayuda a ser más consciente de cómo tu actividad en internet afecta a tus emociones, pensamientos y sensaciones físicas.

Para intensificar sus beneficios, trata de cultivar la práctica diaria de dividir tu atención cuando utilices un dispositivo digital. Si escoges un momento fijo del día —por ejemplo, cuando leas el primer correo electrónico por la mañana—, quizá te resulte más fácil empezar. Con el tiempo, trata de dividir tu atención mientras te ocupas de distintas tareas para obtener una visión más coherente de la variedad de tus experiencias digitales y una apreciación más agudizada de cómo te afecta cada una de ellas. Con la práctica, aprenderás a proteger tu propia perspectiva e individualidad, y a retener los beneficios de la soledad incluso cuando te sumerjas en el frenético mundo digital.

Cómo pasar a la acción

- Divide tu atención en tres cuando utilices la computadora: mientras trabajes, aleja el foco de tu centro instintivo de tus tareas digitales y sigue un sonido externo. Luego, activa el centro emocional fijándote en tus sentimientos. Mantén estas atenciones separadas tanto tiempo como puedas.

LA SOLEDAD

- Presta atención a cómo te sientes al navegar en internet: activa tu centro emocional para seguir atentamente el flujo de tus emociones; convive con cualquier estado de ánimo negativo e intenta determinar cuál puede ser su causa.
- Ánclate a tu entorno físico: aleja el centro instintivo de la pantalla y céntralo en aspectos tangibles, como la solidez del suelo que pisas durante todo el tiempo que puedas.

CAPÍTULO

5

La lectura

MARGINALIA, MANÍCULAS Y CUADERNOS DE IDEAS

El gran polímata John Dee fue uno de los lectores más activos e instruidos de la Inglaterra de los Tudor. Considerado por muchos como la fuente de inspiración tras Próspero, el culto protagonista de *La tempestad* de Shakespeare, se dedicó a adquirir volúmenes enciclopédicos de conocimiento y fue un respetado consejero de la reina Isabel I de Inglaterra y de su corte. Sus importantes aportaciones a las matemáticas ayudaron a establecer los fundamentos de la revolución científica que tendría lugar en Europa en los siglos siguientes; los mapas sumamente detallados que ayudó a crear hicieron progresar la navegación y la cartografía; y su sólido conocimiento de la astrología desembocó en su reforma del calendario británico, que sincronizó con mayor precisión con el año solar. También escribió libros sobre lenguaje y lingüística, criptografía, filosofía, así como sobre distintos periodos de la historia humana, desde la Grecia y la Roma clásicas hasta acontecimientos contemporáneos de toda Europa, y una extensa crónica de la monarquía británica. Todo su conocimiento y su obra partían de un sinfín de lecturas; para principios de la década de 1580 contaba ya con la biblioteca más nutrida del país, compuesta de unos tres mil libros impresos y mil manuscritos. Dee era un lector del mayor de los calibres y un ejemplo magnífico de las sofisticadas prácticas lectoras que se desarrollaron mientras vivió.

El Renacimiento se consideró sinónimo de aprendizaje y de progreso civil. Los conocimientos olvidados del pasado —y en especial de las épocas griega y romana— se reintrodujeron con fuerza en la cultura y el aprendizaje, y se les dio un uso práctico y activo en una revolución educativa empujada por un gran aprecio por los valores y las hazañas literarias de los autores clásicos. El principal motor de cambio eran los *studia humanitatis*, el nuevo currículo educativo que se extendió por toda Europa, en el cual la lectura era una disciplina fundamental. El latín se enseñaba en profundidad para capacitar a los alumnos para estudiar a los historiadores, los retóricos y los filósofos morales de la Antigüedad clásica con unos incisivos métodos que vinieron a ser los precursores del inicio de la investigación textual moderna. En toda Inglaterra empezaron a surgir las *grammar schools*,* y Dee asistió a una que se especializaba en la investigación. Al terminar sus estudios, los alumnos salían al mundo con una capacidad lectora sumamente competente que aplicaban a sus actividades cotidianas y a sus carreras profesionales, y que seguían desarrollando a lo largo de sus vidas.

A los alumnos se les enseñaba a leer utilizando un amplio surtido de técnicas y herramientas, la mayoría de las cuales hoy ya nos resultan desconocidas. Se les enseñaba a leer activamente y aprendían a centrar toda su atención en el texto que tenían delante. Los lectores se sentaban ante su escritorio, totalmente absortos en el proceso, pluma en mano, y se les enseñaba a leer con diligencia y cuidado y a seleccionar solo libros que merecieran tal esfuerzo. Era la antítesis de leer para pasar el tiempo. Leer implicaba autoconciencia, una vigilancia despierta dirigida a entender el texto con actitud crítica y a extraer de él tanto como fuera posible.

Dee viajó por toda Europa, donde se reunía con otros académicos y expertos en distintos ámbitos, y adquiría libros y manuscritos nuevos para su colección. Al prestar sus propios libros a cambio de otros, lograba mantener una extensa red de contactos por todo el continente. En 1583, cuando se encontraba en el extranjero, alguien entró en su casa y en su

---

* Se trata de un tipo de escuelas selectas en las que originalmente se enseñaba latín y que actualmente están orientadas a la enseñanza preparatoria. [*N. de la t.*].

LA LECTURA

biblioteca de Mortlake, cerca de Londres, y le robó muchas de las obras que allí reunía. Tras su muerte, gran parte de los libros que le quedaban se dispersaron y se perdieron, pero por suerte se conservaron algunos. En la Biblioteca Británica se encuentra una colección importante de los libros de Dee anotados a mano, como también los hay en la Biblioteca Bodleiana de la Universidad de Oxford, el Real Colegio de Médicos y la Colección Wellcome. Gracias a la variedad de textos y manuscritos raros, y a las infinitas anotaciones y comentarios que Dee dejó en sus páginas, podemos hacernos una idea muy aproximada de cómo fueron su vida y su obra, así como de las prácticas lectoras de la época.

Los libros de la biblioteca de Dee que han llegado a nuestros días ilustran algunos de los ejemplos más refinados de las técnicas de procesamiento de la información que se inculcaban a los alumnos del Renacimiento. La expresión *mark my words** surgió durante este periodo y transmite la especial importancia que se otorgaba al hábito de escribir notas o comentarios en los libros conforme se iban leyendo. Dee adoptó este método incondicionalmente y escribía sin parar en los márgenes de las obras. Se le considera un anotador excepcional, con unas habilidades poco frecuentes entre la mayor parte de sus contemporáneos y, desde luego, entre los lectores de hoy. En su forma más básica, consistían en simples marcas, líneas, paréntesis o asteriscos que llamaban la atención hacia ciertas palabras o fragmentos. Sin embargo, también incluía notas al margen —que más adelante vendrían a conocerse como *marginalia*— que escribía con una letra muy cuidada; Dee respondía al texto según avanzaba en una especie de conversación lúcida y a veces acalorada con el autor. Estas notas nos permiten conocerlo en profundidad como lector.

También hay garabatos más libres, mucho subrayado o títulos escritos rápidamente. En estos casos, Dee sigue la estructura de una discusión al ir enfatizando sus argumentos principales y organizándolos. También añade referencias cruzadas a fragmentos del propio volumen o de otros libros o manuscritos, e incluye resúmenes al inicio y al final de cada apartado. Utilizaba las páginas en blanco de los libros para escribir compendios más

---

* Expresión que vendría a equivaler a «fíjate en lo que te digo». *[N. de la t.]*.

completos que solían incluir tablas o diagramas muy instructivos. Y de un modo parecido a como lo hacía el filósofo francés Montaigne, Dee escribía una valoración del libro en su conjunto en la primera o la última página, una estrategia que le servía para ahorrarse futuras lecturas innecesarias.

También desarrolló un elaborado sistema de palabras o símbolos con los que demarcaba los temas e indicaba su aprobación o desacuerdo. Un triángulo pequeño en el margen indica que se trata de un fragmento de especial importancia; los números consecutivos ordenan los pasajes. Las líneas con las que relacionaba ideas son una de sus técnicas más sorprendentes, y con ellas atravesaba fragmentos enteros de texto para unir un pasaje de la página con otro. Dee no tenía problema alguno en cambiar la forma de sus libros: añadía páginas en blanco para anotaciones adicionales, los reorganizaba o añadía apartados de otros textos. Digería su lectura en fragmentos manejables, preparándola para su futuro uso y para establecer conexiones intertextuales.

Puede que Dee fuera uno de los anotadores más habilidosos y voraces de su tiempo, pero la anotación de los textos de los libros era un fenómeno muy común. El enorme volumen de notas que dejaron otros lectores de su misma época es asombroso. Por ejemplo, un ejemplar de los *Segundos analíticos* de Aristóteles impreso en Leipzig en el siglo XVI contiene 59 600 palabras escritas en los márgenes de sus sesenta y ocho páginas. Se seguían ciertas convenciones, como el símbolo de la flor dibujado en el margen que se utilizaba para indicar que se trataba de un fragmento digno de ser citado. También era frecuente parafrasear, un método maravilloso para diseccionar un argumento y poder entenderlo con claridad. Surgían idiosincrasias y los sistemas personales se iban afinando con el tiempo. La variedad que se observa en los manuscritos de aquella época es infinita e incluye técnicas que se fueron refinando deliberadamente para garantizar que el lector se mantuviera atento y se quedara con lo que quisiera del libro.

El símbolo que aparecía con más frecuencia en los márgenes de los textos del Renacimiento era el de la manita o manícula que dibujaban los lectores para señalar los pasajes más destacados. Algunos eran una simple silueta, mientras que otros presentaban nervios, articulaciones o uñas. Dee mostraba preferencia por los dedos arqueados y las mangas perfectamente circulares. En todos ellos aparecía una manícula cuyo dedo índice se extendía grácilmente para atraer la atención en dirección al texto, pero no todas eran iguales: podían tanto estirarse a lo ancho de toda la página como trazar una curva imposible hacia abajo para señalar una frase. Esos símbolos eran tan distintivos como una firma; eran una inscripción personal que se dejaba en la página.

No es casualidad que la mano fuera el motivo favorito de los primeros lectores modernos para marcar los libros que leían. La manícula imita de forma intuitiva el modo en que usamos las manos para hacernos una idea del entorno, y lo cierto es que en el Renacimiento leer tenía un aspecto físico. Leer se consideraba, como escribir y dibujar, una facultad que dependía tanto de las manos como de los ojos o la mente, y muchas de las palabras que en aquel entonces se asociaban con la lectura, como *manuscrito*, *manual* y *manícula*, derivan de la palabra latina que designa «mano», *manus*.

* * *

Otra de las piedras angulares del hábito lector renacentista era el cuaderno de ideas. Los lectores recopilaban frases de sus lecturas y experiencias y las anotaban en un cuaderno con el título de *locus communis*, cada uno de los cuales denotaba un tema general o común. El cuaderno de ideas era un elemento fundamental de la vida cotidiana de los primeros modernos y un ejercicio constante que moldeaba su vida intelectual. Al ser extensiones escritas de la propia práctica lectora, los cuadernos de ideas dieron lugar a nuevos patrones de asociaciones y significados. Los títulos temáticos se podían adaptar a cualquier campo y a cualquier grado de detalle o complejidad. Para algunos, estas anotaciones llegaban a ocupar una asombrosa colección de cuadernos, índices exhaustivos, referencias cruzadas, notas al margen y elaboradas tablas de contenidos. A otros les bastaba con retazos de notas unidas de cualquier manera.

Naturalmente, Dee contaba con cuadernos de ideas con los que hacía seguimiento de sus lecturas y otros proyectos. Sus resúmenes, reflexiones y debates bebían de los libros de su biblioteca, que cubrían un complejo surtido de temas. Igual que otros lectores de su época, Dee leía de forma intensiva y extensa, y disponía de un repertorio de modos de lectura aptos para distintas ocasiones y materiales. Trabajaba a partir de varios textos a la vez, estableciendo referencias entre ellos, a menudo indicando la página y la línea. Esta práctica era habitual en el Renacimiento y fue lo que llevó al invento de la rueda de libros, una librería giratoria de metro y medio de altura y forma de rueda hidráulica que permitía al usuario leer varios libros en un mismo lugar fácilmente. La biblioteca de Dee ocupaba varias estancias de su casa, que no estaban solo repletas de libros, sino que también contaban con herramientas de lectura, instrumentos matemáticos y laboratorios. Un cuaderno de ideas servía como catálogo para todo ello, ya que consolidaba los elementos de la extensa maquinaria bibliográfica de Dee en una guía abreviada. Se encargaba de transponer aforismos, temáticas y datos sacados de libros impresos, conversaciones y experimentos, y el orden único de los temas imponía una estructura personalizada a los contenidos de su biblioteca. Su práctica lectora no era en absoluto mecánica o rutinaria: se trataba de un ejercicio imaginativo que asentaba unos cimientos intelectuales que le permitían ir en direcciones nuevas, y su inventario hacía que fuera más fácil desarrollar ideas originales.

Una de las responsabilidades más importantes que tenía como consejero de la reina implicaba mejorar la ciencia de la navegación y ayudar a que Inglaterra adquiriera nuevos territorios más allá de sus fronteras. Ofrecía un servicio académico a las travesías y, por medio de una serie de tratados, mapas y conferencias, desarrolló un programa expansionista que constituyó una de las primeras articulaciones en firme de la ambición de crear un Imperio británico. Uno de los principios rectores de la educación humanista consistía en preparar a los alumnos para que pusieran su formación en práctica, y la lectura era un medio importantísimo para llegar a tal fin. Cristóbal Colón también fundamentaba sus viajes en la lectura, y sus descubrimientos en el Nuevo Mundo se inspiraron en una amplia colección de textos, algunos de los cuales todavía se conservan con sus anotaciones intactas. Dee escudriñaba diligentemente los escritos de Colón y sus cuadernos de bitácora para encontrar la forma de poner a Inglaterra a la altura de sus rivales continentales. Sondeaba las opiniones de los geógrafos europeos sobre países o pasajes y recopilaba las crónicas de los exploradores ingleses, quienes le ofrecían mapas, le relataban sus observaciones y le proporcionaban artefactos físicos. Y toda esta información estaba guardada en la biblioteca de Dee, pulcramente organizada en su sistema de recuperación probado y testado: sus cuadernos de ideas.

* * *

Los cuadernos de ideas han viajado a través de los siglos con varios nombres: libretas, misceláneas, libros de bolsillo, libros de mesa o vademécums (del latín *vade*, «anda», «ven», y *mecum*, «conmigo»). Ralph Waldo Emerson, nacido casi trescientos años después de Dee, fue otro usuario de cuadernos de ideas sumamente competente. La obra de Emerson ha gozado de gran influencia y ha tocado las vidas de pensadores, escritores y poetas a lo largo de los años, y todavía hoy es uno de los autores estadounidenses más citados. Se le conoce sobre todo por su lucidez de pensamiento y por la habilidad de conseguir, con sus palabras escritas, destilar el mundo para explicárnoslo de nuevo. Y, sin embargo, suele pasarse por alto el papel que desempeñaron su lectura activa y su uso de los cuadernos de ideas para dar forma a sus procesos de pensamiento, métodos de trabajo y opiniones. Emerson llenó cuadernos de ideas a un ritmo aproximado de uno al mes durante más de cuarenta años. Leía de manera extensa pero sistemática, y solo para contribuir a proyectos específicos, para lo cual trasladaba frases, hechos, detalles, metáforas y anécdotas a sus cuadernos, los cuales llegaron a conformar más de doscientos sesenta volúmenes.

Emerson consideraba que aquellas libretas eran un almacén de ideas para sus propios escritos originales, y ponía mucho énfasis en hasta qué punto su obra partía de la lectura de las obras de otros. Sus cuadernos constituían un sistema de archivo muy organizado que estaba diseñado para catalogar la inmensa acumulación de conocimiento que obtenía de sus extensas lecturas sobre todos los temas que le interesaron a lo largo de su vida. Había tantas notas que tuvo que indexar el contenido para poder acceder a él fácilmente, una tarea que implicó años de reescritura y alfabetización. Creó un índice biográfico para organizar únicamente las notas acerca de las personas que le parecían inspiradoras, que alcanzó las 839 entradas. Con el tiempo creó incluso índices de los índices para mantener sus notas organizadas. Emerson había armado una base de datos relacional de vínculos y textos interconectados que, juntos, formaban una guía exhaustiva de un tema concreto. Fue una tarea de conservación de primer orden, perfectamente adaptada a sus intereses e intenciones personales.

Las contribuciones de estos cuadernos de ideas a nuestra cultura pasan desapercibidas, pero constituyen los cimientos de las primeras producciones de las obras de referencia comunes que hoy damos por sentado, como, entre otras, las enciclopedias, las antologías, los tesauros o los diccionarios. Las búsquedas que hoy hacemos en internet son el equivalente moderno al sistema de índices de Emerson. Google surgió a raíz de que dos académicos entendieran el poder de la indexación de las citas. Sin los vínculos entre unas páginas web y otras que permiten a Google calibrar su relevancia y proporcionar resultados, internet sería una amalgama de páginas indescifrable. Y, aun así, mientras que las búsquedas en internet pueden sondear un conjunto de datos de una magnitud incomparable con lo que un solo lector podría cubrir en toda su vida, las sofisticadas prácticas de la lectura activa —de la anotación meticulosa de los libros y de la transferencia de fragmentos a un cuaderno de ideas— nos pueden ayudar a crear nuestros propios registros de lectura y hallar conexiones a partir de los textos que hemos leído.

Los métodos que se enseñaban en la primera modernidad para que los lectores escudriñaran, asimilaran y recordaran los textos obligaban a bajar el ritmo y a detenerse, a volver atrás y releer. Generaban un espacio importante entre un autor y su lector que le daba a este último el tiempo necesario para pensar y articular pensamientos independientes como respuesta. Las prácticas lectoras de Dee y Emerson ilustran a la perfección cómo una lectura activa y cuidada puede ayudarnos a hacer nuestro el texto que tenemos delante. Si bajamos el ritmo y asimilamos lo que leemos

LA LECTURA 137

con más esmero, haciendo uso de las anotaciones, de las marcas y de las notas a medida que leemos, podremos asimilar mejor la información. La lectura activa es una herramienta muy potente para entender de verdad el texto, y luego diseccionarlo, interrogarlo o redefinirlo.

Sin embargo, desde los días de Dee y Emerson, casi todos los aspectos de la lectura han cambiado. Hoy, los detallados sistemas de archivo que solíamos crear para nuestro uso personal son cosa de los algoritmos, y mientras que antes nos abríamos paso por un texto de forma sosegada y cuidadosa, hoy en día la norma es deslizar y leer por encima mientras nos esforzamos por mantenernos al día de las palabras que nos llegan a través de internet. Por desgracia, esto ha dejado unas lagunas considerables en nuestro conocimiento y habilidad lectora. Si leer a toda velocidad no se complementa con una lectura más activa, sencillamente es imposible que digiramos la información que se nos presenta: nos volvemos menos inquisitivos y aceptamos más alegremente cualquier cosa que leamos. Y, así, nos convertimos en nuestro propio obstáculo a la hora de formarnos una opinión y tener puntos de vista matizados.

Pero, a pesar de todo, igual que ocurre con cualquiera de las habilidades básicas humanas, todos tenemos la capacidad natural de leer de forma más activa. Si aprendemos de las prácticas de nuestros antepasados bibliófilos, como Dee y Emerson, podremos recuperar la habilidad de comprender e interactuar plenamente con la palabra escrita y, al hacerlo, mejorar el pensamiento crítico y las habilidades de procesamiento de la información, tan importantes en esta era de la información saturada de textos y diseñada por los algoritmos.

El efecto de generación

La obra de Shakespeare es un ejemplo renacentista fantástico del poder que puede ejercer la lectura activa y del gran alcance que esta tiene en la creación de obras nuevas e imaginativas. *La tempestad* es una de las pocas piezas de teatro que escribió a partir de un argumento original. Para todas sus demás obras, se basó en historias de otros autores, reordenando los acontecimientos y añadiendo algunas subtramas y personajes para crear obras que fueran completamente suyas y que abarcaran el abanico entero de la experiencia humana. En ellas se pueden hallar referencias a escritores que se remontan a un milenio y medio de la historia de la humanidad, desde romanos como Ovidio y Séneca, del siglo I n. e., hasta los poetas ingleses Chaucer y Gower, del periodo medieval, pasando por fuentes contemporáneas de apenas unos años antes de que las obras de Shakespeare llegaran a los escenarios. *Crónicas de Holinshed*, publicadas en 1577, fueron la fuente de casi todas sus obras de teatro históricas, y los académicos han podido distinguir en qué páginas se inspiró para escribir escenas concretas. Y, aun así, los escritos de Shakespeare no son ni por asomo un refrito de ideas copiadas; fueron concebidos con elegancia y son textos eruditos de primer orden.

Se sabe sorprendentemente poco sobre Shakespeare, ya que procedía de una familia relativamente modesta y no de un entorno aristocrático bien documentado. Los pocos registros que se conservan indican que su padre se dedicaba a fabricar guantes y que, al convertirse en una figura de renombre en la localidad de Stratford, mandó a sus hijos a una *grammar school*. Fue allí donde Shakespeare se benefició de una formación humanista, pero no se conserva ningún documento que muestre sus prácticas lectoras; de hecho, no se conserva el manuscrito original de ninguna de sus obras. Ocurre justo lo contrario con el dramaturgo Ben Jonson, un prestigioso rival de Shakespeare cuyas obras siguen influyendo en la poesía y la comedia teatral actuales. Todavía existe un catálogo de la biblioteca de Jonson, junto con textos anotados y uno de sus cuadernos de ideas. Como Dee, Jonson recabó sus pensamientos e interpretaciones de un enorme y variado corpus literario que fue adaptando a sus propios intereses y propósitos. Una de las obras de Jonson, *Gramática inglesa*, presenta sus ideas sobre la importancia de la formación en gramática, algo de lo que también se benefició al mismo tiempo que Shakespeare. En sus críticas literarias y ensayos sobre educación, Jonson insistía en que la lectura depende de la implicación y la interacción con el texto. Para no aceptar sin más aquello que se lee, Jonson decía que es necesario examinar y evaluar el texto desde un punto de vista crítico, estableciendo juicios sobre su

LA LECTURA 139

significado, estilo y estructura, un proceso activo que le parecía esencial para desarrollar habilidades intelectuales propias y adquirir conocimiento. Es evidente que la rica complejidad de la obra de Jonson, como la de Shakespeare, estaba íntimamente relacionada con su educación renacentista y sus sofisticadas prácticas lectoras.

* * *

En las últimas décadas se han llevado a cabo estudios que han demostrado sin ningún género de duda que producir material por uno mismo y de forma activa —en lugar de leer o ver un contenido— desempeña un papel importante en el proceso de aprendizaje y en la formación de recuerdos a los que podremos acceder en el futuro. Este «efecto de generación», observado por primera vez por Norman Slamecka y Peter Graf, de la Universidad de Toronto, en 1979, se puede aplicar a aprender una palabra sencilla: por ejemplo, sería más fácil que recordáramos la palabra *manícula* si se nos pidiera que la generáramos a partir del fragmento *ma_íc_la*. Pero también es aplicable a textos mucho más largos; escribir un artículo propio sobre un tema, por ejemplo, en lugar de leer un artículo sobre esa misma cuestión, dará como resultado un nivel de comprensión más elevado. Las prácticas de lectura activa que Shakespeare y Jonson aprendieron desde muy pequeños hicieron que pudieran beber de un cuerpo de conocimiento muy detallado, lo que a su vez dio pie a brillantes saltos imaginativos y a la acuñación de palabras y frases nuevas que todavía hoy utilizamos.

El proceso activo y de gran riqueza generativa que supone escudriñar el texto que aparece en una página y que demostraron Shakespeare, Jonson y Dee, entre otros, en el Renacimiento es una de las prácticas lectoras más sofisticadas de las que se tiene constancia, pero lo cierto es que en gran parte de nuestro pasado alfabetizado encontramos otros enfoques similares de lectura y análisis minuciosos para reforzar la comprensión y la retención. El desarrollo del alfabeto griego a partir del siglo VIII a. n. e. supuso un hito importantísimo en la historia de la lectura. Era el primer alfabeto escrito conocido que contaba con letras concretas para las vocales y las consonantes, lo que permitía representar la lengua hablada con mayor eficiencia; y al tener apenas veinticuatro letras, leer y escribir resultaba mucho más fácil que con los sistemas de escritura anteriores. Leer se convirtió en una habilidad fundamental que las élites cultas debían dominar, y la cantidad de textos escritos en rollos de papiro y almacenados en las bibliotecas privadas o colecciones de financiación pública no dejó de crecer durante los siglos de la civilización griega, culminando en los cuatrocientos mil que presuntamente albergaba la Biblioteca de Alejandría en Egipto en el siglo III a. n. e.

Los académicos griegos tenían la costumbre de leer en voz alta cuando estaban a solas con la intención expresa de entender mejor los contenidos, y a menudo leían juntos, en grupo, para discutir y debatir las ideas a medida que avanzaban. Al parafrasear y explicar sus pensamientos a sus compañeros de lectura, conseguían activar más el efecto de generación que de haber leído en silencio. De hecho, no fue hasta finales del Imperio romano y principios de la Edad Media cuando la lectura silenciosa empezó a extenderse: entonces, cuando cada vez se difundían más textos cristianos, se animó a los lectores a que leyeran y reflexionaran sobre ellos en silencio y en privado, en lugar de leerlos en voz alta o en grupo.

Se han encontrado las suficientes notas escritas a mano en los rollos de papiro griegos antiguos como para que los académicos de hoy crean que anotar y hacer marcas en los textos era una costumbre extendida que no se limitaba únicamente a estudiosos y filósofos. Aunque las evidencias son más escasas en cuanto a la época romana, ya que muchos de los textos se escribían en tablillas de cera —más vulnerables y proclives a deteriorarse y estropearse con el tiempo—, se cree que la práctica habría sido la misma. No cabe duda de que estos hábitos lectores fundacionales influyeron en las generaciones posteriores y en culturas más allá de la propia. Se sabe que, durante la edad de oro del islam —el periodo de esplendor científico, económico y cultural que se vivió en Oriente Próximo, el norte de África y algunas partes del centro de Asia entre los siglos VIII y XIII n. e.—, los académicos añadían *marginalia* a los manuscritos. Los textos solían plasmarse en papel y copiarse a mano antes de que los académicos pudieran compartirlos entre ellos. Los manuscritos griegos y romanos no solo se traducían al árabe, sino que los conceptos y las teorías que contenían solían ampliarse con comentarios en los márgenes y, al hacerlo, surgían otras ideas nuevas y formativas.

Se han hallado anotaciones e ilustraciones en textos procedentes de toda Europa en la Edad Media, entre la caída del Imperio romano y el Renacimiento. El Códice Nowell, que contiene la única copia que se conserva del poema épico en inglés antiguo *Beowulf*, es uno de los documentos más conocidos e importantes de este periodo, y como tantos otros, cuenta con notas al margen y glosas que los escribas o lectores fueron añadiendo para aclarar sus contenidos. Sin embargo, no fue hasta que el invento de la imprenta por parte de Johannes Gutenberg en el siglo XV revolucionó la producción de libros que estas habilidades lectoras se volvieron más presentes en la sociedad en su conjunto y dejaron de estar tan sumamente limitadas al clero y a la nobleza. Antes de que se inventara la imprenta, los libros manuscritos que corrían por Europa se contaban por miles; para el año 1500, tras solo medio siglo, ya había millones de libros en circulación, y los índices de alfabetización aumentaron rápidamente durante la época renacentista. El ascenso del humanismo propio de esta era puso de relieve la importancia del pensamiento individual y del aprendizaje, lo cual constituyó un catalizador importante para el surgimiento de unas formas más elevadas de lectura activa, que se cultivaron para facilitar el aprendizaje y el crecimiento intelectual; además, los métodos de lectura cada vez más generativos, como el uso de los cuadernos de ideas, ayudaban a los lectores a mantenerse al día ante el súbito aumento de conocimiento al que los libros daban acceso.

El *boom* de la información del que hemos sido testigos en los últimos años y que ha hecho que unos volúmenes ingentes de datos llenen y organicen nuestras vidas digitales contemporáneas es de una magnitud completamente distinta. Mientras que una persona culta y motivada del Renacimiento podía llegar a abarcar el conocimiento que los libros ponían a su disposición a lo largo de toda su vida, la cantidad de información a la que hoy tenemos acceso es insondable. Para empezar, cada año se publican cuatro millones de títulos nuevos, cada día se envían más de un billón de mensajes por correo electrónico y a través de las plataformas sociales, y en todo el mundo se generan 2.5 trillones de *bytes* digitales. Y nos hemos adaptado a ello; cuando utilizamos los dispositivos digitales, solemos leer a toda velocidad y por encima por pura necesidad. Enseguida establecemos patrones y temas, y vamos recolectando en el amplio abanico de posibilidades que se nos plantean: pasamos de una pestaña a otra y leemos fragmentos de texto de una página para hacernos una idea de lo que dice antes de pasar a la siguiente. Nos deslizamos por artículos y noticias atentos a qué queremos evitar e ignorar en lo que muy a menudo es un proceso de eliminación, y no de generación.

Este tipo de lectura es una habilidad y permite una gran flexibilidad. Somos capaces de saltar entre distintos flujos de información fácilmente e invertir el mínimo de tiempo y esfuerzo necesarios para llegar a la esencia. Dee demostró estas mismas capacidades al leer extensamente los libros de su biblioteca e ir clasificando su contenido para prestar atención más profundamente y leer de manera más intensiva, y para ello también solía leer muy rápido. El problema al que hoy nos enfrentamos es que raramente pasamos al siguiente paso de la lectura activa, en el que necesitamos disponer del tiempo necesario para concentrarnos durante un periodo sostenido. El estilo de lectura de hoy, rápido y convulso, es un mecanismo que nos permite lidiar con la masa de datos con la que se nos bombardea. Los marcadores, los ajustes de los canales de noticias que elegimos y las notificaciones nos ayudan a gestionar y filtrar la información, pero no a darle una consideración meditada ni a generar pensamientos nuevos por nosotros mismos. Dar un somero vistazo a un titular o leer un tuit de una pasada se parece mucho a leer un cartel en la carretera en el sentido de que nos limitamos a retener la información momentáneamente para determinar si nos es útil o no. Vamos abriéndonos paso por toda esta saturación de información digital como podemos, y huelga decir que no nos detenemos a escudriñar detenidamente el material ni a dar ningún paso para integrarlo con solidez a nuestra visión del mundo. Y, lo que es más, muy pocas veces alcanzamos un punto final: el aluvión de información nos retrasa una y otra vez, y debemos seguir tratando de llegar al otro lado.

La primera vez que entramos en una web de noticias en un día cualquiera solemos repasar todos los titulares de la página de inicio —puede

LA LECTURA   143

que sean entre cincuenta y cien, quizá más— para encontrar artículos o acontecimientos destacados sobre los que luego leemos a toda prisa. Es frecuente repetir este mismo proceso a intervalos regulares a lo largo del día; incluso cuando nos encontramos con una noticia muy importante o con un artículo que nos interesa personalmente, es poco probable que nos detengamos el tiempo necesario para digerir plenamente su contenido. Los hábitos iniciales se rigen por nuestras preferencias por ciertas páginas o temas, pero en internet casi nunca conseguimos leer siguiendo una dirección clara, en parte por lo mucho que nos cuesta mantenernos al día y por las infinitas distracciones del mundo digital, y también porque una porción significativa de los textos que leemos se nos presenta a través de algoritmos que limitan nuestra habilidad de elegir de forma consciente la información que consumimos.

Gran parte de las lecturas que hacemos en internet son puro escapismo, algo con lo que distraernos, como cuando vemos programas de televisión facilones. Esos vistazos oportunistas al celular durante las pausas que hacemos a lo largo del día, el breve momento en que abrimos una pestaña nueva para consultar las noticias: cuando les cedemos el control a nuestros dispositivos y al contenido que aparece en la pantalla por estas vías, practicamos una lectura inactiva, justo lo contrario de la práctica activa de Dee. Es imposible leer una página web en cosa de un minuto y esperar recordar su contenido pasado cierto tiempo. Para que el texto se cargue de significado, debe pasar por los canales de la memoria y la atención como es debido; para poder procesar la información completamente y correlacionarla con nuestros conocimientos previos, debemos invertir una atención considerable. No ayuda que las herramientas que utilizamos casi siempre al leer en internet, ya sean los navegadores web u otras fuentes de noticias, estén específicamente diseñadas para la lectura inactiva y para que no dejemos de deslizar el dedo. La manifestación más clara de ello la encontramos en las secciones de noticias de las redes sociales, ya que lo que prioriza el contenido es el gasto publicitario y unos algoritmos que no vemos. Con los ojos clavados en la pantalla, vemos cómo las noticias y las publicaciones nos pasan por delante, y tras un tiempo leyendo de forma inactiva, tenemos que sacudirnos un cierto tipo de neblina mental. Sí, podemos interactuar con las publicaciones, pero dar «me gusta» o hacer clic a cualquier otro botón de reacción es un esfuerzo mental muy mínimo; y, aunque escribir un comentario requiere algo más de consideración, los pensamientos que plasmamos enseguida salen de nuestro campo visual.

Cuando leemos en el celular y en la computadora, la mayor parte del tiempo es imposible hacer marcas conforme avanzamos, ya sea subrayar partes importantes o apuntar nuestras impresiones en los márgenes. No hay duda de que guardar copias digitales es muy sencillo, tanto si guardamos un PDF como si copiamos y pegamos un texto en otra parte, pero lo cierto es que no solemos tomarnos la molestia. Por otra parte, existen servicios digitales que emulan muchos de los beneficios de tener un cuaderno de ideas, pero su uso dista mucho de estar generalizado. Mientras que en las páginas de un libro impreso podemos dejar todas las marcas que queramos y luego quedárnoslo, es imposible hacer anotaciones en la gran mayoría de los textos que leemos en internet. Normalmente, leemos artículos en el navegador o en una aplicación en tiempo real; están alojados en una página web o nos llegan a través de canales de noticias que no son nuestros y que, por tanto, no nos podemos llevar a casa. A menos que demos una serie de pasos deliberados para guardar el material que leemos metódicamente para utilizarlo más adelante, la lectura se convierte en una experiencia sumamente efímera, y cualquier oportunidad de aprendizaje desaparece delante de nuestras narices.

Y no es solo que olvidemos lo que hemos leído: lo más preocupante es que la lectura inactiva aplaca nuestras facultades de pensamiento crítico, lo que a su vez hace que seamos más propensos a dar por correcta la opinión del autor sin cuestionarla demasiado, especialmente si encaja con nuestras propias creencias. La lectura inactiva alimenta la rigidez de opiniones, ya que se nos pasan por alto los matices, las ambigüedades o los defectos de los argumentos, y hace que nos saltemos los pasos de comprensión y valoración que solo permite una lectura cuidada. Para poder empezar a generar una comprensión crítica de un texto determinado, es importantísimo que lo leamos entero; además, necesitamos tiempo y espacio para formar pensamientos tangibles y duraderos a raíz de dicho texto.

LA LECTURA

Al leer algo detenidamente y reflexionar pausadamente sobre ello, podemos llegar a aprender conceptos nuevos y ajustar nuestras perspectivas. Y no existe ninguna herramienta ni dispositivo que pueda hacerlo por nosotros.

En el Museo Británico se encuentra la colección de cuadernos de ideas de Narcissus Luttrell, un miembro del Parlamento británico de principios del siglo XVIII. Las anotaciones de los cuadernos de ideas de Luttrell parten de fuentes cotidianas, como panfletos de noticias y manuales de instrucciones, es decir, el equivalente de entonces de los artículos y guías que tan a mano tenemos hoy en internet. Luttrell identificaba cuidadosamente los argumentos que planteaban los textos y los sintetizaba lo máximo posible, tratando de asimilarlos antes de pasar a la siguiente lectura. En uno de sus cuadernos dejó plasmada la máxima por la que se regía: «Es el privilegio y la obligación de todo hombre investigar y examinar antes de creer o juzgar, y nunca mostrarse de acuerdo con algo que no se base en fundamentos racionales y de calidad». Ahora bien, ¿cómo podemos seguir estos principios cuando leemos en internet?

* * *

Los cambios que las tecnologías digitales han supuesto para las prácticas lectoras no han pasado desapercibidos en los círculos académicos, y a lo largo de los años se han llevado a cabo un gran número de estudios en este campo. Un equipo de investigadores europeos publicó un influyente metaanálisis en 2018 en el que presentan la perspectiva más clara hasta la fecha, ya que combina los resultados de las observaciones en más de ciento setenta mil sujetos y cincuenta y ocho estudios independientes llevados a cabo entre los años 2000 y 2017. Se observó que los sujetos presentaban mejores habilidades de comprensión al leer un texto impreso que en pantalla. Los investigadores pudieron comparar las diferencias entre los niveles de comprensión lectora de textos impresos y digitales a lo largo de los años, y resultó que las ventajas de leer en papel han aumentado desde el año 2000, mientras que la efectividad de la lectura en internet ha disminuido; en otras palabras, parece que la maduración del entorno digital ha afectado negativamente a nuestras habilidades de comprensión al leer en pantalla y en comparación con los materiales impresos tradicionales.

No obstante, hasta ahora, los estudios académicos que comparan la lectura sobre papel impreso y en soportes digitales se han limitado a poner a prueba la lectura pasiva, y hasta la fecha no se han investigado ni el efecto de generación ni los efectos que pueden tener las técnicas de lectura activas, como la anotación, al aplicarse a textos impresos o digitales.

La lectura se desarrolla en esa interfaz tan sensible y permeable que existe entre nosotros y los complejos medios que nos rodean. Las habilidades de lectura activa son sumamente versátiles y transferibles, puesto que pueden aplicarse a cualquier tipo de medio, ya sea la televisión, el cine, las imágenes o el contenido multimedia de las plataformas digitales, así como a la mayoría de las situaciones de la vida diaria. Sin embargo, mientras que la educación del Renacimiento se adaptó al advenimiento de la imprenta y a sus implicaciones en relación con los estilos de vida cotidianos, y a consecuencia de ello a los alumnos se les enseñaban métodos de lectura más avanzados para que pudieran gestionar mayores volúmenes de información, actualmente no se ha hecho lo mismo con el contenido digital. Los planes de estudios, en lo que respecta al aprendizaje y la comprensión lectora hasta el nivel universitario más avanzado, se han mantenido más o menos igual en las últimas décadas. Desde 2018, el tiempo medio que dedicamos a utilizar el celular ha ido creciendo hasta llegar casi a las cuatro horas diarias actuales, por no hablar del tiempo que pasamos sentados ante la computadora, y la mayor parte de este tiempo se dedica a leer textos y consumir distintos tipos de contenidos visuales. Teniendo todo esto en cuenta, es asombroso que no exista ningún tipo de educación formal que enseñe a invertir todo este tiempo de formas más efectivas, críticas y con unas intenciones más detalladas. La formación en desarrollo personal o profesional sobre la lectura en dispositivos digitales suele centrarse en adquirir velocidad, y existen varias aplicaciones que pretenden ayudarnos a examinar los textos tan rápido como sea posible; sin embargo, este es precisamente el aspecto en el que ya nos las estamos arreglando perfectamente bien. En un momento en el que las técnicas de lectura activa son tan fundamentales como recurso para resistir ante la determinación algorítmica, las noticias falsas y una retórica política muy divisiva, leemos más pasivamente que nunca. La lectura profunda y atenta es un logro social muy valioso que nos ha llevado milenios cultivar y que debemos conservar. Afortunadamente, con unos pocos cambios y modificaciones sutiles podemos revivir y adaptar las técnicas de lectura activa tradicionales a nuestras vidas modernas y lograr así filtrar, procesar y criticar con mayor claridad la información que pasa ante nuestros ojos día tras día.

CONVIÉRTETE EN UN LECTOR ACTIVO

Hoy, las técnicas empleadas por Dee son más relevantes que nunca. Puede que la tecnología haya cambiado el tipo de contenidos que consumimos, pero los métodos para interpretar activamente la información que recibimos mantienen la misma esencia. La lectura detallada e inquisitiva encierra el potencial de cambiar drásticamente tu forma de ver el mundo y es una forma muy potente de entender y valorar los puntos de vista de los demás. También es un medio fundamental para aprender sobre cualquier tema nuevo. Muchos de los métodos de Dee o Emerson se pueden seguir directamente o, con algunos ajustes, adaptarse a la lectura en internet.

Hoy también tenemos la inmensa suerte de estar rodeados de una enorme cantidad de recursos informativos, así que no siempre tenemos que esforzarnos tanto como los lectores renacentistas. En los niveles más elevados, la lectura activa es un ejercicio mental muy serio que exige períodos extensos de concentración y esfuerzo, y es fundamental cuando uno se enfrenta a conceptos desconocidos y complejos y aprende temas nuevos. Pero también existen muchas otras formas de leer que no exigen el mismo grado de extenuación que se cobraban en el pasado, y por eso es importante discernir cuándo y cómo deben utilizarse los métodos de lectura activa. Llevar un cuaderno de ideas, ya sea físico o digital, es una forma estupenda de participar activamente de lo que se lee, y de organizar los pensamientos y materiales registrados de un modo que resulte fácil de consultar más adelante.

Cuándo leer de forma activa

Cuando leemos, solemos hacerlo por una o varias de estas razones: por placer, para entender una idea sencilla, para acceder a una información concreta, para entender otro punto de vista o para aprender sobre un tema nuevo. El modo de lectura pasiva en el que entramos cuando utilizamos los dispositivos digitales encaja a la perfección con los tres primeros tipos y normalmente solo requiere cierto refinamiento para ser más efectivo. Los motores de búsqueda y los infinitos recursos que hay en internet hacen que no tengamos que registrar la información personalmente como había que hacerlo antaño, y a menudo no suele hacer falta poner en práctica unos métodos de lectura más intensivos, como hacer marcas, tomar notas o llevar un cuaderno de ideas cuando se lee por placer, para consultar las noticias o buscar un dato concreto, y suele bastar con algunos cambios a la hora de leer en dispositivos digitales. Pero para entender una perspectiva o un concepto nuevo, o para aprender acerca de un tema hasta ahora desconocido, sí hará falta poner en práctica la lectura activa. Escribir un libro, construir una caseta, educar a un niño o niña de cuatro años o reciclarnos profesionalmente entran dentro del tipo de proyectos personales y vitales que más beneficiados saldrán si hacemos un esfuerzo más consciente y aplicamos toda una serie de prácticas de lectura activa.

La lectura digital

Si cambiamos ciertos parámetros en la configuración de los dispositivos digitales, podremos estar creando un entorno mucho más propicio para la lectura. Instala un buen bloqueador de anuncios en el navegador de la computadora para que no te distraigan cuando aparecen en pantalla: uBlock Origin es un recurso muy fiable, gratuito y de código abierto. Dedica un tiempo a familiarizarte con los distintos modos de visualización de la computadora de mesa y del celular. Los navegadores siempre ofrecen la opción de ver el contenido en pantalla completa, con lo cual se da prioridad a la página que estás viendo en la pantalla, y hay otros ajustes que te permiten desactivar las barras de

LA LECTURA 149

herramientas y otros campos de información estáticos, y los navegadores de los celulares suelen ofrecer un modo de lectura que simplifica la apariencia de la página web y da prioridad al texto para que te resulte más fácil concentrarte. En la computadora, puede ser muy beneficioso utilizar un navegador aparte que hayas configurado previamente con las versiones más limpias para leer o llevar a cabo otras tareas que exigen concentración.

Las pantallas digitales son perfectas para hacer una lectura rápida, por ejemplo, cuando buscas un dato técnico en concreto o lees un texto por encima para hacerte una idea general del contenido. Las pestañas del navegador hacen que resulte muy fácil pasar de un artículo a otro a la vez para determinar qué merece una atención más detallada. Trata de quedarte con los puntos clave de cualquier artículo, como el autor y el objetivo, así como la fecha de publicación. Baja el ritmo cuando vayas a leer la introducción o la conclusión, y trata de identificar la estructura general del artículo para saltar a los apartados más relevantes; asimismo, ten en cuenta que, si es necesario, quizá deberás releer las partes más complejas. Si algo te resulta útil para alguno de tus proyectos y merece una lectura más activa e intensiva, guárdalo para leerlo detenidamente más adelante y pasa a lo siguiente.

Piensa en las horas que pasas revisando tu página de noticias favorita y compáralas con el tiempo que dedicas a encontrar fuentes alternativas nuevas: es sumamente fácil caer en la rutina y en hábitos repetitivos en internet. Reserva algunas horas para encontrar fuentes adicionales que complementen lo que ya has leído sobre un tema para tratar de encontrar un equilibrio entre distintos artículos, una visión de conjunto, o las opiniones de todo el espectro político. Mantén la mente todo lo abierta que puedas y haz búsquedas en internet. Las páginas web que cuentan con financiación y están optimizadas suelen aparecer las primeras, así que asegúrate de profundizar mucho más y haz las preguntas adecuadas. Los comandos de búsqueda integrados generados por IA o el lenguaje natural ofrecen mucho más control que las búsquedas por palabras clave básicas. Los buscadores solían depender de este tipo de búsquedas, pero ahora puedes utilizar la IA —como ChatGPT— para introducir, ya sea en forma de texto escrito u oralmente, unos comandos de búsqueda más conversacionales para encontrar lo que buscas.

Algunos de los recursos más útiles que encontrarás en internet proceden de blogs o páginas DIY,* cuyas bases de usuarios son pequeñas pero apasionadas. No resultan fáciles de localizar, así que toma nota de los vínculos que existen entre distintas páginas, ya sea a través de las listas de lectura sugeridas, ya sea a través de los hipervínculos que aparecen, y sigue ampliando la lista de lectura conforme avanzas. Te vendrá muy bien guardar las páginas que te gustaría visitar más a menudo en tus marcadores y organizarlas para que te resulte más fácil integrarlas en tus lecturas habituales.

Evita las páginas web de redes sociales en las que aparece mucha publicidad o en las que el contenido que ves está controlado por algoritmos opacos. Si decides seguir utilizando alguna de ellas, trata de minimizar la cantidad de perfiles a los que sigues y quédate solo con los que te sorprendan una y otra vez con enlaces y pensamientos profundos que normalmente no encontrarías en otra parte.

Cómo pasar a la acción

- Instala un bloqueador de anuncios: añádelo al navegador de la computadora y del celular para reducir las distracciones.
- Ajusta los modos de visualización: limpia la experiencia de lectura tanto en la computadora como en el celular.
- Amplía las fuentes que lees habitualmente en internet: busca con cautela páginas nuevas y utiliza los comandos de lenguaje natural de la IA para ampliar el alcance de tus búsquedas.
- Evita las redes sociales: reduce el tiempo que les dedicas y los usuarios a los que sigues. O aún mejor: elimina tus cuentas en redes sociales, directamente.
- Planifica tus lecturas digitales: escoge un tiempo del día en el que te puedas concentrar y guarda los temas que exigen lecturas activas para cuando puedas dedicarles la atención que merecen.

---

* Del inglés, *do it yourself* («hazlo tú mismo»). Estas páginas se basan en la idea de hacer nosotros mismos todo aquello que necesitemos a través de tutoriales, y abarcan diferentes campos (manualidades, bricolaje, cocina, reparaciones de dispositivos, etcétera). *[N. de la t.]*.

En los tiempos del día en que lees en el celular para distraerte eres más propenso que nunca a hacer lecturas inactivas y desaprovechadas. Es mejor que en estos momentos no leas nada en ningún dispositivo y que te centres en prestar atención a las sensaciones de incomodidad que podrían estar empujándote de nuevo hacia internet. Y, sobre todo, deberías evitar centrarte en temas que requieren una lectura activa en estos breves periodos; resérvalos para cuando puedas dedicarles la atención y el tiempo necesarios. En cuanto a mantenerte al día de las noticias, en lugar de visitar las mismas páginas una y otra vez durante todo el día, es mucho más constructivo que reserves un tiempo, normalmente por la mañana, para leer las páginas de tu elección con atención y dejar las noticias a un lado hasta el día siguiente. El espacio que generes entre una visita y otra te ayudará a crear una visión más definida y menos sesgada de los acontecimientos, en lugar de hacer tuya la postura de un grupo o de una corriente política con los que suelas simpatizar. Si puedes, abandona el hábito de tratar la lectura como algo con lo que llenar el tiempo muerto y valora más tus sesiones de lectura haciéndoles un espacio en tu día a día como la actividad consciente que debería ser.

Lee en papel

Leer en formatos digitales es indispensable, ya que ofrece una amplitud incomparable de contenidos sobre cualquier tema y permite utilizar algoritmos de búsqueda muy potentes para filtrar toda esa información. Aun así, como ya hemos visto, también limita las oportunidades de leer con profundidad y está repleto de distracciones. En cambio, leer las palabras impresas sobre el papel es la forma más sencilla e intuitiva de mantener la atención en un tema, así como marcar el texto y tomar notas a medida que lees. Imagina que el ejercicio de leer tiene forma de embudo: la lectura inicial sobre un tema es amplia y diversa —para lo cual las lecturas digitales son óptimas—, mientras que la parte inferior es concentrada e intensa, para lo cual la lectura impresa es esencial. Cuando se trate de proyectos que requieran atención, trata de realizar tanta lectura activa como puedas en papel. Opta por los libros físicos y descarta los electrónicos; elige las suscripciones a revistas en papel y no a sus versiones en formato digital. Invierte en una buena impresora e imprime los artículos que encuentres en internet y en los que quieras profundizar. Organiza tus libros y revistas para que puedas recurrir a ellos fácilmente y recopila los artículos que vayas imprimiendo en archivadores.

Anotaciones

Marcar y anotar los textos es esencial para realizar una lectura activa, y la forma más sencilla de hacerlo es teniendo una pluma o un lápiz en la mano según vas leyendo el texto en papel. También es útil subrayar con rotuladores fluorescentes, ya que ayuda mucho a que los fragmentos más importantes destaquen durante una relectura. Subraya o marca con un círculo las frases, las oraciones y los párrafos más importantes. No te preocupes si parece caótico. Hoy existe la tendencia a considerar que los libros son sagrados y que no se deben marcar ni modificar. Trata de dejar atrás esta idea, ya que al añadir tus propios garabatos al libro lo harás tuyo y se convertirá en un recurso de consulta mucho más valioso. Con el tiempo, como Dee, irás desarrollando un estilo idiosincrático de anotaciones del que podrás empezar a sentirte orgulloso.

Cómo pasar a la acción

- Experimenta marcando y anotando un libro: desarrolla tu propio catálogo de símbolos y marcas para indicar los puntos clave y los fragmentos destacables la próxima vez que lo leas.
- Haz marcas en un artículo complejo: imprime el artículo en cuestión y anota tus pensamientos según vayas leyendo; cuestiona su veracidad y relevancia respecto a tus proyectos personales.
- Prueba la anotación digital: crea una cuenta gratuita en un servicio de anotación digital y experimenta con él.

LA LECTURA   153

Piensa en los proyectos personales que tengas entre manos y que exijan una lectura más activa, y prueba a marcar algunos artículos impresos o libros físicos. No te limites con las marcas; responde al texto conforme vayas leyendo y pon énfasis en los puntos clave. Puede que empieces a notar que este ejercicio complementa la experiencia lectora y des con un ritmo que se sincronice con lo que te vas encontrando en la página y que te ayude a seguir adelante cuando te cueste entender algo en concreto. Añade notas mientras leas y ve plasmando los pensamientos que vayas teniendo a medida que avanzas. Examina lo que lees de forma deliberada, cuestiona la precisión y la veracidad del texto, su lógica y significado, su profundidad y alcance, así como su relevancia para tus proyectos. Desarrolla tu propio sistema de símbolos y notas; por ejemplo, dibuja un signo de exclamación junto a las conclusiones importantes o las frases que resuman los puntos clave, o un signo de interrogación cuando no termines de entender algo. Este tipo de marcas sencillas te ahorrarán mucho tiempo cuando vuelvas a consultar el texto más adelante. Dedica tiempo a leer tus notas al margen cuando hayas terminado y fíjate si te ayudan a saltar a los apartados más pertinentes y a recordar tus primeras impresiones y observaciones.

Naturalmente, hay momentos en los que es más sencillo utilizar la computadora y marcar un texto en un momento. Aquí entran en juego los servicios digitales que permiten anotaciones individuales y en grupo. En internet encontrarás unos cuantos que te permitirán resaltar y anotar directamente sobre la página web que estás consultando, así como archivar esa página anotada para siempre.

Los cuadernos de ideas

El paso más importante de cualquier lectura activa es la etapa en que analizas, parafraseas y explicas con tus propias palabras lo que estás leyendo. Resulta útil dividir la lectura activa en dos fases: marcar y anotar el texto en la primera lectura, y luego volver a revisarlo para tomar nota de las ideas más importantes a partir de tus propias anotaciones, que servirán como una especie de guía personal que te permitirá orientarte por el texto para extraer la información esencial. Escribe estos puntos en su versión desarrollada en tu cuaderno: copia citas o amplía pensamientos o ideas que te vayan surgiendo mientras lees. Se trata de un proceso sumamente útil a través del cual los cuadernos irán dando forma a tu aprendizaje en un formato flexible que podrá convertirse en tu fuente de consulta principal para otros proyectos futuros. Además, este método se puede aplicar fácilmente a cualquier proyecto, sea cual sea su alcance o complejidad.

Para empezar, consigue un cuaderno de tamaño carta y reserva las primeras páginas para crear el índice. El método habitual, según el cual se agrupan todas las notas bajo distintos títulos, uno para cada tema, es muy práctico. Dedica el tiempo necesario a pensar en la estructura de los temas relacionados con los proyectos para los que estás leyendo de forma activa: la lista irá creciendo de forma orgánica, pero este primer intento te ayudará a organizar tus notas de una forma más exhaustiva ya desde el principio. Para distribuir los temas en tu cuaderno, escribe el título de cada apartado en la parte superior de una página y deja espacio para añadir las notas correspondientes, y también para poder incluir otros temas más adelante. Numera las páginas del cuaderno e indica dónde se encuentra cada apartado con su título correspondiente en un índice.

Trabaja con el libro que estás leyendo colocando el cuaderno en frente para tomar nota de cualquier cosa que te llame la atención o te parezca útil; si no se trata de datos concretos, cifras o citas, intenta no copiar el texto palabra por palabra. Date una pausa para asimilar los puntos más detallados y estimula el efecto de generación explicándolos con tus propias palabras en el cuaderno. Anota siempre el título original y el autor del texto, ya que te hará las cosas más fáciles si quieres citar la fuente o ampliar la lectura; incluye también los números de página de la fuente para localizar cualquier apartado que te resulte especialmente interesante. En cuanto hayas llenado el cuaderno, si puedes, haz una foto digital de cada página y guárdala en la nube siguiendo una estructura de archivo numerada y clara para poder ubicarla fácilmente cuando lo necesites. Así, podrás descargarla rápidamente en el celular o en la computadora, y no tendrás que estar cargando con tus cuadernos todo el tiempo.

Los servicios de anotación digital permiten aplicar una técnica similar al añadir vínculos a los artículos para acceder fácilmente en otro momento. Dado que son las mismas herramientas que puedes usar para resaltar y anotar el texto de una página web al hacer una lectura activa en internet, todas las marcas y notas quedan capturadas de una forma muy limpia que puedes organizar por temas. Añade las etiquetas igual que harías con los títulos de cada tema en un cuaderno de ideas o, aún mejor, intenta que sean los mismos en tus cuadernos digitales y físicos para poder pasar fácilmente de los unos a los otros.

También puede ser de gran ayuda que crees un índice para tu cuaderno de ideas, sobre todo si la investigación que estás llevando a cabo es especialmente rigurosa. Los índices bien hechos te permitirán localizar fácilmente la información de tus notas, además de conducir a la polinización cruzada de ideas. Las notas de un apartado suelen ser muy relevantes para otros temas y ofrecer puntos de vista inesperados para toda una variedad de proyectos personales.

Cuando hayas llenado un cuaderno de ideas, consigue otra libreta que sirva de índice, o, mejor todavía, crea una hoja de cálculo, ya que buscar y filtrar los contenidos será más fácil en el futuro. Repasa las notas del cuaderno de ideas y desglosa los aspectos de los que habla cada apartado de cada tema. Utiliza un código numérico sencillo para identificar los subtemas y escribe los números en la página correspondiente del cuaderno de ideas junto a cada aspecto importante. Anota los códigos numéricos de los subtemas en el índice, junto al título del apartado y el número de página del cuaderno que corresponda a cada aspecto importante en relación con el subtema en cuestión para poder encontrar tus notas rápidamente en el futuro.

Cómo pasar a la acción

- Empieza a crear tu propio cuaderno de ideas: escribe los títulos de los temas de tus proyectos personales y los números de página para encontrarlos fácilmente en el índice.

- Haz una relectura del texto una vez marcado: con el cuaderno abierto junto a ti, utiliza las *marginalia* como guía para localizar los puntos clave y anótalos.
- Sé organizado: cita el título, el autor y los números de página de cada fuente; una vez que hayas llenado un cuaderno, guarda las fotos digitales de cada página en la nube para acceder a ellas fácilmente cuando quieras.
- Ve creando un índice de tus notas: en cuanto hayas llenado un cuaderno de ideas, asigna un código a cada aspecto clave según el título del apartado o del subtema del cuaderno al que pertenezca. Utiliza una hoja de cálculo o una libreta aparte para localizar tus notas en el futuro.

CAPÍTULO
6

La escritura

LA MEDIDA UNIVERSAL DEL SER HUMANO

A finales de la década de 1480, Leonardo da Vinci se puso a trabajar en lo que sería uno de los dibujos más reconocibles del mundo. Empezó esbozando unos estudios anatómicos exhaustivos en sus cuadernos de ideas que luego complementaría con lecturas en la biblioteca y notas de asociación libre. Mientras estudiaba la arquitectura romana, había descubierto un postulado de mil quinientos años de antigüedad que decía que el cuerpo humano bien proporcionado cabía perfectamente en el perímetro de un círculo y de un cuadrado. A base de recopilar concienzudamente las coordenadas y las medidas más detalladas de cada parte de la anatomía humana, Leonardo había amasado unas cantidades de datos jamás compiladas hasta la fecha. Entonces procedió a encapsular con gran destreza sus variadas y complejas observaciones en una única imagen. Su *Hombre de Vitruvio*, elegantemente enmarcado en su círculo y a su vez en un cuadrado, presentaba al público renacentista el ideal tan extendido de un microcosmos —en este caso, la humanidad— que existía, perfectamente alineado, en el seno de un macrocosmos, es decir, del universo en su conjunto.

Casi todo lo que hoy sabemos acerca de Leonardo surge de sus cuadernos personales. Se estima que a lo largo de su vida llenó unas treinta mil páginas manuscritas, de las cuales hoy se conservan siete mil doscientas, que abarcan desde folios de gran tamaño escritos con una caligrafía elegante y cuidada hasta garabatos rápidos en pequeñas libretas que llevaba colgadas del cinturón. Cada página está repleta de dibujos variados, listas de tareas y notas sobre una infinidad de temas que arrojan luz sobre los saltos y las amplias conexiones mentales que establecía. Inicialmente, anotaba sobre todo ideas que guardaban relación con sus proyectos artísticos o de ingeniería —como dibujos de rasgos faciales y gestos corporales exagerados, o buques furtivos de velas negras y submarinos—, pero a medida que fue avanzando empezó a satisfacer su curiosidad por el mero gusto de hacerlo. Cada día se pasaba horas escribiendo y dibujando en sus cuadernos, y su obra transmite las asombrosas capacidades de una mente humana que rebosaba pensamientos y observaciones.

El padre de Leonardo supo reconocer el talento artístico incipiente de su hijo y, cuando cumplió los quince años, lo puso de aprendiz del reconocido escultor y pintor Andrea del Verrocchio. Fue con él, en Florencia, cuando Leonardo entró en contacto por primera vez con los libros de copias de los artistas y los cuadernos de esbozos de los ingenieros, y con el tiempo aprendió a combinar estos medios visuales con las habilidades prácticas de procesamiento de la información que le ofrecían los cuadernos de ideas (o *zibaldone*, como se conocía en la jerga italiana de entonces). De niño había recibido una educación escolar limitada —le enseñaron solo los rudimentos de la lectura, la escritura y las matemáticas—, y es probable que aprendiera a escribir por sí mismo en sus primeros años y que creara rápidamente sus propias abreviaciones y escritura especular: como era zurdo, escribía las palabras al revés, de derecha a izquierda, para evitar emborronar la página de tinta al pasar la mano por encima. Pronto se acostumbró a buscar el conocimiento por sí mismo, y enseguida se dio cuenta de que no existía nada que separara sus pensamientos escritos de las ideas visuales con las que jugaba para sus pinturas, ya que anotaba sus impresiones o redactaba cartas o ensayos en sus cuadernos tanto como dibujaba paisajes, concebía diseños matemáticos o cartografiaba pueblos y ciudades enteras.

Hoy a Leonardo se le conoce sobre todo como artista, pero las complejas líneas de pensamiento que transmitía con sus obras no siempre se

LA ESCRITURA

entienden tan fácilmente. Sus dibujos y pinturas demuestran no solo una capacidad técnica brillante, sino también una profunda comprensión del funcionamiento mecánico y las causas internas de las cosas. Cuando Leonardo dibujaba una ceja alzada o quería capturar el tenso giro de un músculo, fundamentaba sus decisiones, siempre que podía, en sus propios exámenes empíricos: continuamente se imponía el reto de descubrir cómo y por qué funcionaba algo. Sus obras maestras surgían de una gran cantidad de estudios preparatorios y experimentos científicos, y comunicaba su forma de entender las cosas de manera visual. Con el tiempo, sus investigaciones tomaron un ritmo acelerado, expandiéndose hasta abarcar casi cada aspecto de la vida humana que sea concebible. Sus cuadernos no solo revelan su vida mental y su extraordinario pensamiento visual, sino también el abanico cada vez más amplio de sus intereses personales y su autodidactismo.

Leonardo descubrió por cuenta propia el poder explicativo de las imágenes y que, al dibujar líneas en una página, conseguía expresar y esclarecer mejor sus pensamientos e intenciones. Sus esbozos son la demostración perfecta de la actividad visual generativa —es decir, la recopilación y presentación creativa de la información de un modo libre e imaginativo— que los renacentistas tan a menudo alternaban en sus notas escritas a mano. Los estudiantes del Renacimiento llenaban sus cuadernos con fragmentos, pensamientos e ideas escritos, y también esbozaban explicaciones visuales para tratar de relacionar lo que iban aprendiendo. Era muy frecuente utilizar líneas, flechas y diagramas, así como esbozos complejos, para explicar los conceptos.

Cualquier alumno medio era mucho más experimentado y competente a la hora de dibujar que la mayoría de nosotros. El concepto italiano del *disegno* —el dibujo de calidad apoyado en el intelecto— se desarrolló a principios del Renacimiento y con el tiempo se extendió por toda Europa. La escritura y el dibujo se entendían como procesos cognitivos, una forma de pensar sobre un problema para llegar a su solución, y a través de las imágenes los alumnos solían articular ideas que resultaban demasiado difíciles de comunicar con la palabra escrita. Dado que, naturalmente, escribían a mano, lo tenían muy fácil para pasar del texto a la ilustración para apuntalar sus pensamientos. La práctica del dibujo se convirtió en un componente fundamental de la formación en muchas materias, ya que las representaciones visuales se empleaban como herramientas críticas con las que organizar y explorar ideas y grandes cantidades de información. En los cuadernos escolares que se conservan de aquella época se observan esbozos; algunos de ellos se hicieron durante las clases y otros más adelante, con la intención de asimilar el aprendizaje. Estos dibujos vienen a demostrar lo prevalente que era en nuestro pasado utilizar las estrategias visuales para gestionar y ordenar mejor la información. Las clases y la formación en dibujo solían mantenerse hasta edades avanzadas.

Sin embargo, Leonardo se diferencia por el nivel de ambición y de persistencia que muestra con sus exploraciones visuales. Cuando se preparaba para los retratos que le encargaban como artista —además de su trabajo como escultor y otras representaciones de la forma humana—, empezó a investigar cada vez más de cerca la mecánica del cuerpo humano. En los mejores años de su vida —y tras haber creado ya algunas de las pinturas y dibujos más destacados del mundo— se concentró en aprender latín para leer los escritos de los griegos y los romanos clásicos, las enseñanzas científicas de la tradición islámica y los trabajos académicos de las autoridades medievales. Empezó demasiado grande como para hablarlo de forma totalmente fluida, pero se esforzó lo suficiente como para arreglárselas y pronto logró acceso a una de las bibliotecas más grandes de entonces, la colección personal de Fazio Cardano en Pavía. Mientras estudiaba la mayoría de los textos médicos y anatómicos que existían hasta entonces fue detectando algunos datos erróneos y confusiones, y cada vez lo irritaban más las ilustraciones básicas y las representaciones incorrectas de las complejidades de la anatomía humana. Se dio cuenta de que no existía ninguna guía del cuerpo humano completa fundamentada en estudios empíricos, y a principios de 1489 decidió ponerse manos a la obra.

Leonardo escribió en sus notas que su *Manuscrito anatómico* sería distinto de cualquier obra que se hubiera visto hasta entonces: empezaría con la concepción en la matriz y procedería a representar las condiciones universales de la humanidad, así como el espectro completo de nuestra naturaleza física y nuestros movimientos. A través de una rápida

LA ESCRITURA

ráfaga de pensamientos e ideas plasmados en sus cuadernos, tuvo la idea de hacer que su tratado fuera principalmente visual. Acababa de terminar una serie de estudios sobre ingeniería y arquitectura, y había advertido que una imagen dibujada detalladamente podía ser una herramienta sumamente eficiente. A lo largo de los años siguientes, Leonardo llevó a cabo las autopsias de más de una treintena de cadáveres humanos y de muchos otros animales con sus propias manos. Trabajaba con una pluma y un bisturí en mano, dibujando lo que iba observando a medida que diseccionaba una capa tras otra, incluso cuando el cuerpo no había sido tratado de ninguna forma y estaba descompuesto. No dejaba pasar ningún detalle: investigó todo el organismo, llegando incluso a desmembrar los nervios y los músculos internos que controlan los labios para buscar los mecanismos que traducen las emociones en expresiones faciales y hacen surgir la sonrisa humana.

Presentó sus observaciones con una profunda precisión y se sirvió de toda una serie de nuevas técnicas arquitectónicas y del dibujo en perspectiva para mostrar el cuerpo humano entero a partir de rotaciones, cortes de sección e imágenes del interior, todo ello acompañado de unos planos y alzados muy detallados. Los estudios anatómicos de Leonardo que se conservan son asombrosos: calaveras y huesos, músculos y tejidos aparecen documentados con un estilo incisivo desde varios ángulos, y los marcados contrastes entre la luz y la oscuridad —su famosa técnica del claroscuro— consiguen dar vida a las composiciones. Tal como tenía por costumbre, las notas escritas envuelven los dibujos y ocupan casi el mismo espacio para explicar sus métodos quirúrgicos y delinear claramente sus mediciones. Lo que quizá resulte más sorprendente es que ninguno de estos doscientos cuarenta dibujos o trece mil palabras salieron a la luz pública durante la vida de Leonardo, y tampoco durante siglos después de su muerte: permanecieron escondidos con sus cuadernos personales. Y no llegó a tener el tiempo necesario para terminar el tratado completo que tenía en mente. Los registros que se conservan hoy en día eran inspiraciones visuales y notas pensadas únicamente para su uso personal.

Leonardo era, ante todo, un pensador visual: cada diagrama, línea o garabato era un experimento imaginativo. Al plasmar procesos y mecanismos en el papel —tanto si eran para explicar un principio de ingeniería como para distinguir el funcionamiento de los músculos o los tendones de una articulación—, conseguía visualizar mejor cómo funcionaban en la vida real. Utilizaba la pluma para sus lluvias de ideas mientras concebía nuevos métodos para representar la información, y no mostraba una predilección concreta por las palabras o las letras, las líneas o las formas, o los despliegues de exposiciones visuales. Cuando le parecía que una imagen articulaba mejor una idea que el lenguaje verbal del tipo que fuera, enseguida se ponía a dibujar; y cuando le bastaba con escribir, seguía redactando. Una de sus habilidades más sólidas era este intercambio fluido entre imágenes y palabras escritas que le permitía delinear mejor las relaciones entre una cosa y otra, y desglosar una pregunta o problema con mayor fluidez. Leonardo enriquecía su conocimiento con sus visualizaciones, y al combinar palabras e imágenes en una página, solía alcanzar unos niveles de comprensión más sofisticados.

Una distracción destacable con la que se encontró Leonardo mientras llevaba a cabo sus espeluznantes disecciones y exámenes *post mortem* —y que sin ningún género de duda retrasó su tratado sobre anatomía— fue la decisión que tomó de acometer también un estudio exhaustivo de las proporciones humanas. Puso en marcha un estudio comparativo de modelos vivos y tomó una serie de mediciones asombrosamente minuciosas, para lo cual escudriñó cada parte del cuerpo humano y registró sus resultados meticulosamente en cuarenta dibujos y diagramas, y seis mil palabras en forma de notas. Pedía a sus modelos que se movieran, y mientras se giraban y se daban la vuelta, se quedaban quietos, se sentaban o se arrodillaban, iba registrando las proporciones según iban cambiando y las relaciones de las correspondientes partes del cuerpo con un hilo de medir. Una de las entradas consiste en ochenta cálculos con los que pretendía encontrar la «medida universal» del ser humano que estaba buscando.

El trabajo arquitectónico de Leonardo en las catedrales de Milán y Pavía lo había llevado a estudiar el diseño romano tradicional y, más adelante, los escritos de Vitruvio, un ingeniero del siglo I a. n. e. Su obra *De architectura*, compuesta por varios volúmenes, plantea diversos principios clave sobre la metodología para alcanzar las proporciones perfectas, y

LA ESCRITURA

Leonardo lo leyó con gran esmero. La inquebrantable postura de Vitruvio acerca de la adopción de los círculos y los cuadrados para integrar una cierta sencillez natural en el diseño ha inspirado muchos de los edificios más admirados del mundo, desde el Panteón romano hasta la Casa Blanca. Leonardo se sentía identificado con esta geometría elemental —durante mucho tiempo se había peleado con el antiguo reto matemático de la cuadratura del círculo—, especialmente porque traía consigo un respetable trasfondo de significado simbólico. Los filósofos, matemáticos y místicos del mundo antiguo creían que el círculo representaba unidad y plenitud; su uniformidad absoluta se consideraba intercambiable con el sistema universal de toda la naturaleza, el propio cosmos. Para Vitruvio y sus coetáneos, el círculo representaba el poder de la naturaleza como arquitecta, mientras que el cuadrado, por su parte, denotaba la presencia terrenal de los seres humanos.

En *De architectura*, Vitruvio presenta una idea original que capturó la atención de Leonardo de inmediato y la monopolizó durante bastante tiempo. Se apoya en la antigua idea filosófica de que el cuerpo humano es una versión en miniatura del universo —y la encarnación física de las leyes primarias de la naturaleza— para establecer un sistema estándar de medidas arquitectónicas a partir de la forma humana ideal. La humanidad siempre ha utilizado las partes del cuerpo para medir el mundo: el pie para confirmar distancias, el pulgar para contar una pulgada, o los brazos estirados para cuantificar una braza de profundidad náutica. Sin embargo, cada cuerpo presenta unas proporciones distintas. Vitruvio resuelve la cuestión estableciendo unos principios para el diseño y la construcción sobre todo de los templos: ofrece una serie de recomendaciones específicas que corresponderían a las medidas exactas del ser humano ideal y concluye con sugerencias sobre cómo un espécimen de la humanidad tan perfecto como este encajaría de manera precisa dentro de un círculo y un cuadrado. *De architectura* no contiene ninguna ilustración que recoja las palabras de Vitruvio, y en los mil quinientos años que pasaron entre el momento en que se escribió y su lectura por parte de Leonardo, nadie había intentado poner a prueba su lógica. Aquello despertó el interés de Da Vinci lo suficiente como para intentar diseñar su propio *Hombre de Vitruvio*.

Hoy, su delicado dibujo está encerrado en una sala a una temperatura controlada en la galería de la Academia de Venecia. Se trata de una sencilla hoja de papel de treinta y cinco por veintiséis centímetros, algo más grande que un DIN A4. Leonardo dibujó primero el círculo y el cuadrado sirviéndose de un compás y una escuadra para comprobar sus medidas, y con una pluma y tinta marrón colocó a su ser humano con mucho cuidado en el interior de ambas formas. Al trabajar en el asunto visualmente, Leonardo aborda el problema principal de cómo hacer que un cuerpo humano quede en un círculo y un cuadrado a la vez, y, al observar que en realidad no tenemos el ombligo a medio camino entre la cabeza y los pies, baja el cuadrado. Entonces sobrepone dos imágenes de la misma figura humana para demostrar que cabe armoniosamente en ambas formas.

Leonardo incluye otras innovaciones, como un ligero giro del pie izquierdo, que sirve como clave visual y resalta el papel del cuerpo humano como unidad fundamental de medida, y añade otra escala en la parte inferior del dibujo que divide en unidades de dedos y palmas. Utiliza muchas más medidas de las que propone Vitruvio, tomando todo lo que puede de *De architectura* y poniéndolo a prueba antes de añadir un gran número de observaciones extraídas de los datos sobre las proporciones humanas que él mismo fue recabando. Su *Hombre de Vitruvio* condensa todos los meses que pasó midiendo las diminutas coordenadas del cuerpo y sus relaciones proporcionales, pero, en comparación con la ingente cantidad de páginas de notas que dejó, parece que el proceso casi no le costara trabajo, ya que consigue mostrarlo todo de una vez de forma clara y concisa.

La cabeza de la figura humana, justo en el centro hacia la parte superior de la página, tiene la mirada fija. Cuesta no tener la sensación de que el dibujo podría estar representando al propio Leonardo. Tenía treinta y ocho años en el momento de terminar el dibujo, y el aspecto del rostro y el cabello suelto encajan con las descripciones que hicieron de él otras personas de su época. La cara, dibujada con más detalle y profundidad emocional que el resto del cuerpo, es la viva imagen de un hombre que se mira curioso ante el espejo. El *Hombre de Vitruvio* flota desnudo, aparece como un acto enérgico de especulación e investigación personal, al tiem-

LA ESCRITURA

po que Leonardo se esfuerza por entender la esencia de su propia naturaleza. Se alza como un autorretrato universal de la forma humana e irradia los profundos esfuerzos que hacemos para comprendernos mejor. El Renacimiento fue un momento muy emocionante del pasado en el que el arte, la ciencia y la filosofía se fusionaron para sondear las eternas preguntas de quiénes somos en realidad y qué lugar ocupamos en el gran orden del universo. El *Hombre de Vitruvio* captura el potencial humano de aquellos días.

* * *

Hoy, el restringido cuadrado en el que se enclava la figura humana bien podría representar la pantalla de una computadora, y el círculo que lo rodea podría ser el mundo físico que cada vez tenemos más olvidado. Las capacidades de los procesadores de texto y de las herramientas web hacen que escribir con un teclado sea con frecuencia la opción más práctica, pero también hay muchas veces —cuando tratamos de concebir ideas nuevas o nos esforzamos por extraer una conclusión— en las que emplear el papel y la pluma nos parece lo más acertado. Al escribir con un teclado, dirigimos los pensamientos hacia la pantalla, el texto fluye de izquierda a derecha y siempre hacia abajo, mientras que la página en blanco nos libera para que podamos conectar nuestros pensamientos y notas de formas no lineales. En las puntas de los dedos tenemos tantos receptores como en el torso entero, de forma que cuando escribimos o dibujamos a mano estamos utilizando de manera instintiva las partes más hábiles y sensibles del cuerpo. Podemos alternar entre palabras y dibujos, anotar ideas relacionadas unas junto a otras, o agruparlas y conectarlas con líneas. Este tipo de pensamiento visual nos permite gestionar mejor la complejidad y pensar con mayor claridad y espíritu crítico, especialmente cuando queremos crear un significado propio y evitar recibir información por vías pasivas.

La mente computacional y de ingeniero de Leonardo se habría maravillado de las tecnologías digitales que tenemos la suerte de tener hoy en día, pero si hubiera renunciado a sus notas manuscritas y a su pensamiento visual, su capacidad de establecer vínculos entre distintas disciplinas —y su fascinación por los fenómenos naturales— no habría llegado tan lejos. Cuando escribimos y dibujamos a mano, utilizamos las herramientas más sencillas de todas, pero al no estar sometidos a las limitaciones espaciales que los programas informáticos o las pantallas imponen a nuestra capacidad de razonar, nos abrimos a conexiones nuevas y a una forma de pensar mucho más libre.

EL INSTRUMENTO MÁS EXQUISITO QUE POSEEMOS

En 2012 se inauguró una exposición única en los palacios de Buckingham y Holyrood. A su muerte, todos los dibujos y manuscritos de Leonardo fueron legados a uno de sus alumnos, y con el tiempo se fueron pegando en unos álbumes que empezaron a cambiar de mano por todo el mundo. Se desconoce cómo llegó uno los cuadernos más apreciados a caer en manos de la familia real británica —lo más probable es que Carlos II de Inglaterra lo adquiriera a finales del siglo XVII—, pero sus páginas, que contienen todos los estudios anatómicos de Leonardo que se conservan, son los tesoros más valiosos con los que hoy cuenta la colección real. La exposición de 2012 mostró todos los dibujos anatómicos de Leonardo por primera vez, y los presentaba junto a imágenes médicas tomadas con escáneres de alta tecnología. Las comparaciones revelaron que, a pesar de las limitaciones de su conocimiento previo y de su falta de acceso a la tecnología, los estudios de Leonardo son increíblemente precisos. Gran parte de su trabajo se anticipa a las prácticas médicas del siglo XXI y utiliza las mismas secuencias de imágenes que hoy se emplean para formar a los estudiantes de Medicina. Si los estudios fisiológicos de Leonardo se hubieran publicado mientras vivía, habrían acelerado el conocimiento sobre anatomía humana varios cientos de años.

Una hoja de las dibujadas por Leonardo muestra la estructura de la mano por capas a través de cuatro ilustraciones de distintas fases de la disección: empieza con los huesos, luego añade los músculos internos y la palma de la mano, y luego representa la primera y la segunda capa de los

LA ESCRITURA

tendones. Es una de sus presentaciones más elaboradas —aproximadamente una cuarta parte de los huesos del cuerpo se encuentran en las manos— y fue sumamente meticuloso en su creación. Para la exposición de la colección real se diseñó una simulación animada por computadora para acercar a los visitantes a la visión de Leonardo de la delicada sutileza de la estructura de las manos y su impresionante mecánica. Las manos son órganos sensoriales de los que dependemos tanto como de los ojos, y desempeñan un papel crucial en la recogida de información sobre nuestro entorno. Las puntas de los dedos, en concreto, cuentan con miles de sensores táctiles que nos proporcionan la delicada sensación del tacto, mientras que las inclinaciones de las articulaciones de los dedos y las muñecas nos proporcionan la capacidad de generar movimientos ágiles y sensibles. Leonardo vio en la mano humana un instrumento de precisión a base de estudiarla y, naturalmente, de usarla con gran destreza.

Y, aun así, cuando examinó la mano de cerca, sus exploraciones enseguida se extendieron hacia los músculos del hombro. Uno de sus dibujos más grandes muestra un brazo derecho diseccionado en el que se ven los músculos y los tendones que actúan sobre el pulgar. Leonardo era perfectamente consciente de que las manos son una parte fundamental del brazo, ya que mantienen una relación de coordinación dinámica con los músculos del brazo, de la espalda e incluso de las piernas, y se sincronizan con el resto del cuerpo. Su comprensión de que la mano está vinculada a todas las demás partes del cuerpo humano demostraba una gran clarividencia por su parte; existen estudios neurocientíficos recientes que confirman que la mano está tan representada en el cerebro —y que sus movimientos neurológicos y biomecánicos son propensos a la interacción y a la reorganización espontáneas en el resto del sistema nervioso— que nuestras motivaciones profundas y el esfuerzo que hacemos para mover las manos son indistinguibles del imperativo básico de la vida humana. Hay estudios antropológicos y médicos que plantean que la mano desempeñó un papel formativo en la evolución de la inteligencia humana: hoy, la neurociencia considera que el cerebro no solo se encuentra en el cráneo, sino que se extiende por todo el resto del cuerpo, y que es justamente en las manos donde el pensamiento se impone con más fuerza cuando nos aproximamos al mundo en el que vivimos.

Las manos son los instrumentos de diseño más exquisitos con los que contamos para dar sentido a las cosas, y aun así no las usamos tanto como antes, especialmente para escribir. Sorprende saber que hasta la fecha no se ha llevado a cabo ningún estudio para analizar hasta qué punto ha decaído la escritura a mano desde la generalización del uso de las tecnologías digitales, pero la experiencia cotidiana confirma que se ha reducido significativamente. Aunque muchos seguimos rellenando formularios a mano o tomando notas rápidas en casa, hoy día la mayoría de lo que escribimos pasa por el teclado de la computadora o del celular, lo que ha hecho que muchos observemos que la legibilidad de nuestra caligrafía ha empeorado. Es cierto que escribir con el teclado puede parecer más sencillo, y en muchos sentidos lo es: los procesadores de texto nos permiten cortar y pegar y mover el texto de aquí para allá, y hoy en día la mayoría de los servicios de correo electrónico ofrecen una versión u otra de la opción de autocompletar. Cuando se trata de llevar a cabo gran parte de las tareas digitales, la facilidad con la que las palabras que hemos tecleado se pueden copiar y compartir y con la que luego se pueden buscar en el texto hace que sea muy fácil optar por el teclado. Y sin embargo todavía hay muchas situaciones en las que escribir a mano sigue siendo mucho mejor. Si entendemos cómo cambian los procesos cognitivos cuando tecleamos —y prestamos más atención a nuestros pensamientos cuando escribimos y dibujamos a mano—, sabremos discernir por nosotros mismos cuándo es más conveniente optar por el papel.

Cuando tecleamos, la libertad de movimiento cae en picada: un teclado estándar tipo QWERTY tiene ciento un botones fijos, y los movimientos que hacemos son prácticamente los mismos, independientemente de la letra o el número que introduzcamos. La acción de teclear es básicamente exclusiva de los dedos, mientras que al escribir a mano entran en juego el equilibrio y el movimiento de la mayor parte del cuerpo. Utilizamos la fuerza del torso para estabilizar la postura y hacer pequeños ajustes mientras escribimos a mano; tanto es así que a las madres suele costarles más escribir a mano tras dar a luz, hasta que, con descanso y recuperación,

LA ESCRITURA

169

el tejido muscular del abdomen se ha recuperado lo suficiente. Toda esta actividad física no tiene nada que ver con lo que hace nuestro cuerpo cuando escribimos con el teclado.

El cerebro también funciona de formas distintas: un estudio llevado a cabo en 2017 por la Universidad Noruega de Ciencia y Tecnología observó grandes diferencias en los patrones de ondas cerebrales cuando un grupo de niños y de adultos jóvenes utilizaban el teclado en comparación con cuando escribían y dibujaban a mano. Un electroencefalógrafo en red de sensores geodésicos —es decir, un gorro con 256 sensores metálicos en forma de guijarros— registró los cambios de actividad eléctrica cerebral mientras los sujetos llevaban a cabo una serie de ejercicios escritos. Cuando escribían y dibujaban a mano, los patrones de las ondas cerebrales eran los que suelen considerarse óptimos para el aprendizaje. En cambio, al escribir con un teclado, la activación neuronal era marcadamente menos compleja y pronunciada, un resultado que se atribuía a los movimientos menos delicados, controlados y precisos que hacemos al teclear. Las observaciones según las cuales escribir a mano en cursiva —con letras muy ligadas para ganar rapidez— y dibujar son prácticas que facilitan más el aprendizaje y la memoria han sido confirmadas por otros estudios académicos, en particular por un informe muy influyente de la Universidad de Princeton y de la Universidad de California de 2014, y más recientemente por otro de la Universidad Johns Hopkins de 2021, en los que volvió a observarse que los índices de aprendizaje eran mucho más elevados cuando se escribía a mano. Los investigadores apuntan que la experiencia sensomotriz que obtenemos al utilizar las manos para escribir nos ayuda a consolidar y asimilar más fácilmente lo que aprendemos.

Ninguna institución académica ha analizado de forma concluyente cómo afectan los modelos lingüísticos como ChatGPT a los procesos de razonamiento cuando escribimos, aunque es probable que su efecto sea más significativo que la mera comparación entre utilizar un teclado o escribir a mano. Las siglas GPT significan *generative pre-trained transformer* [transformador generativo preentrenado], y permite que cualquier herramienta web a la que esté conectado genere contenido original en el formato del lenguaje humano. Los modelos lingüísticos de IA como ChatGPT pueden impulsar la creatividad al descubrirnos ideas o perspectivas nuevas, y pueden contribuir a la productividad al analizar y resumir un corpus de texto de grandes dimensiones. Ahora bien, se observa una evidente y pronunciada reducción del «efecto de generación» cuando pedimos a una IA que escriba por nosotros en lugar de encontrar las palabras y las frases adecuadas para articular nuestros propios pensamientos. Cuando nos apoyamos en exceso en la IA para que nos ayude a redactar un texto, nos exponemos a un riesgo muy estudiado llamado *externalización cognitiva*, lo cual puede reducir nuestra capacidad de generar ideas nuevas por nosotros mismos y formular pensamientos de forma independiente. Si contrarrestamos el tiempo que pasamos escribiendo con herramientas de IA con tiempos escribiendo con papel y pluma, podremos contribuir a mitigar estos riesgos, ya que ninguna herramienta generativa de IA puede vulnerar nuestros pensamientos cuando escribimos y dibujamos a mano.

Cuando escribimos en papel, nos damos la libertad de pensar teniendo en cuenta el espacio: una página en blanco nos permite añadir marcas donde queramos, relacionar ideas de un extremo al otro de la página o denotar un espacio tridimensional fácilmente añadiendo sombras. Podemos crear nuestro propio lenguaje visual con una simple pluma, y podemos hacer que sea tan sencillo o complejo como queramos: a menudo basta con usar flechas y líneas para conectar palabras o frases y ampliar así nuestros pensamientos. Los esbozos rápidos, los diagramas o los mapas mentales nos permiten ver cómo las piezas encajan en un todo; el posicionamiento espacial ofrece nuevas perspectivas y asociaciones que pueden dar la vuelta o echar por tierra una idea en el sentido más literal de la expresión. Es cierto que al trabajar con la computadora podemos hacer que quede más pulido, pero para la mayoría, los programas de diseño gráfico requieren mucho más tiempo y esfuerzo, y no resultan tan intuitivos ni tan fluidos como utilizar papel y pluma.

En una famosa carta dirigida al matemático francés Jacques Hadamard a finales de la década de 1930, Albert Einstein explicaba que, para él, ni las palabras ni el lenguaje desempeñaban un papel protagonista en el mecanismo del pensamiento; en realidad, sus ideas solían ser más «visuales, algunas de tipo muscular». Einstein se apoyó mucho en los experimentos mentales visuales para llegar a algunos de los avances más influyentes del ámbito de la física; por ejemplo, para desarrollar la relatividad especial se imaginó cabalgando sobre un haz de luz, mientras que para desentrañar la teoría de la relatividad visualizó a un hombre en un elevador en caída libre en el espacio. Einstein tuvo buen ojo al identificar la relación de proximidad que guardan los pensamientos con el movimiento corporal, así como sus atributos cenestésicos y multisensoriales. Al mover más el cuerpo —ya sea gesticulando o haciendo marcas en una hoja—, podemos ampliar el limitado carácter lineal del lenguaje.

Cuando tenemos que escribir un gran volumen de palabras o cuando se trata de un texto mecánico o que requiere poca creatividad, el teclado suele ser la herramienta más apropiada, ya que nos permite plasmar nuestros pensamientos de forma eficiente, si tenemos en cuenta que la mayoría tecleamos más rápido de lo que escribimos a mano, y que la productividad de las herramientas web puede ser difícil de replicar en el papel. Ahora bien, cuando se trata de ampliar nuestras ideas con conceptos visuales o de llegar a combinaciones de ideas nuevas con total libertad, la tecnología enseguida se vuelve limitante. Los procesadores de texto —o, para el caso, cualquier tipo de herramienta informática— establecen unas formas de trabajar estandarizadas de las que cuesta mucho salir: las opciones de los menús, por ejemplo, hacen que sea muy fácil cambiar el tipo de letra o la composición de una página, pero hacen que resulte muy difícil crear algo con un estilo visual libre. Para la mayoría, lo que escribimos en nuestros dispositivos suele consistir casi exclusivamente en letras y números prescritos con antelación, clics y toquecitos en la pantalla. Incluso los profesionales del diseño gráfico, así como los arquitectos e ingenieros que utilizan programas visuales de forma habitual, están sujetos a una limitación destacable en referencia a la flexibilidad y a la creatividad cuando trabajan con la computadora.

Durante más de la mitad de las horas que pasamos despiertos a diario utilizamos exclusivamente un teclado, una pantalla táctil o un ratón para plasmar nuestros pensamientos y decisiones. Y, aun así, y a pesar de todo ese tiempo que dedicamos a los dispositivos digitales, las palabras que escribimos con ellos son muchas menos de las que podríamos pensar en un principio. La aplicación WhatPulse, dedicada a medir el uso del teclado y del ratón, lleva cosa de veinte años recopilando datos de este tipo, y ha observado que, en promedio, pulsamos solamente 941 teclas —lo que equivale a escribir doscientas palabras— al día en la computadora. Es lógico pensar que algunas profesiones requieren de muy poca redacción textual, mientras que otras implican escribir miles de palabras al día, pero vale la pena tener presente que pasamos mucho más tiempo navegando, seleccionando y consumiendo información en internet del que dedicamos a generarla por nosotros mismos. WhatPulse muestra que solemos hacer 497 clics al día; la aplicación Mousotron ha observado que el ratón del oficinista medio recorre una distancia real de más de un kilómetro y medio a la semana; y existen estudios estadounidenses y flamencos llevados a cabo en 2022 que dicen que los usuarios de *smartphone* tocan, pulsan o deslizan las pantallas de sus dispositivos una media de 2617 veces al día. Queda claro, entonces, que cuando utilizamos las pantallas solemos leer, deslizar y seleccionar, y que cuando escribimos palabras u oraciones suelen consistir en comandos de búsqueda cortos para recibir más información o intercambios de mensajes breves.

Los diseñadores y desarrolladores de la experiencia del usuario utilizan «mapas de calor» para dirigir y hacer un seguimiento detallado de hacia dónde deslizan el ratón y qué seleccionan los usuarios en una página web para asegurarse de colocar deliberadamente los botones y elementos importantes de la página en las partes más visibles. Por tanto, los usuarios de la página o de la aplicación en cuestión llegan a esos puntos incitados por señales e instrucciones. Los gestos que hacemos son muy similares, tanto si usamos un ratón como una pantalla táctil; seleccionamos botones físicos y digitales en las mismas partes de la pantalla, y la acumulación de movimientos a lo largo del día genera un amasijo de líneas repetitivas totalmente distintas de las marcas y los diseños premeditados que plasmamos en una hoja de papel. El patrón de los deslizamientos y de los clics del ratón, de los movimientos y los toquecitos por la pantalla se vuelve tan cotidiano que empieza a alterar los propios procesos mentales: cuando utilizamos dispositivos digitales, nuestros pensamientos e impresiones son principalmente secuenciales, y están tan dictados por los algoritmos

LA ESCRITURA 173

o el diseño informático como por nuestras motivaciones u observaciones personales. En cambio, cuando Leonardo se apoyaba en sus investigaciones físicas, imágenes dibujadas a mano y notas en cursiva como vehículos mediante los que generar sus propios pensamientos, tenía todo el control y podía moverse libremente entre cada uno de los medios que empleaba. Escribir y dibujar a mano son las formas más íntimas que tenemos de manipular nuestros propios pensamientos, y durante el Renacimiento estuvimos más cerca de lo que posiblemente hayamos estado jamás de ser conscientes del poder individual que pueden ofrecernos.

ESCRIBE Y DIBUJA A MANO

Las capacidades de escribir y dibujar a mano son fundamentales para la vida, pero si te pareces en algo a la mayoría de las personas de hoy en día, te habrás acostumbrado tanto a escribir con un teclado que pasarás por alto las veces en que utilizar papel y pluma podría ayudarte a profundizar más en tus pensamientos, a organizarlos mejor y con mayor claridad, o a generar ideas nuevas.

No hace falta que cuentes con ninguna formación especial o habilidad artística para plasmar tus pensamientos en el papel, y saber aprovechar el pensamiento visual tiene menos que ver con saber cómo colocar las marcas en una hoja que con invertir un tiempo para hacerlo. Por eso, con la práctica, podrás ampliar tu propio repertorio de trazos y desarrollar hábitos personales para el análisis y el cuestionamiento. Si empiezas escogiendo unos pocos ejercicios sencillos, podrás ir desarrollando tus propios hábitos de pensamiento. En cuanto vuelvas a sentirte cómodo utilizando papel y pluma, podrás encontrar o madurar nuevas herramientas escritas para mejorar todavía más tus ideas. Con el tiempo, sabrás distinguir más fácilmente esos momentos en los que resulta beneficioso utilizar papel y pluma, y cada vez te sentirás más inclinado a dejar el teclado.

Cuándo usar papel y pluma

En cualquier momento en que veas que tus pensamientos se estancan ante la computadora o que necesitas inspiración o ideas nuevas, prueba con apagar la computadora o cerrar la tapa de la laptop y toma una pluma. O, mejor todavía, si puedes, aléjate del escritorio y de las distracciones virtuales para dar a tu creatividad el tiempo que necesita para explorar la cuestión hasta el final.

Lleva una libretita y una pluma en la cartera, la bolsa o la mochila que llevas al trabajo y procura que te acompañen vayas donde vayas: las ideas pueden llegar en cualquier momento del día, a menudo cuando menos te lo esperas. Mejor si es una libreta distinta de tus cuadernos de ideas, ya que cuando plasmes tus pensamientos sobre la marcha o te pares a escudriñarlos es más importante que los pongas sobre el papel que organizarlos por temas. Trata de no recurrir a la aplicación de notas del celular, ya que teclear limitará el proceso mental y todas las demás aplicaciones estarán listas para distraerte e interrumpir el flujo creativo siempre que puedan. Tomar notas a mano te permite dar más fluidez a las habilidades asociativas de la imaginación y mantenerte abierto a hacer conexiones y combinaciones nuevas.

En cuanto hayas terminado de garabatear tus pensamientos, haz una foto a la página si lo crees oportuno y guárdala en el celular para que esté a salvo, o pasa algunos de los puntos más importantes a una nota digital para acceder a ellos fácilmente cuando los necesites, pero asegúrate de hacerlo solo después de haberlos escrito a mano. Las ideas son transitorias, así que debes cazarlas al vuelo: trátalas con respeto y protégelas de las interrupciones.

Cómo pasar a la acción

- Cierra la laptop y toma papel y una pluma: la próxima vez que veas que se te estancan los pensamientos ante la computadora, prueba a plasmar tus ideas sobre el papel.

LA ESCRITURA   175

> - Lleva una libreta y una pluma en la mochila o bolsa: así estarás preparado para anotar y ampliar tus pensamientos nuevos en cuanto lleguen.
> - Toma nota de la información nueva a mano siempre que puedas, en las reuniones o cursos en los que participes, o mientras leas.

Cuando tengas que tomar notas en una reunión, en una sesión formativa o incluso cuando estés leyendo un artículo especialmente interesante o viendo un video en internet, no recurras a la laptop de inmediato. Utiliza papel y pluma para plasmarlo en tu cuaderno de ideas o en tu libreta: la acción física de escribir a mano, junto a las ideas que surgen gracias a los diagramas dibujados a mano o a las notas visuales, consolidarán mucho mejor tu aprendizaje. Te será más fácil recordar el lugar y el momento en el que te cruzaste con esa nueva información por primera vez, y permanecerá en tu memoria durante más tiempo.

Organiza tus pensamientos sobre el papel

Con escribir listas sencillas puede bastar para hacer que fluyan las ideas nuevas, pero utilizar todo el espacio de una página también puede resultar muy beneficioso. Los mapas mentales, en concreto, son una forma fantástica de representar las conexiones y asociaciones entre distintos temas. Los encontramos en cuadernos escolares que se remontan a la época renacentista, y son una forma natural e intuitiva de despertar las técnicas visoespaciales que la mente utiliza para resolver problemas. El propio Leonardo las utilizaba para articular, repetir y generar modelos nuevos a partir de sus ideas con mayor claridad. Empieza escribiendo el concepto principal que quieres explorar en el centro de la hoja y luego, a poca distancia desde el medio, apunta las primeras ideas relacionadas que hayas tenido y haz un círculo alrededor de cada una. Traza una línea desde el centro de estas ideas satélite y repite el proceso con cada uno de estos conceptos nuevos. A medida que avances, verás cómo tus ideas van tomando forma por toda la página, con una red de conexiones que te permitirá seguir tus propios

176 SIGAMOS SIENDO HUMANOS

vínculos asociativos. Cuando encuentres conexiones nuevas, márcalas con líneas y flechas adicionales, y si empiezas a sentir que los márgenes de la página te acorralan, toma una línea que te parezca especialmente fértil y pásala a otra hoja.

Cómo pasar a la acción

- Aborda tu siguiente reto creativo con un mapa mental: piensa en varias ideas relacionadas y únelas con líneas.
- Dibuja tus propios diagramas de flujos: pon a prueba el orden de las ideas en la página y ensaya distintas secuencias hasta encontrar la mejor solución.
- Prueba el método Cornell para tomar notas: divide la página en tres apartados para notas, palabras clave y resumen.

Te resultará mucho más fácil establecer el orden jerárquico de un grupo de ideas o las fases de un proceso lineal si dibujas un diagrama de flujo sobre el papel que si utilizas un programa o una herramienta web. Empieza esbozando un primer intento rápidamente y busca cualquier vacío o posibilidad de mejora: notarás lo fácil que es hacer cambios y versiones nuevas con papel y pluma hasta llegar a la secuencia adecuada.

El método Cornell para tomar notas también te puede resultar muy útil para organizar y ampliar tus pensamientos. Divide una hoja de papel en dos columnas y deja espacio en la parte inferior. La columna de la izquierda, más estrecha, está reservada para palabras clave o preguntas; la columna de la derecha, más ancha, sirve para tomar notas detalladas; y el espacio del final de la página es para el resumen. Este método ayuda a pensar de una forma más crítica y profunda, a identificar conceptos clave y a generar preguntas por uno mismo.

LA ESCRITURA 177

Prueba el *sketchnoting* para generar nuevas ideas

Puedes usar muchas de las técnicas de pensamiento visual que Leonardo empleaba al escribir y dibujar, y no hace falta que te preocupes por si el resultado final no te queda igual de bien que a él. El objetivo es utilizar la escritura y el dibujo para extraer ideas, no crear una obra de arte perfecta.

El diseñador Mike Rohde acuñó el término *sketchnoting* en 2007 para designar un proceso de toma de notas que integra elementos visuales, como dibujos, íconos o diagramas. Se trata de un proceso fácil y rápido de aprender que podrás utilizar para plasmar, procesar y recordar la información, tanto si estás en una reunión como si estás investigando un tema o tratando de tener ideas nuevas. Desde entonces ha aparecido una comunidad de seguidores de este método muy activa, y normalmente se considera que tener poca práctica dibujando es una ventaja porque, a medida que los artistas visuales aprenden a atender a las líneas, a la composición y a la forma, es fácil que se pierda el carácter juguetón del pensamiento visual.

Leonardo era un ejemplo peculiar, ya que combinaba su sensibilidad artística con intentos mucho menos trabajados para llegar al quid de la idea en cuestión. Su fascinación por el vuelo, por ejemplo, lo llevó a esbozar toda una serie de diseños libres de helicópteros y ornitópteros, unas naves que vuelan aleteando, pero el nivel de detalle de los dibujos finales no tenía nada que ver con si resultaban o no útiles para fundamentar sus ideas. Recurría también a los textos explicativos para anclar y dar cuerpo a sus ideas visuales, y era precisamente la interacción de algunas de las señales más sencillas que había hecho sobre el papel y sus elaborados pensamientos escritos la que lo ayudaba a aclarar sus pensamientos.

Escoge un problema con el que lleves peleándote un tiempo y siéntate con una libreta y una pluma para tratar de resolverlo. Empieza definiendo el problema u objetivo, y artículalo claramente en la parte superior de la página; luego, haz una lista de palabras clave o frases relacionadas. A medida que avances, empieza a esbozar algunos de tus pensamientos de una forma no lineal, más libre, utilizando una combinación de texto, íconos, símbolos o ilustraciones sencillas. Busca conexiones más profundas e ideas nuevas sirviéndote de líneas, flechas u otros elementos visuales, y trata de encontrar patrones, temas y posibles soluciones. Puedes agrupar y clasificar tus pensamientos fácilmente en la página para ver el panorama general e identificar qué ideas merecen que las explores con más detenimiento.

Cómo pasar a la acción

- Haz tu primer ejercicio de *sketchnoting*: escoge un problema que tengas muy presente, exponlo en la parte superior de la página y haz una lista de todos los pensamientos relacionados que se te ocurran.
- Agrupa las ideas en la página: utiliza líneas o flechas para relacionarlas y poder detectar patrones nuevos o respuestas inesperadas.
- Da un paso atrás: en cuanto hayas terminado, dedica un tiempo a repasar el conjunto y fíjate en si tu perspectiva sobre la cuestión ha cambiado.

Uno de los aspectos más importantes del *sketchnoting* es que es muy sencillo volver atrás para modificar y pulir las ideas. En cuanto termines, revisa las notas y busca cualquier hueco o incongruencia; recuerda que puedes añadir, eliminar o cambiar los elementos como te parezca para crear una representación más clara de tus ideas. Dedica un tiempo a analizar detenidamente lo que anotaste y fíjate en si tu punto de vista ha evolucionado.

Escribe a mano cuando estés en la computadora

Douglas Engelbart, ingeniero e inventor estadounidense, creó el ratón informático en 1964. Trabajaba en el Stanford Research Institute, y el primer prototipo era de madera y tenía dos rueditas metálicas, pero en la década de 1970, Xerox y Apple terminaron de refinar el diseño. Desde el inicio, los ratones estaban pensados para usarlos con la mano dominante

LA ESCRITURA

179

para garantizar que su adopción fuera rápida y sencilla. Esta decisión de diseño no solo ha influido en cómo colocamos los escritorios, sino que también ha limitado significativamente nuestra habilidad de escribir y dibujar a mano al tiempo que usamos la computadora. Pero no tiene por qué ser así.

Si eres como la mayoría, gran parte del tiempo que pases ante la computadora lo dedicarás a hacer clic y a deslizarte por la pantalla, con la mano dominante sobre el ratón y la otra sin hacer nada. La única vez que necesitarás utilizar ambas manos será cuando tengas que usar el teclado para escribir. Si bien es muy difícil aprender a escribir o a dibujar con la otra mano, ya que dependemos del delicado control de los músculos pequeños de los dedos, las manos y las muñecas, resulta mucho más sencillo aprender a utilizar el ratón con la mano menos dominante.

Si lo haces, obtendrás varios beneficios. Una vez que te hayas acostumbrado a utilizar el ratón con la otra mano, tu actividad en internet no se verá afectada, pero de pronto podrás disponer de la mano que sabe escribir para tomar notas, dibujar ideas u organizar tus pensamientos, lo cual puede ser de gran ayuda de cara a tu trabajo digital. Tener un bloc de notas y una pluma junto al ratón es bastante aparatoso, ya que necesitamos un radio de acción amplio para mover el cursor libremente por la pantalla. Pero en cuanto pases la alfombrilla al otro lado, podrás tener ese bloc justo ahí y empezar a garabatear tus pensamientos de forma natural incluso mientras te mueves por la pantalla, haces clic y lees el contenido.

La mayoría de los ratones actuales son ambidiestros, con la forma y los botones simétricos en ambos lados, de forma que podrás pasarlo fácilmente a la otra mano. La única modificación técnica que tendrás que hacer es cambiar la configuración de los botones: la mayoría de los ratones tienen configurados por defecto el botón izquierdo como el principal, y si eres diestro y quieres empezar a usarlo con la mano izquierda, tendrás que cambiar dicha opción para que el principal sea el botón derecho.

La mano no dominante necesitará tiempo para aprender esta nueva habilidad, pero si tienes paciencia y practicas, lo conseguirás. Verás cómo tras unos cuantos días te va resultando más fácil, y en cuestión de una o dos semanas puede que ya te resulte totalmente natural; en cuanto llegues a este punto, tendrás la mano dominante libre para ayudarte a asimilar y cuestionar tus ideas de la forma libre y visual que prefieras. Y si estás un poco atento, también podrás reducir el riesgo de padecer lesiones causadas por movimientos repetitivos si repartes las tareas más reiterativas entre ambas manos. Además, utilizar la mano no dominante para controlar el ratón también puede ser un entrenamiento fantástico para el cerebro, ya que te obligará a desarrollar circuitos neuronales nuevos y a reforzar los existentes, lo cual mejorará de paso tu destreza, tu coordinación mano-ojo y tu creatividad.

Cómo pasar a la acción

- Pasa el ratón a la otra mano durante un mes: date el tiempo que necesitas para adaptarte como es debido.
- Reorganiza tu escritorio: ahora que tienes el ratón al otro lado, invierte en un buen bloc de notas de un tamaño adecuado y de hojas blancas, y prepárate para utilizarlo cuando estés ante la computadora.

CAPÍTULO

7

El arte

METERSE DENTRO Y EMPUJAR HACIA FUERA

Robert Henri, profesor de Arte estadounidense del siglo XIX, vivió en una época en la que el invento de la fotografía estaba volando por los aires la función de pintar las vidas de las personas. A sus alumnos les hablaba de lo que distingue una fotografía de un dibujo o una pintura, y los animaba a usar el poder de su propia mirada para acercarse al mundo que los rodeaba. Primero se hizo conocido como líder de un círculo de artistas, muchos de los cuales eran dibujantes de gran talento que trabajaban en periódicos antes del advenimiento de los reportajes fotográficos y que tenían la capacidad de hacer dibujos rápidos y precisos o de memoria o a partir de escenas en vivo. Más adelante, enseñó en varias instituciones artísticas de gran prestigio, antes de fundar su propia escuela. A lo largo de su vida, se convirtió en el motor principal y más influyente del desarrollo de las artes en los Estados Unidos de su generación. Su influencia todavía perdura.

Los antepasados de Henri procedían de familias fuertes y pioneras que, tras emigrar desde Francia y las islas británicas, establecieron sus fincas en Virginia, Ohio y Kentucky. Henri nació en 1865 y pasó varios años viajando antes de que su familia se asentara en Nebraska, donde su padre fundó una próspera comunidad y un municipio de unas doscientas hectáreas al que llamó Cozad. Durante sus años formativos, Henri llevó la auténtica vida del Oeste estadounidense: cabalgaba por los prados, nadaba y pescaba en los arroyos y se paseaba por grandes extensiones de naturaleza virgen. Henri y su familia ayudaban al padre en su batalla diaria por establecer un asentamiento agrícola en expansión, una fábrica de ladrillos a gran escala y un ambicioso intento de construir un puente sobre el río Platte. Enseguida apareció un hotel en la localidad, además de una escuela, varios negocios y un periódico local. Pero el liderazgo de su padre pronto se enfrentó a las objeciones de un grupo de rancheros, y en octubre de 1882, un ganadero de reses cegado por la rabia alimentada por el alcohol atacó al fundador de la ciudad con un cuchillo. Al sacar su revólver para defenderse, el padre de Henri disparó e hirió de muerte a su atacante; conocedora de la oleada de violencia y venganza que se le venía encima, la familia huyó en busca de un lugar seguro.

El nombre de Henri al nacer fue Robert Henry Cozad, pero tras el asesinato en Nebraska, y a consecuencia de la condición de fugitivo de su padre antes de que, años después, fuera absuelto del cargo de asesinato, la familia se cambió los apellidos. Se mudaron a Atlantic City, Nueva Jersey, donde adoptaron una vida más urbana. Robert terminó adaptándose a su nueva identidad, pero sus primeros años como pionero nunca lo abandonaron. Durante toda su vida mantuvo la misma fortaleza y curiosidad, y gracias a su mente práctica e ingeniosa enseguida conseguía remediar cualquier situación. Esta independencia y su individualismo tenaz —además de su firme y libre comprensión de los aspectos materiales— se reflejaban en su obra creativa y, con el tiempo, se convirtieron en los fundamentos de las enseñanzas con las que inspiraría a tantos.

Henri descubrió el placer del arte desde muy pequeño, y poco después de llegar a Nebraska ya hacía dibujos con lápices y ceras de colores de una amplia gama de temáticas, a menudo sacadas de su imaginación, pero también influidas por su entorno nuevo y siempre cambiante. Diseñó anuncios para promocionar Cozad entre los nuevos miembros que llegaban, y tenía cuadernos y libros de recortes personales. Terminó su primer cuadro al llegar a Atlantic City, y más adelante consiguió una plaza en la Academia de Bellas Artes de Pensilvania en Filadelfia, donde se matriculó en 1886. Mientras él iniciaba su vida como artista, el mundo estaba sumido en una profunda transformación en relación con la cultura visual y la tecnología. En el siglo XIX surgieron una serie de inventos que terminarían dando paso a la fotografía y a todo un abanico de técnicas que industrializarían la producción de imágenes. Las imágenes enseguida se convirtieron en mercancía y se despegaron de la experiencia corporal de un único observador humano, y la forma de ver y percibir el mundo cambió para siempre. El creciente volumen de imágenes de las que de pronto estaríamos rodeados —en revistas, carteles y pronto en movimiento, en los cines— se convirtió en una parte integral de nuestro entorno, donde se sobreponían, obstruyendo cada vez más nuestra visión de la realidad. Conforme iba desarrollando su propia labor como artista, Henri mantuvo los ojos bien abiertos ante estos cambios; su punto de vista empezó a evolucionar y a madurar y a seguir un camino propio a través de su obra.

Durante el segundo año de Henri en la academia, entre los alumnos surgió la tendencia de viajar a París para completar su formación. Henri también fue y estudió en la Académie Julian. Fue allí donde aprendió de primera mano las convenciones y los métodos establecidos de la tradición académica que los artistas habían seguido durante siglos para generar representaciones realistas del mundo. Aquello le provocó una sensación de desasosiego y de desilusión. En aquella época, París era el epicentro mundial de la innovación visual, y su influencia sobre la cultura de masas saltaba a la vista: los nuevos dispositivos pictóricos e imágenes fotográficas atraían a grandes multitudes de todos los rincones de la ciudad, y las trabajosas mecánicas manuales que Henri había aprendido en clase empezaron a parecerle anticuadas.

Su estancia en París coincidió por azar con la adopción de la fotografía en la cultura general: el fotoperiodismo estaba ya extendido, los carretes de celuloide eran cada vez más accesibles, y en el año en que Henri llegó a la ciudad, Kodak sacó a la venta su primera cámara comercial fácil de usar. Todo aquello supuso grandes cambios para la experiencia visual cotidiana, y las consecuencias que traía consigo eran trascendentales, aunque en París, en concreto, los desarrollos tecnológicos que precedieron a la fotografía llevaban varias décadas a la vista del público general. A partir de la década de 1820, el estudio experimental de las imágenes residuales

—las visiones que permanecen en la retina tras un periodo de exposición a la imagen original— condujeron al invento de varios dispositivos y técnicas ópticos que inicialmente se habían diseñado para la investigación científica. No obstante, el interés y la intriga que provocaban estas nuevas formas visuales dieron paso a nuevos tipos de entretenimiento popular. El diorama, una experiencia teatral que el público veía en un escenario dedicado a su exhibición, surgió en París y fue una de las primeras nuevas formas visuales en llegar al público de masas. Los espectadores se movían lentamente en una plataforma circular giratoria mientras un paisaje pintado les pasaba por delante: se pintaban distintas imágenes a mano sobre telas de lino, el cual se dejaba transparentar en zonas concretas para que estos paneles de imágenes multicapa pudieran ser iluminados por la luz del sol y unas pantallas de colores que generaban el efecto de que el escenario iba cambiando. El fenaquistiscopio fue otra innovación francesa, el primer dispositivo de animación de uso generalizado que generaba una ilusión de movimiento a partir de imágenes estáticas. Consistía en un disco dividido en segmentos iguales, cada uno de los cuales contenía una figura distinta; los espectadores miraban cómo el disco giraba y mostraba una secuencia en movimiento claramente definida. La gente de París jamás había visto nada como aquello.

Los dioramas, los fenaquistiscopios y toda una serie de dispositivos —desde el taumatropo, el disco Faraday, el zoótropo y el caleidoscopio, hasta el popularísimo estereoscopio, en el que las versiones de la misma imagen que veían el ojo derecho y el ojo izquierdo se combinaban para generar una imagen tridimensional— aparecieron en París y otras ciudades del mundo entre mediados y finales del siglo XIX. Se formaban multitudes y colas enormes para ver aquellos objetos que tanto furor generaban. Hoy nos resulta muy difícil hacernos a la idea del cambio que este goteo constante de tecnologías visuales nuevas generó en la vida cotidiana de las personas. De pronto, la presencia real de un objeto físico se representaba de formas que parecían innegablemente vívidas y reales, y la participación de un humano o la creación artística eran cada vez más innecesarias. La fotografía sustituyó al pintor o dibujante experto cuando se trataba de capturar escenas para la posteridad. Los artistas llevaban ya desde el

EL ARTE   185

año 500 a. n. e. utilizando la cámara oscura —una caja de madera con un agujerito o lente que proyectaba una imagen en una pared o una mesa— para capturar la realidad con la mayor precisión posible, pero la cámara fotográfica de pronto hizo que las prácticas artísticas centradas en la reproducción quedaran prácticamente obsoletas. En Francia, las instituciones del Gobierno central promocionaron y difundieron la fotografía, lo cual le reportó el aplauso y la atención del público, de forma que la comunidad artística en general notó las repercusiones en los métodos de producción de imágenes más tradicionales. Los artistas eran conscientes de que la fotografía suponía una amenaza para el papel que el ser humano había desempeñado hasta la fecha a la hora de retratar momentos desde un punto de vista único y fijo. Se emprendieron una serie de vigorosas investigaciones nuevas para conocer mejor el proceso de la percepción en sí misma y de la asimilación visual. Los ámbitos de la ciencia y del arte estudiaban, simultáneamente, cómo afectan las sensaciones físicas y los movimientos corporales a nuestra interpretación del mundo, y su relación con la producción de imágenes fotográficas. Empezaron a surgir exploraciones incipientes de la experiencia interna —estudios sobre psicología y atención, en concreto— para revelar la importancia del propio juicio y la comprensión visual de cada uno.

Durante sus paseos por París y al hacer fila para ver los últimos espectáculos con imágenes, seguro que Henri fue consciente de la ruptura que había surgido en el mundo del arte. Supo ver que un artista podía hacer mucho más que crear imágenes que reprodujeran el mundo exterior, y a medida que sus pensamientos fueron girando más alrededor de sus experiencias internas y cómo estas afectaban a sus percepciones, se fue sintiendo atraído por los movimientos artísticos que iban tomando forma en la ciudad.

En lugar de dejarse desmotivar por el advenimiento de la reproducción tecnológica de las imágenes, un grupo cada vez mayor de artistas de Francia, y finalmente de toda Europa y fuera de ella, empezaron a sentirse liberados: la visión artística ya no estaba limitada a la representación correcta o verdadera del mundo externo, lo que significaba que las posibilidades creativas eran mucho mayores. La llegada de Henri a París cuando el siglo XIX daba sus últimos coletazos coincidió con uno de los estallidos de inventos y experimentación más asombrosos jamás vistos en el mundo del arte, y en gran parte se centró inicialmente en la comunidad artística francesa. Puede que el mejor representante de muchos de los cambios que se dieron en esta época sea el artista Paul Cézanne: su periodo de madurez se solapó con la estancia de Henri en Francia y lo llevó a capturar sus percepciones puras y genuinas sobre el lienzo. Cézanne y sus coetáneos se dieron cuenta de que la sola mirada a los amplios horizontes de su campo de visión no aportaba nada nuevo; casi como cuando se toma una foto, el enfoque repetitivo de la creación artística tan apegado a la tradición académica establecida solo revelaba un mundo de preconcepciones que ya se conocían gracias a la costumbre y a la familiaridad. Al acercarse a una escena prestándole toda la atención posible y preguntándose de verdad qué veían en ella, las nuevas olas de artistas impresionistas y posimpresionistas pudieron empezar a correlacionar sus experiencias subjetivas personales con el mundo exterior, creando de paso algo totalmente original y nuevo. Las oportunidades cada vez más numerosas que le iban surgiendo a Henri en París para estudiar la obra de muchos de los primeros pintores impresionistas hicieron que tuviera mucho más presente la interacción entre nuestras observaciones del mundo y el papel activo que podemos desempeñar a la hora de asimilar nuestras propias concepciones: la visión nos muestra constantemente lo que tenemos a nuestro alrededor, y si no participamos en la construcción de lo que está presente, habrá otro que lo haga por nosotros.

Cuando Henri volvió a Estados Unidos, reinició su propia práctica artística con muchas ganas y estableció una rutina regular que consistía en pintar por las tardes y dibujar por las noches. Su entusiasmo era contagioso y pronto le ofrecieron puestos de profesor, primero en la Escuela de Diseño para Mujeres de Filadelfia, y luego, tras mudarse a la capital del arte, en la Escuela de Arte de Nueva York. Organizaba sesiones de puertas abiertas semanales en su estudio y pronto empezó a atraer a un nutrido grupo de artistas y estudiantes. Animaba a que los asistentes conversaran y criticaran mutuamente sus obras, y fue convirtiéndose en el centro de atención gracias a sus apasionadas opiniones sobre las ventajas de llevar una vida de artista. No cabe duda de que era un líder nato, y pronto se formó a su alrededor un grupo de pintores estadounidenses modernos —conocido colectivamente como The Eight, o Los Ocho— con el firme propósito de acercar el arte a las realidades de la vida cotidiana. En una acción contra la tradición académica estadounidense dominante que actuaba al servicio de las academias convencionales de Europa, organizaron una exposición conjunta de sus obras en las galerías Macbeth, en las que se mostraban imágenes sinceras y sin idealizar de los residentes de Nueva York en sus tabernas, bloques de pisos, salas de billar y barrios pobres, y la llevaron a otras ciudades repartidas por Estados Unidos. La exposición se convirtió en un centro de interés importante, primero en Nueva York y luego en otros lugares, y atraía constantemente a la prensa, que celebraba su radicalismo. En la actualidad todavía se considera que aquella exposición allanó el terreno para la aparición de una línea artística moderna e indiscutiblemente estadounidense.

Ahora que se estaba haciendo un nombre, Henri procedió a fundar su propia escuela. Sus clases causaban sensación, y por ellas pasaron un gran número de alumnos destacados, entre ellos Edward Hopper, quien desarrolló una capacidad de observación sumamente precisa de las distintas facetas desapegadas e inconexas de la vida moderna. Henri enseñaba a los artistas a trabajar la atención, a cultivar la capacidad de tomar nota de sus sensaciones personales y a encontrar un medio para expresarlas. Abogaba por el análisis detallado para formar impresiones profundas: al mantener los ojos bien abiertos, los alumnos aprendían a ver la influencia de una cosa sobre otra y a dar coherencia a la escena en su conjunto. Rechazaba los métodos y las técnicas más tradicionales en la enseñanza del arte y pedía a los alumnos que encontraran sus propios medios de expresión, y valoraba más la originalidad que las repeticiones mecánicas. Sobre todo, urgía a los alumnos a que se deshicieran de la sensación de ser un espectador externo que mira el arte desde fuera en lugar de «meterse dentro y empujar hacia fuera».

Henri observó la adopción generalizada de la fotografía y de las imágenes en movimiento con especial interés, al tiempo que reconocía que una fotografía o una película es un medio para tomar posesión de un momento, y nunca llega a ser una experiencia plena, personificada. Cada instantánea nos da la sensación de entender más el mundo de lo que en realidad lo entendemos; Henri vio esta falta de experiencia y trató de contrarrestarla con una práctica artística atenta. Se habría quedado boquiabierto ante el progreso de las innovaciones visuales tecnológicas desde entonces y de la omnipresencia de las imágenes digitales propiciada por los mundos ficticios e interactivos de las páginas web, los videojuegos y el metaverso que se están desplegando, y que eclipsan completamente las cualidades miméticas de las fotografías, de la televisión o del cine. Las tecnologías digitales de hoy, en constante evolución, capturan, dan forma y controlan nuestra atención en lugar de estimular nuestra capacidad de observación, lo cual genera un tapiz de distracciones que reducen la habilidad de prestar atención activamente al entorno físico.

Henri pedía a sus alumnos que crearan estudios detallados y atentos, pero también los incitaba a generar obras rápidas y variadas con las que capturar al instante un gesto o la esencia de un objeto. Le parecía que la estimulación que podía aportar este ejercicio solía bastar para introducir al alumno en periodos de trabajo apasionados y desarrollar sus propios medios de expresión. Una obra de arte es la suma de una multitud de momentos vividos, y desarrollar nuestra propia práctica artística nos abre la puerta a explorar la intensidad plena de la experiencia vivida. Adoptar un enfoque personal como el que defendía Henri puede ayudarnos a desarrollar la capacidad de atención y ampliar nuestros puntos de vista, pero ¿basta con eso en la cultura de consumo saturada de imágenes en la que vivimos hoy? ¿Qué lecciones importantes podemos extraer de Henri para liberar nuestras propias percepciones y suavizar la influencia que tienen las distracciones digitales sobre nuestra visión del mundo?

EL CONJUNTO DE LA MENTE EN UN SOLO PUNTO

Una antigua alumna de Henri, Margery Ryerson, recabó y compiló ya póstumamente las reflexiones filosóficas y los consejos prácticos de su profesor basándose en sus clases de arte, cartas, artículos y notas. Se pu-

EL ARTE

blicaron hace ya un siglo en forma del libro *The Art Spirit* [El espíritu del arte], el cual todavía sigue editándose. Partiendo de las opiniones vertidas por Henri a lo largo de toda su vida, el texto no sigue una secuencia lógica y no es ni por asomo un manual sistemático, sino que se alinea con la desconfianza que mostraba Henri por un código de reglas demasiado rígido. «Las opiniones —apuntaba— se presentan más como cuadros colgados en la pared, para ser miradas a voluntad y entendidas como esbozos aproximados de lo que realmente son». El libro fue un éxito instantáneo y cayó en manos de un gran número de artistas emergentes, uno de los cuales ha llegado a convertirse en uno de los autores creativos actuales más celebrados de Estados Unidos: David Lynch.

A lo largo de su carrera como director de cine, pintor, artista visual, músico y escritor, Lynch ha hablado en varias ocasiones de que el momento en que su mentor, Bushnell Keeler, le dio una copia de *The Art Spirit* marcó el inicio de su vida como artista. De joven solía hojear el libro, y la idea de que no tenía que seguir los dictámenes de ninguna escuela, método o norma creativa establecida lo alentaba; ciertamente, Lynch sigue sus instintos por encima de todo, los cuales se alimentan tanto de sus propios recuerdos o sueños como de influencias externas. Si existe un artista contemporáneo occidental que demuestre quizá mejor que ningún otro el poder del individuo para entender el mundo a su manera, ese es David Lynch. Sus películas, cuadros y otras creaciones artísticas en medios tanto físicos como digitales poseen una calidad tangible y una visión original: no hay nada que se les parezca, y la idea de que algo es «muy Lynch» ha venido a denotar todo aquello que relacione imágenes surrealistas y subjetivas con lo mundano y lo cotidiano.

Como Henri, Lynch también empezó su educación artística formal como pintor en la Academia de Bellas Artes de Pensilvania en Filadelfia. Fue allí donde tuvo una revelación que culminaría en la producción de algunas de sus películas más influyentes hasta la fecha, como *Cabeza borradora* (1977), *Blue Velvet* (1986) y *Mulholland Drive* (2001), así como la serie de televisión *Twin Peaks* (1990-1991; 2017). Lynch cuenta que en aquel momento las películas no le interesaban demasiado como medio. Un día, estaba trabajando en un cuadro de ciento veinte por ciento veinte centímetros; cuando se reclinó para mirar lo que había hecho, oyó una corriente de aire que hizo que se imaginara que el cuadro cobraba vida. Decidió hacer una película, pero no en el sentido convencional: desde el principio se propuso crear un «cuadro en movimiento». Con aquel primer corto ganó un concurso en su escuela y un premio de mil dólares que le permitieron comprarse una cámara. Se mudó a un espacio más grande a las afueras de Filadelfia para crear otras películas, y finalmente consiguió una plaza en el American Film Institute de Los Ángeles.

Aquella sensación de la «corriente de aire» —de una fuerza oculta e invisible que empuja las acciones de sus películas o pinturas— nunca ha dejado de estar presente en los proyectos creativos de Lynch. La carencia de un arco narrativo claro en *Twin Peaks*, por ejemplo, o el rechazo a los códigos pictóricos fijos en sus obras de arte dirigen la atención hacia otras fuerzas indistinguibles o irreprimibles. La obra de Lynch refleja su propio proceso creativo y las materias primas de la experiencia interna con las que ha trabajado para alcanzar nuevos pensamientos e intenciones. Esta corriente de aire, este esfuerzo personal de propósito creativo, está presente en todos sus proyectos y funciona como hilo conductor en el libro de Henri *The Art Spirit*. Este tipo de motor artístico único es lo que corremos el grave riesgo de perder, inmersos como estamos en el plano visual cada vez más prefabricado que absorbe nuestra vida cotidiana, por no hablar de las experiencias digitales en las que cada vez estamos más sumergidos.

* * *

En la década de 1850, el psicólogo experimental alemán Gustav Fechner, cuyos trabajos iniciales se centraron en el estudio de las imágenes residuales de la retina, hizo uno de los primeros intentos de establecer unas normas medibles para la atención sensorial. Los ojos de Fechner habían quedado tan dañados tras mirar al sol a través de unas gafas de color que tuvo que retirarse a una estancia pintada toda de negro. Fue precisamente durante esta pausa visual obligada cuando decidió buscar un método que permitiera examinar la relación entre la experiencia sensorial interna y los acontecimientos que tienen lugar en el mundo exterior. Fechner estableció unas medidas cuantificables de las sensaciones y las correlacionó directamente con la vista, el gusto, el tacto y el olfato humanos en una escala de diversas intensidades de exposición sensorial. Publicó una ecuación matemática, la ley de Fechner, la cual permitía cuantificar por primera vez la experiencia humana subjetiva y demostraba que las impresiones personales no siempre encajan con la realidad; es más, la atención humana cuenta con unos umbrales muy claros y definidos.

Wilhelm Wundt, el primero en distinguir la psicología como una rama propia y diferenciada de la ciencia, dio continuidad al trabajo de Fechner al establecer, en 1879, el primer laboratorio psicológico del mundo en la Universidad de Leipzig, el cual estaba equipado con un conjunto de instrumentos perfectamente calibrados para estudiar a sujetos humanos expuestos a toda una serie de estímulos generados de forma artificial. A medida que sus investigaciones avanzaban, Wundt identificó que nos apoyamos en la «atención selectiva» para generar una unidad de conciencia y percepción en la vida diaria. Para garantizar la claridad que necesitamos cuando invertimos nuestra atención en algo, muchos de los procesos sensoriales, motores y mentales de otras áreas quedan inhibidos. Lo más normal es que este proceso ocurra sin que podamos controlarlo. El descubrimiento de que la atención aumenta la intensidad de algunas sensaciones mientras que debilita o elimina las impresiones de otras fue enorme, y dio lugar a una sucesión de estudios sobre el tema en todo el mundo.

Cuando las películas llegaron a los cines, marcaron un punto de inflexión muy definido respecto de las formas históricas de entretenimiento popular. La mirada queda completamente inmóvil ante un flujo constante de imágenes en movimiento, y cuando vemos una película, el capítulo de una serie o un video de internet, perdemos gran parte del control de nuestras percepciones. Si apartamos la mirada, interrumpimos el proceso de visualización, y cuando miramos la pantalla, las escenas toman el control de nuestra atención (visión, oído, movimientos corporales y comprensión o recuerdo de lo que ocurrirá a continuación). A menos que hagamos un esfuerzo deliberado por criticar lo que vemos, nuestras reacciones raramente responden a motivaciones internas y no son en absoluto espontáneas, sino que están movidas por las imágenes que se nos presentan en la pantalla. Esta experiencia inmersiva puede resultar sumamente agradable y estimulante, ofrecernos visiones muy emocionantes y puntos de vista inesperados, pero nosotros no controlamos ni generamos nada.

Charles Féré y Alfred Binet, coetáneos franceses de Wundt, también exploraron las dinámicas que entran en juego al prestar este tipo de atención, y observaron que se trataba de «la concentración plena del conjunto de la mente en un solo punto, que da lugar a la intensificación de la percepción de dicho punto y la producción de anestesia alrededor de él». Las pruebas que se llevaron a cabo con sujetos humanos a finales del siglo XIX giraron en torno al desarrollo de formas nuevas y más sistemáticas de gestionar la atención, y se hizo patente que, cuanto más decididas, habituales o repetitivas fueran nuestras respuestas perceptivas, gozábamos de menos autonomía y libertad personal. Cuando algo capta nuestra atención, nos la arrebata verdaderamente, y no solo perdemos la oportunidad de utilizarla de otras formas y a nuestra voluntad, sino que también impide que seamos conscientes de lo que sucede a nuestro alrededor.

Hoy recibimos imágenes en movimiento a través de los dispositivos que usamos, además de imágenes generadas por computadora y elementos visuales en las páginas web que visitamos. Toda página web o aplicación está compuesta de una compleja interacción de estímulos visuales —el código subyacente ejecuta unas cantidades infinitas de operaciones secuenciales para mostrar fondos, *banners*, botones y herramientas—, y el intrincado conjunto de píxeles que ilumina la pantalla cambia de forma imperceptible en tiempo real. Las fotos y los videos se empalman unas con otros en los sofisticados entornos visuales que nos ofrecen los dispositivos en unos volúmenes que jamás antes hemos consumido, y a unos niveles que pueden hacer que nos sintamos saturados. Lo que vemos es el resultado final, cuidado y diseñado, pero casi siempre ignoramos por completo las mecánicas visuales que hacen que esas experiencias digitales sean siquiera posibles. La tecnología digital nos ha adoctrinado en toda una serie de códigos y gramáticas visuales nuevos que alteran la percepción de qué vale la pena mirar, y ha cambiado nuestra forma de relacionarnos con el mundo. Para seguir el ritmo a estos mundos visuales tan rápidos y complejos que se generan en nuestras pantallas, los dispositivos digitales necesitan ponernos en un estado en el que estemos prácticamente absortos por ellos.

Entre nuestra vida digital de hoy y la inmersión que se genera en un cine o al ver el capítulo de una serie de televisión existen grandes semejanzas, pero también hay una diferencia tan concreta como importante. El flujo constante de contenido digital que consumimos en internet se amalgama para generar una experiencia completa; de un modo similar a como la secuencia de fotografías de una película se fusiona para generar la sensación de movimiento, el surtido de imágenes digitales que vemos a diario se va acumulando para crear una realidad personal totalmente nueva. Mientras que ver una película o un programa de televisión suele ser una vía de escape o un tiempo de relajación, el tiempo que hoy pasamos utilizando los dispositivos digitales llevando a cabo todo tipo de actividades está absorbiendo cada vez más el tiempo que pasamos despiertos, y especialmente nuestros momentos más productivos, y no representa tanto un descanso como una actividad definitoria de lo que es vivir hoy en día.

Cada vez que hacemos espacio a las operaciones informáticas en el seno de nuestras vidas, estamos exponiendo nuestra autonomía y nuestra creatividad a un riesgo muy real y grave. El estudio cuantitativo de la atención humana emprendido por Fechner y Wundt todavía sigue llevándose a cabo, solo que de una forma más rigurosa, por parte de empresas de tecnología y medios digitales. En la mayoría de las páginas web y aplicaciones se utilizan los datos analíticos para hacer un seguimiento y medir el comportamiento de los usuarios, e incluso los cambios más mínimos en el diseño suelen implementarse a través de varias rondas de pruebas de URL divididas y pruebas multivariantes. Al consolidar grandes cantidades de resultados obtenidos de todo el conjunto de visitantes de la página, las empresas pueden acceder a conjuntos de datos de relevancia estadística que luego utilizan para elaborar predicciones sólidas sobre las reacciones más probables ante el funcionamiento de la página. Se cambian colores y se mueven botones, o se cambian las opciones del menú de formas que se ha demostrado que determinan el proceso de decisión de las personas. Los botones de «llamada a la acción» suelen ser los más destacados, con sus colores llamativos pensados para animarnos con sus «date de alta» o «comprar ahora». Las páginas de comercio electrónico a menudo utilizan técnicas de *fear of missing out* (FOMO, o miedo a perderse algo) al añadir cuentas atrás o anunciar que quedan pocas existencias para generar la sensación de urgencia. Si el número de visitantes que accede a una página no es el suficiente como para ofrecer resultados estadísticamente relevantes, las empresas suelen organizar sesiones en las que se observa a un grupo de usuarios mientras utilizan la página o aplicación, y basan sus decisiones de diseño en sus observaciones. Por mucho que creamos que estamos tomando nuestras propias decisiones en el mundo digital, lo cierto es que suele haber otras manos moviendo los hilos tras la pantalla. Si permitimos que este flujo de estímulos digitales nos induzca constantemente a actuar por reflejo y no nos damos ni el tiempo ni el espacio que necesitamos para asimilar nuestras propias percepciones, nos arriesgamos a perder nuestra experiencia cotidiana por el camino, alejándonos de la curiosidad y la independencia de pensamiento y cayendo en una forma de vivir más condicionada y automática.

* * *

Cuando se estrenó *Twin Peaks*, la serie de televisión de misterio cocreada por David Lynch y el escritor Mark Frost, en el año 1990, enseguida se granjeó una base de seguidores fieles y se ganó el aplauso de la crítica, y con el tiempo se convirtió en todo un hito de la televisión. Cuenta la historia de un pueblo ficticio del mismo nombre, ubicado en la esquina noroeste del estado de Washington, y del asesinato de Laura Palmer, una adolescente muy popular entre sus habitantes. La mayoría de las series de televisión de la época se rodaban en platós, siguiendo las convenciones de los estudios de sonido; en cambio, *Twin Peaks*, localizada en el noroeste pacífico en el que había crecido el propio Lynch, ofrecía un sentido del lugar muy potente y original. Lynch dirigió la serie de forma que los acontecimientos se muestran casi en tiempo real, enmarcándolos entre los tupidos abetos de los bosques colindantes, la niebla que se levantaba de los arroyos a primera hora de la mañana y otros recuerdos de su infancia que tenía muy presentes. A lo largo de los episodios se van repitiendo ciertos

EL ARTE 195

motivos concretos, como las corrientes de aire que atraviesan las imágenes de árboles salvajes e indistinguibles, y la cámara a menudo flota, inquietante, en el mismo cruce de la carretera que atraviesa el pueblo, donde los semáforos, que cuelgan de varios cables, se balancean en la brisa. Como siempre, la presencia creativa de Lynch se percibe tras todo lo que aparece en la pantalla.

El filósofo francés Henri Bergson publicó su influyente libro *Materia y memoria* en el momento justo en que el siglo XIX tocaba a su fin, cuando la fotografía y el cine ya estaban establecidos, y las conclusiones que se extraen de él son muy sorprendentes. Bergson insiste en que poseemos la capacidad de hacer nuestras todas las percepciones que tenemos, por muy transitorias que sean, gracias a la asimilación activa de nuestra reacción ante ellas. Plantea que nuestra atención funciona en dos direcciones opuestas: hacia fuera, como respuesta directa a las sensaciones y acontecimientos externos, y hacia dentro, como respuesta y en comparación con las experiencias pasadas. Bergson describe el punto en que estas dos corrientes tan distintas de energía personal y mental confluyen como una *zona de la indeterminación*, y es ahí precisamente donde se encuentran Lynch y otros artistas de éxito al dar vida a sus obras más creativas.

Para desarrollar y mejorar nuestras vidas, por ejemplo, o para ser más ingeniosos o tener una idea más profunda de lo que queremos hacer con nuestro tiempo, estamos obligados a lidiar con puntos de resistencia y oposición. Si reflexionamos de forma activa sobre las posibles soluciones y luego ponemos en marcha los planes de acción que hemos seleccionado, obtenemos conocimientos nuevos. Cuando nos entregamos a este tipo de interacción directa con el mundo, en la que alternamos periodos de actividad enérgica y de respuesta contemplativa para hallar distintos caminos y avanzar, el arte y el trabajo creativo de cualquier tipo pueden llegar a surgir. Las obras resultantes —independientemente del medio que las genere— son testigos del trabajo realizado, pero su auténtico valor reside en el propio proceso de creación. Para Henri y Lynch, el arte, sea cual sea la forma que adopte, representa una vitalidad animada por la experiencia, una conexión entre nuestro yo interno y la realidad práctica y externa, un modo de mantenerse activo y alerta en relación con el mundo.

La vida resultaría mucho más insulsa si no contáramos con las obras creativas de gran calidad que no dejan de salir del sector del cine y de la televisión; la tecnología digital también puede llenarnos la vida de perspectivas y provocaciones nuevas y fascinantes. Pero lo cierto es que gran parte de nuestras vidas digitales están predefinidas, y también debemos crear nuestras propias formas de ser para desentrañar lo que encontramos en el mundo y redefinirlo de una forma que tenga más sentido para nosotros, personalmente.

Los creativos de la talla de David Lynch, ya sean directores de cine, programadores o emprendedores digitales, entienden el poder transformador de la forma final de sus creaciones, pero si nos dejamos llevar demasiado por el resultado final, podemos perder nuestra propia potencia creativa. Si consumimos demasiado contenido y experiencias que otros han creado para nosotros y poco a poco vamos dejando de construir nuestros propios mundos, la vida puede convertirse en una mera sucesión de breves momentos de excitación que nos pase por encima, carente de significado profundo o personal alguno, un fenómeno que muchos estarán de acuerdo en que encarna a la perfección la mayoría de las interacciones digitales que tenemos hoy en día.

Pero las lecciones que nos dejan Henri y Lynch, así como una extensa lista de otras figuras creativas del pasado y del presente, también nos ofrecen unas técnicas claras y de eficacia demostrada que podemos poner en práctica para elevar nuestras propias percepciones y, en última instancia, agudizar nuestra percepción en el día a día. Además, se trata de técnicas que podremos aplicar tanto en nuestra vida digital como en nuestra relación con la naturaleza y el mundo físico. Todos tenemos el poder de desarrollar nuestras habilidades creativas para moldear nuestras experiencias personales adoptando un papel más activo y, al hacerlo, vivir unas vidas más agradables y plenas.

CREA TU PROPIA VISIÓN

En 2021, el Museo Metropolitano de Arte de Nueva York celebró una retrospectiva de la pintora Alice Neel (1900-1984). Neel había estudiado

EL ARTE   197

en la Escuela de Diseño para Mujeres de Filadelfia, donde Henri había enseñado durante una temporada, dejando una profunda huella. Durante toda su carrera como artista, luchó por abrirse camino, si bien fue desconocida hasta que llegó a una edad avanzada. Neel tuvo muy presente la noción de Henri de la experiencia humana como elemento principal en sus obras creativas. «Tal como yo lo veo, lo primero son las personas», le dijo a un periodista en 1950. «He tratado de dejar constancia de la dignidad y de la importancia eterna del ser humano». Los exquisitos retratos de Neel de personas reales, los cuales reafirman la agencia y la autonomía de los sujetos en un escenario tecnológico y consumista, son quizá la articulación más clara de la filosofía de Henri. La técnica pictórica de Neel fue evolucionando hacia el dibujo: aprendió a prestar la mayor de las atenciones a sus sujetos y a dejar deliberadamente más rastros de su proceso creativo en el lienzo. Este proceso puede ayudarnos a aprender a controlar la atención para que empecemos a crear una visión de la experiencia absolutamente personal.

Vuelve a dibujar

Alice Neel fue una gran conversadora y relatora, pero cuando pintaba dejaba de hablar. Como más información extraía de los sujetos no era a partir de lo que le contaban, sino a través de sus movimientos corporales, de los gestos y las miradas sutiles, casi imperceptibles, que hacían mientras posaban y trataban en vano de mantenerse inmóviles. Iba descubriendo a la persona poco a poco, trazo a trazo, y cada línea que dejaba en el lienzo representaba lo que había visto y, con la siguiente, comprobaba su precisión. Su forma de trabajar ganaba en intensidad a medida que iban pasando las horas, y confesó que a veces se sentía profundamente agotada al terminar un retrato, pero con este proceso alcanzaba una forma mucho más inquisitiva y reveladora de cuestionar lo que veía.

Los retratos de Neel rezuman una sensación de personalidad e individualidad muy potente, y hay una razón muy concreta que hace que así sea. Mientras que una foto registra un momento en un instante, los trazos del pincel y los toques de color en el lienzo muestran la experiencia directa de Neel de una observación detallada a lo largo de un periodo prolongado, al tiempo que plasman una gran cantidad de momentos de suma concentración. Cualquier porción del lienzo es el resultado de la interrogación activa con la que Neel pretende hallar una característica concreta que resuma al sujeto, sobre la base de recibir información y medirla cuidadosamente en el proceso de ir plasmándola. Neel no oculta sus métodos de trabajo y deja claras evidencias de sus valoraciones a través de sus trazos. Su forma de prestar atención activa a la persona que tiene delante de sí consiste simplemente en plasmar lo que ve.

Tú también tienes acceso a esta habilidad, sea cual sea tu nivel de formación artística. Dibujar es la forma más potente e intuitiva de ver algo de verdad; a través de la delicada negociación entre la mano, el ojo y la mente, nuestras experiencias alcanzan una intensidad que puede hacer que nos sintamos sorprendentemente vivos.

La predilección que hoy mostramos la mayoría por la fotografía surge de la necesidad natural de explorar y registrar el mundo con más detalle. Pero dibujar nos ofrece una experiencia mucho más profunda: así como la fotografía detiene el tiempo, el acto de dibujar fluye en él y nos acerca mucho más al objeto de nuestro interés. La mayoría abandonamos la práctica artística antes de convertirnos en adultos, de forma que cuando volvemos a tomar papel y lápiz, tenemos que hacer cierto esfuerzo para entrenar los ojos para que se fijen y la mano para que registre más fielmente lo que vemos. Sin embargo, los beneficios de dibujar aparecen enseguida, y tampoco tienes por qué invertir demasiado tiempo, especialmente al principio. Con dedicar cinco o diez minutos al día es más que suficiente: mientras trates de reservarte ese ratito a diario, verás cómo tus habilidades mejoran rápidamente.

Según el consejo de Henri, la mejor forma de aprender a dibujar es, sencillamente, ponerse manos a la obra. Animaba a dibujar en vivo para desarrollar la capacidad de observación. Siempre es buena idea empezar con objetos de la vida cotidiana que presentan formas sencillas y reconocibles, pero es importante mantenerse motivado y entregado, así que da prioridad a lo que te llame la atención. Henri escogía objetos con texturas o estampados diferentes, como los tejidos, la madera o el metal, y siempre que podía salía al exterior para observar todo el catálogo de texturas, formas y estructuras presentes en la naturaleza. Retaba a sus alumnos con temas cada vez más complejos para que mejoraran sus habilidades de dibujo, y tú puedes hacer lo mismo conforme avances.

También puedes optar por varias técnicas de dibujo libre para acelerar tu progreso. Una de las que más le gustaba a Henri consistía en registrar enérgicamente lo que se ve en un periodo corto de tiempo. Al garabatear y superponer las líneas, puedes hacer que el objeto adquiera una forma aproximada e ir ganando una perspectiva más clara de la escena en su conjunto poco a poco. Por otro lado, también animaba a sus alumnos a que trabajaran lo más lentamente posible, con calma y de forma metódica, a lo largo de sesiones más extensas, para centrarse en los detalles más pequeños. Consideraba que cuando se van añadiendo los rasgos gradualmente en una imagen más grande, la emoción y la sensación de éxito personal que surgen suelen bastar para motivarte a practicar de forma más habitual.

A medida que vayas volviéndote más habilidoso, empezarás a observar que los trazos que vayas plasmando con los ojos puestos en el papel se generan a partir de la memoria, dentro de ese juego entre la mente y la mano. Uno de los métodos de enseñanza favoritos de Henri consistía en introducir a un modelo en la clase durante un periodo breve de tiempo para que los alumnos se concentraran en hacer estudios en forma de bocetos. Entonces, cuando el modelo salía de la sala, pedía a los alumnos que pintaran el retrato de memoria. Para mejorar la capacidad de formar tus propias impresiones y de recordarlas más adelante, puedes hacer el mismo ejercicio sentándote de espaldas al objeto que estás dibujando: echar un vistazo te resultará más incómodo, así que, cada vez que lo hagas, asimilarás más información y enseguida aprenderás a mejorar tus habilidades de observación.

Uno de los artistas a los que más admiraba Henri era Cézanne, sobre todo por la intensa atención que dedicaba a los temas de sus cuadros, y tú también puedes emplear este método para acercarte más al objeto que elijas. Cézanne trataba de permanecer dentro de su propia atención tanto como le era posible, en busca de una visión auténtica que penetraran hasta la esencia misma de los objetos que se esconde tras el orden que nos imponen la forma habitual que tenemos de comprender y los patrones de observación del mundo que nos rodea. Al estudiar una escena con un grado de concentración elevado y con una intensidad sin precedentes, se dio cuenta de que tenía que seguir mirándola hasta que tuviera lugar la descomposición de la percepción: cuando se daba cuenta de que el objeto iba perdiendo toda forma distinguible y se iba desintegrando, mejor entendía la verdadera relación entre sus elementos. Describía su obra con orgullo como una «grabadora» o una «placa fotosensible», pero resultó que lo que más terminaría capturando era su experiencia interna como respuesta directa al mundo exterior.

Con su forma de trabajar, Cézanne ponía en práctica la observación consciente, y tú también puedes hacerlo. Concédete el tiempo de bajar el ritmo todo lo posible mientras dibujes, y observa el objeto que quieres representar con más curiosidad que de costumbre. Obsérvalo desde varios ángulos, fíjate en sus características únicas y busca formas nuevas e interesantes de plasmarlo. Cuanto más hagas este ejercicio, más patente te resultará cuánto te pasa por alto cuando miras de forma normal. A medida que practiques, se te irá dando mejor fijarte en los detalles y acercarte al funcionamiento de los objetos y de tu entorno, lo que podrá resultarte ventajoso en muchos otros aspectos de la vida.

Sobre todo, es importante que confíes en tu experiencia interna y que trates de transmitir tu forma única de ver un objeto, una persona o una escena, en lugar de limitarte a reproducir lo que tienes delante.

Cómo pasar a la acción

- Prueba con una sesión de boceto rápido: reserva cinco minutos y trata de dibujar todo lo que veas delante de ti.
- Dibuja una escena metódicamente: dedica una hora a trasladar tu atención poco a poco de un rasgo a otro de una escena o de un sujeto, y plasma diligentemente tantos detalles como puedas.

EL ARTE 201

- Dibuja de memoria: siéntate de espaldas a lo que estés dibujando. Voltea solo de vez en cuando para mirarlo, y déjate guiar todo lo que puedas por la memoria.
- Practica a diario: comprométete a dibujar lo que ves durante cinco minutos al día durante un mes y fíjate en cómo mejoran tus habilidades técnicas y tu creatividad.

Asume el control de tus experiencias digitales

Cambia el foco de atención

Hay otros elementos que puedes extraer del proceso de dibujar cuando te encuentres ante la pantalla. Para reducir el efecto de los elementos que aparecen en la pantalla y que fueron diseñados específicamente para robar tu atención, trata de tener presente el proceso, paso por paso, que sigue un artista como Alice Neel para observar algo con más detalle. Especialmente cuando visites una página web o pruebes una aplicación por primera vez, date tiempo para parar y, siguiendo un proceso de cambio de tu centro de atención de pequeña magnitud, ve moviendo tu mirada poco a poco por la página o pantalla de inicio; o, si tienes pensado pasar un tiempo considerable utilizando dicha aplicación o página, familiarízate con su estructura. Mientras lo hagas, trata de mantener una mirada analítica: ve pasando de centrarte en un elemento a otro de forma deliberada, y trata de conectar todos los elementos clave que veas. Pregúntate por qué los botones y las opciones del menú están en el lugar donde se encuentran e intenta identificar el papel que se le ha asignado a cada parte de la página para capturar tu atención.

Cómo pasar a la acción

- Ralentiza la atención: la próxima vez que utilices una página web o una aplicación, mueve tu atención lentamente por toda la página para hacerte una idea de la relación que guardan entre sí los distintos botones, las opciones del menú y los elementos que quieren llamar tu atención.

- Sé analítico: escoge una página o una aplicación que utilices habitualmente y date el tiempo necesario para determinar las motivaciones que se esconden tras los elementos principales del diseño.
- Fíjate en cuándo algo te roba la atención en internet: desanda tu recorrido para descubrir qué es lo que te ha distraído en un primer momento.

Si estableces el hábito de criticar lo que ves en la pantalla —y de tratar de desentrañar cómo las experiencias digitales controlan tu atención—, podrás entender mejor los distintos modos de automatizar tus vivencias en los que resulta tan fácil caer cuando estamos en internet. Hacerlo te ayudará a resistirte a las distracciones y mantenerte más consciente y concentrado.

Crea tu propia vida digital

Existe una diferencia muy marcada entre cómo funciona la atención cuando eres tú quien crea tus propias experiencias en internet y cuando te limitas a consumir lo que te encuentras. Cuando empiezas a hacer aportaciones creativas a tus actividades en internet, como haría un artista, retomas el control del proceso, ya que cribas el contenido que te encuentras y lo transformas en algo personal. Ya sea escribir un artículo en un blog, crear una lista de reproducción o programar la próxima versión de una página web, la serie de acciones generativas que desempeñas cuando creas algo en internet tiene un carácter totalmente distinto de lo que supone limitarse a seguir las instrucciones que aparecen en pantalla.

Cómo pasar a la acción

- Vigila tu pasividad: durante una semana, presta atención a los hábitos que puedas haber desarrollado mientras utilizas internet, o a las páginas o apli-

EL ARTE 203

> caciones que empleas y en las que solo consumes y jamás creas. Reflexiona sobre si te conviene seguir usándolas.
>
> - Sé más creativo en el mundo digital: dedica cierto tiempo a pensar en qué es lo que más te gusta hacer en internet y plantéate si puedes lograr que esos tiempos sean más creativos.
> - Prepárate para parar: cuando veas que la tecnología digital está dirigiendo tus pensamientos durante un tiempo prolongado, deja de usarla.

Dedicar tus tiempos a dejarte llevar por internet no dista demasiado de hacer *zapping* en la tele, y vale la pena observar cuánto tiempo te quita. Presta atención a esos momentos en los que no hagas otra cosa que seleccionar una u otra opción en lugar de realizar búsquedas nuevas, y párate a pensar si podrías utilizar tu tiempo de alguna forma más productiva. La tecnología digital nos ofrece tantas oportunidades de ser creativos como de perder el tiempo distrayéndonos, así que fíjate en lo que más te gusta hacer en internet y piensa en si hay alguna forma de desempeñar un papel más activo y creativo en el proceso; si no es así, quizá no te merezca la pena. Cuanto más tiempo dediques simplemente a consumir, menos oportunidades tendrás de entender mejor tu propia existencia y tus deseos personales. Gran parte del contenido que aparece en internet, ya sea en la publicidad, en tus búsquedas o en las redes sociales, nos ofrece la promesa de transformarnos, pero lo cierto es que, en ese momento, las experiencias de la vida real quedan irremediablemente al margen.

Trata de ver el celular, la tableta o la computadora como una mera herramienta, como un catálogo de aplicaciones sumamente potentes que tienes a tu disposición para crear algo nuevo. En otras palabras: ¿qué puede hacer esta o aquella aplicación por ti? No permitas que la tecnología tome decisiones en tu nombre: crea espacios personales y desconéctate cuando veas que tus experiencias digitales te son dadas, en lugar de ser tú quien las crea. Es mucho más fácil decirlo que hacerlo, y las grandes empresas tecnológicas saben perfectamente cómo mantener tu atención, pero ser consciente de ello y resistirte a los efectos que las operaciones digitales tienen en tu pensamiento puede ayudarte a recuperar un espacio

Retoma tus experiencias creativas

En una reseña firmada por Robert Henri, habla de que un artista que pinta es «como un hombre que sube una montaña cantando», y esta inolvidable frase resume su postura sobre la plenitud de la vida, la cual insiste en que es posible alcanzar cuando estableces tu propio camino para crear. Cuando te concentras en un proyecto creativo, forjas tu propia experiencia completa y pones a trabajar los sentidos. Las acciones que emprendes adquieren una sensación de novedad, como también lo adquieren la variedad y la profundidad del conocimiento que consigues invocar, y te abres a nuevas dimensiones de emoción y sentimiento humanos. Para Henri, vivir treinta minutos con este tipo de intensidad merecía más la pena que vivir una semana entera por debajo de este umbral.

Los artistas suelen seguir trabajando hasta el fin de sus días (en el momento de escribir estas líneas, David Lynch está cerca de cumplir ochenta años y es tan prolífico como siempre), y existe una razón de peso para ello. La práctica artística proporciona, más que cualquier otra cosa, un ritmo vigoroso de experiencias vitales llenas de variedad y complejidad, y permite desplegar completamente las capacidades personales. Gracias al trabajo continuo y ausente de rutina, y a las disputas positivas con el mundo exterior que el trabajo creativo nos exige, las actitudes y los puntos de vista personales se desarrollan progresivamente.

Remóntate a la última vez que pintaste, dibujaste o hiciste alguna manualidad. Puede que hayan pasado décadas. Trata de recordar la textura del papel, el olor de la pintura o del pegamento, la sensación del carboncillo entre los dedos, e instálate en los sentimientos que te provocaba. ¿Qué otras cosas te hacen sentir lo mismo en la actualidad? Piensa en tu vida laboral o en tus proyectos de la escuela o de la universidad, e identifica los momentos en los que de verdad sientes que fuiste tú mismo. Henri no hacía distinciones entre los distintos tipos de creatividad, y tú tampoco deberías hacerlo: piensa en el trabajo creativo digital así como en los objetos físicos que puedas haber hecho con tus propias manos. ¿De cuál de tus creaciones te sientes más orgulloso? ¿Qué trabajo te aportó la mayor sensación de satisfacción personal que recuerdes? Por último, ¿hay algo especial que te gustaría crear y legar a tus seres queridos cuando ya no estés?

Cómo pasar a la acción

- Recuerda tus experiencias vitales más intensas: reserva un tiempo tranquilo para sentarte con un papel y una pluma y piensa seriamente sobre los momentos de tu pasado que te han resultado más gratificantes.
- Vuelve a sumergirte en un momento creativo: reflexiona sobre una de tus experiencias creativas favoritas y piensa si actualmente tienes la oportunidad de sentirte como entonces. De no ser así, piensa de qué manera podrías volver a experimentarlo.
- Encuentra un catalizador: busca proyectos nuevos y creativos a los que entregarte.

Cualquier ejercicio verdaderamente creativo parte del propio impulso, pero ese primer cosquilleo que trae consigo la inspiración suele ser breve; es al refinar los pensamientos a través de una exploración más profunda cuando el propósito o plan empieza a tomar forma. No te preocupes si en estos momentos no tienes un proyecto creativo en marcha. Mantente alerta a cualquier idea nueva que pueda surgir, y cuando lo haga, date tiempo para respirar y explórala más a fondo tomando notas o realizando bocetos. Concede a tus proyectos creativos el tiempo que necesitan para madurar y ponte manos a la obra en cuanto te sientas preparado. A menudo, la forma y el propósito de un proyecto creativo no se materializan del todo hasta que empiezas a trabajar en él.

CAPÍTULO
8

La artesanía

EL SPACE TRAVELLER

El reloj de bolsillo Space Traveller de George Daniels es uno de los objetos hechos a mano más impresionantes jamás vistos. Está inspirado en las misiones Apolo dirigidas por la NASA y muestra tanto la hora solar de veinticuatro horas convencional como la hora sideral, la cual se mide a partir de la rotación de la Tierra en relación con las estrellas. Lo contiene una delgada carcasa de oro y los discos mecanizados fueron grabados minuciosamente a mano; en la esfera aparecen un calendario, la fase lunar y la equiparación de la hora. La pieza está automecanizada gracias a un movimiento sofisticado que viene acompañado de una de las innovaciones horológicas más importantes de los últimos siglos: la rueda de escape coaxial, un mecanismo que Daniels concibió tras despertarse de un sueño en 1974.

El Space Traveller fue uno de los primeros relojes mecánicos en ser construidos de principio a fin por una única persona en más de cuatrocientos años (en el mismo periodo solo se habían hecho seis, todos por el propio Daniels, quien construyó veintitrés relojes de bolsillo a lo largo de su vida). Desde el siglo XVII, los relojes habían sido producidos por comunidades de artesanos que se repartían en un amplio abanico de treinta y cuatro oficios: las cajas de los relojes, por ejemplo, eran obra de cuatro especialistas. Llegado el siglo XX, la industrialización hizo que la mayoría de estos oficios resultaran innecesarios, y los relojeros fueron quedando relegados a tareas rutinarias como la calibración, la reparación y la puesta a punto de los relojes. Sin ayuda de nadie, Daniels restableció la importancia del relojero individual y del reloj hecho a mano. Aprendió a elaborar cada pieza por sí mismo, desde la caja hasta los diales y las manecillas, pasando por los tornillos, las joyas y las ruedas.

Dominar treinta y cuatro oficios diferentes fue una tarea compleja y sobrecogedora. Cuando terminó su primer reloj hecho a mano en 1969, tras tres mil horas de trabajo, Daniels no contaba con ningún tipo de formación reglada, ya que, en la década de 1960, las instituciones que ofrecían cursos sobre estos ámbitos y a un nivel tan avanzado ya habían cerrado sus puertas. Tampoco utilizó ningún tipo de maquinaria informatizada. Se sirvió únicamente de sus conocimientos prácticos y del empleo de herramientas tradicionales para garantizar la calidad y el ajuste perfecto de cada pieza, y el acabado sencillo y natural que alcanzó es digno de admiración. En este reloj, las piezas diminutas y engranadas se mueven juntas, y unas activan a otras en una sucesión de acciones. En la forma en que las funciones concretas de las ruedas, los engranajes y las tuercas se fusionan en una sola se aprecia un orden fijo y preciso. Ver cómo estos relojes cobran vida resulta fascinante.

No es casualidad que George Daniels iniciara su carrera como reparador de relojes. Era responsable de arreglar lo que entrara en su tienda, de forma que pasó sus primeros tiempos rodeado de pilas de relojes y piezas gastadas o dañadas. La tarea de repararlos lo obligaba a fijarse en los detalles y a repasar todo un conjunto de causas que podrían estar provocando los problemas con los que se enfrentaba, y aprendió a reconocer las propiedades distintivas de las partes de los relojes y de los materiales con los que trabajaba. Con el tiempo dio un paso hacia delante, abrió su propio negocio y aceptó encargos más complejos de reparación de piezas antiguas. Fue entonces cuando adquirió el hábito que ya no lo abandonaría de llevar un registro de su tarea horológica: llenaba su cuaderno de dibujos y comentarios, y fotografiaba todos los componentes. Tuvo también la oportunidad de trabajar con relojes célebres de cientos de años de antigüedad.

LA ARTESANÍA

La artesanía lleva tiempo. La experiencia que se transmite de generación en generación permite que los niveles de sofisticación vayan aumentando a medida que la cultura evoluciona. En el pasado, trabajar como aprendiz o pertenecer a gremios permitía acceder al conocimiento que se había acumulado dentro de un oficio. Existía un espíritu de emulación y rivalidad sano pero intenso, y no solo entre miembros de la misma generación, sino también con sus predecesores: los artesanos consideraban que su desarrollo personal formaba parte de un capítulo de una línea histórica larga e ininterrumpida. Daniels no pudo ejercer de aprendiz, así que aprendió estudiando los relojes con los que trabajaba, y poco a poco empezó a entender las innovaciones que se habían ido implementando en el reloj mecánico a lo largo de los siglos, un arco de mejoras que se debían a un puñado de maestros destacados, entre ellos Abraham-Louis Breguet, el más aclamado y admirado de los relojeros.

Breguet había reunido a un equipo de cien hombres a mediados del siglo XVIII para que interpretaran y fabricaran los diseños de sus relojes. Una de sus primeras innovaciones fue el reloj que se daba cuerda a sí mismo automáticamente en el bolsillo de su portador gracias a su movimiento al caminar. Con el tiempo, aquello condujo al diseño del reloj más famoso de la historia, el María Antonieta, fabricado para la reina de Francia, y que, tras la muerte de Breguet, terminó su hijo en 1827. Se considera uno de los relojes de bolsillo más complejos del mundo: presenta un calendario perpetuo y un termómetro, y el movimiento de cuerda automática contiene ochocientas veintitrés piezas y componentes. George Daniels fue una de las últimas personas en varias décadas en inspeccionarlo y sostenerlo entre sus manos antes de que desapareciera en un famoso robo mientras estaba expuesto en Jerusalén en 1983, aunque en 2006 reapareció en una caja de objetos robados. Hoy está valorado en más de 50 millones de dólares.

Daniels se obsesionó con Breguet y, al descubrir que no se había llevado a cabo ningún estudio como tal de su obra, decidió asumir el proyecto. El propietario de la marca Breguet en París permitió que Daniels accediera a sus archivos, en los que se encontraban libros del siglo XVIII donde se detallaban intrincadas instrucciones de fabricación. Daniels llevó a cabo la minuciosa tarea de analizar y catalogar los relojes de Breguet, lo que le proporcionó unos conocimientos únicos sobre un proceso de fabricación de siglos de antigüedad.

Estudiar a Breguet le llevó quince años y culminó en la publicación de su libro *The Art of Breguet* [El arte de Breguet]. Para entonces, los relojes de Breguet eran tan valiosos que, al temer por su seguridad, sus coleccionistas se escudaron en el anonimato. Daniels fue la última persona en poder acercarse y estudiar cada pieza, maravillándose ante la elegancia artesanal del trabajo de Breguet. En su libro sobre el relojero incluyó ciento nueve dibujos, y cada uno investiga e interpreta engranajes e innovaciones muy complejas. Lo impresionó especialmente que Breguet concibiera principios mecánicos nuevos para la construcción de los relojes, muchos de los cuales siguen usándose hoy en día. Breguet elevó el oficio de relojero a una forma de arte que era la verdadera antítesis de una línea de producción de piezas uniformes.

* * *

Cuando Daniels empezó a trabajar en su primer reloj en 1968, le faltaba la orientación práctica de un instructor. Históricamente, los oficios artesanales han sobrevivido gracias a tradiciones locales muy cercanas porque dependen del contacto personal y del aprendizaje a partir del ejemplo, ya que el conocimiento práctico puede resultar muy difícil de expresar en palabras. Daniels tuvo que aprender por sí mismo el complicado repertorio de los procedimientos de la relojería, todos esos miles de manipulaciones minúsculas que, sumadas, se convierten en oficio. Su estudio detallado de las técnicas de Breguet fue lo más parecido a la guía de un profesional en activo que iba a encontrar en la década de 1960. El resto tuvo que llegar de la mano de la experiencia física de llevar a cabo las tareas repetidamente, pasando de los primeros intentos a trompicones a un conocimiento rápido y fluido.

Tuvo que enfrentarse a una infinidad de obstáculos. Los componentes tenían que fabricarse con gran precisión a partir de metales y otros materiales, y a menudo requerían varias operaciones. Los relojes mecánicos están hechos de piezas increíblemente pequeñas, e incluso un cambio diminuto en las dimensiones o los ángulos puede tener un efecto de gran magnitud en el funcionamiento del reloj en su conjunto. Si detectaba un problema, Daniels volvía a fabricar el componente en cuestión y estudiaba sutilmente los atributos necesarios para encontrar una solución más elegante. Debía pensar con los dedos, tomar y jugar con las piezas para dominar cada técnica, afinando su control motriz. Era una inteligencia física que fue creciendo con el tiempo. Ser autodidacta empezó a abrirle nuevas oportunidades.

Los relojes de Daniels eran el producto de una manipulación habilidosa de herramientas cotidianas: un torno de relojero algo rudimentario, tenazas, cortaalambres, destornilladores, martillos y sierras. Con el tiempo fue invirtiendo en maquinaria más sofisticada y el equipo necesario para tomar medidas con precisión, pero todo era manual. Daniels solía empezar los trabajos más complicados haciendo un dibujo a una escala que aumentaba el tamaño real del objeto hasta cincuenta veces. Recortaba los bocetos de cada pieza con las tijeras, las fijaba a la mesa de dibujo con una tachuela y las movía lentamente para predecir cómo funcionarían al unísono. Para arreglar algo rápidamente, dibujaba sus diseños sobre el papel para ayudarse a razonar hasta resolver el problema mecánico. Pero lo más habitual era que observara su trabajo a medida que avanzaba delante de sus propios ojos, o que lo visualizara mentalmente en tres dimensiones; en lugar de planear demasiado por adelantado, prefería mantener sus opciones abiertas e introducir las características necesarias conforme avanzaba. Probaba cada reloj terminado durante cuatro meses en posiciones variadas y en temperaturas distintas —como en un horno y un congelador— para asegurarse de que diera la hora con un margen de error de medio segundo al día. Esperaba de cada reloj que funcionara entre trescientos y cuatrocientos años.

Daniels advirtió que hacía siglos que la mecánica básica del reloj se había mantenido igual. La industria relojera suiza había ido añadiendo complicaciones, pero no había surgido ninguna innovación importante. Empezó a dirigir sus pensamientos hacia su interior para hacer su propia aportación. En 1969, la empresa relojera japonesa Seiko lanzó el primer reloj de cuarzo del mundo, el cual usaba un oscilador electrónico para dar la hora, y Daniels predijo que aquel se convertiría en el modelo predominante. Para la década de 1980, la aparición de la electrónica de estado sólido digital permitió que los relojes de cuarzo a pilas se produjeran de forma compacta y económica. Pero Daniels no quería que las cualidades históricas y estéticas del reloj mecánico cayeran en el olvido, y estaba convencido de que también había sitio para él. Pronto centró sus pensamientos en la rueda de escape, el corazón latente del reloj mecánico que había permanecido inmutable desde que Thomas Mudge inventara el escape de palanca en 1754. La potencia que se genera al dar cuerda a un reloj se almacena en el muelle espiral, y lo que controla la liberación de dicha potencia es el tictac rítmico de la rueda de escape. Teniendo en cuenta que en un día el reloj hará tictac seiscientas mil veces, los diminutos componentes de su rueda de escape deben ser perfectamente precisos para dar la hora como corresponde. La rueda de escape se unta de aceite para garantizar que se mueva sin problemas, pero cuando con el tiempo se seca, se escama o se evapora, el reloj va perdiendo precisión. El propio Breguet había intentado de forma decidida resolver este problema, al que dedicó veinte años haciendo experimentos antes de tirar la toalla.

Daniels asumió el reto y emprendió el proyecto que acapararía sus pensamientos durante los siguientes veinticinco años. Llenaba los días haciendo movimientos con ruedas de escape experimentales y poniendo a prueba distintos diseños con mucho cuidado. El fruto de su esfuerzo surgió a las tres de la madrugada de un día de verano de 1974, cuando se despertó de pronto con la visualización completa de lo que quería hacer. La esbozó rápidamente, explorando la idea desde varios ángulos, motivado por la creciente certeza de que había encontrado la respuesta. Había inventado la rueda de escape coaxial, la primera rueda de escape que generaba fuerza en ambas direcciones, poniéndose en marcha automáticamente después de haberle dado cuerda y eliminando prácticamente toda la fricción del deslizamiento. Daniels solicitó la patente y enseguida empezó a viajar repetidamente a Suiza para presentar su innovación a las grandes marcas de relojes. Finalmente, Omega decidió industrializar la rueda de escape coaxial: hasta hoy, sigue siendo la única y la mejor alternativa

LA ARTESANÍA   213

a la palanca de escape, y está presente en más de un millón de relojes de calidad *premium* producidos hasta la fecha.

Para Daniels, la temporada que pasó trabajando con grandes fabricantes de relojes resultó muy reveladora. Había técnicos vestidos con bata blanca que trabajaban con computadoras y empleaban los últimos programas de diseño asistido por computadora (CAD, por sus siglas en inglés). No se confirmó que Omega adoptaría la rueda de escape coaxial hasta después de llevar a cabo un prolongado estudio de diseños y simulaciones informáticas. Ninguno de los cientos de empleados utilizaba herramientas manuales o se acercaba a la tarea de una forma que se pareciera en lo más mínimo a como lo hacía Daniels. Quedó demostrado que un artesano solitario que trabajaba en su taller había superado a grandes equipos de ingenieros armados con la tecnología informática y de producción más puntera. La experiencia física y personal de Daniels en relojería le había proporcionado una comprensión inigualable de cómo funcionaba su mecánica. Los técnicos de Omega podían ampliar las imágenes hasta verlas con todo lujo de detalles y generar modelos sumamente complejos, pero carecían del conocimiento práctico que permite conectar cada una de las partes con coherencia hasta formar un todo. Mientras que Daniels podía confiar en su instinto y en sus corazonadas y era capaz de visualizar los engranajes de un reloj en su mente, el equipo de Omega tenía que diseccionar sus diseños hasta el mínimo detalle e introducir medidas y estadísticas en sus modelos informáticos para darles sentido.

El peligro que entraña utilizar la computadora para diseñar un reloj es que el programa establece una serie de estilos y procedimientos predefinidos a partir de los que trabajar, y al diseñador le resulta difícil mantenerse alerta a las limitaciones que el *software* puede imponer si carece de un conocimiento práctico en el que apoyarse. Daniels había manipulado materiales del mundo real, tanto en la palma de su mano como a través de herramientas que controlaba directamente, y contaba con la libertad creativa para seguir inventando. Haber dedicado toda su vida a este ejercicio y someterse a las características físicas de sus materiales había dado lugar a un dominio y a una independencia inigualables. Los ingenieros informáticos de Omega, en cambio, estaban limitados a tener que trabajar dentro de unos parámetros cuantificables en un sistema predeterminado y conocían la física básica del oficio de hacer relojes solo de segunda mano, a través de la pantalla de la computadora.

Si bien es cierto que las computadoras pueden permitirnos alcanzar la perfección fácilmente y ayudarnos a pulir los detalles, cuando se trata de la artesanía, los pequeños rastros visibles del trabajo manual aportan belleza al objeto. Si uno se fija de cerca en el Space Traveller, podrá distinguir las leves marcas y líneas que dejó el propio Daniels. Hace que uno se maraville todavía más ante su destreza. Hacer un objeto artesanal entraña riesgos a cada paso: en cualquier momento podría echarse a perder. Pero son las decisiones humanas que tomamos a cada instante las que garantizan el carácter único de los objetos hechos a mano, que nos conecta con las vidas de los artesanos que los han creado.

La artesanía es una forma muy potente de convertir pensamientos en objetos físicos al tiempo que organizamos nuestras experiencias y tomamos decisiones en el mundo real. Y al terminar el trabajo, el fruto de nuestro esfuerzo está delante de nuestros ojos de manera inconfundible. A través de este proceso de trabajo físico podemos llegar a entendernos mejor a nosotros mismos, nuestras circunstancias y el mundo en el que vivimos. La habilidad de hacer y cuidar nuestras propias cosas trae consigo independencia y la reivindicación de nuestro propio valor. El autodidactismo de Daniels impulsó su vida de una forma que fue de todo menos rutinaria: su dominio de un oficio artesanal fue la esencia misma de su transformación personal, un proceso diario de aprendizaje y conversión.

Y, sin embargo, las dificultades físicas contra las que luchó para salvar un oficio en desaparición ponen de relieve hasta qué punto han cambiado nuestras vidas laborales desde entonces. Y es que ya no manipulamos los objetos ni interactuamos físicamente con ellos como se hacía antiguamente. Cuando trabajamos con la computadora, la experiencia multisensorial del mundo se aplana: nos privamos de los matices tridimensionales del movimiento corporal a cambio de la complejidad de los píxeles que se mueven por la pantalla. Nos sentamos, inmóviles, y nos apoyamos principalmente en nuestros ojos mientras estudiamos imágenes y flujos de información. La inmensa mayoría de nuestros movimientos corporales están sumamente predefinidos: las limitaciones del espacio de trabajo típico de hoy restringen nuestros movimientos al pequeño espacio que ocupa el teclado para escribir y a los reducidos actos de hacer clic y subir y bajar por la pantalla con el ratón. Es muy fácil olvidar lo extraño que es en realidad. Cuando trabajamos con la computadora, prácticamente dejamos de movernos y desconectamos de nuestros cuerpos casi por completo.

Los relojeros de hoy utilizan una herramienta suiza de diseño asistido por computadora llamada Tell Watch para llevar a cabo el proceso de diseño completo, desde la investigación hasta el desarrollo y la producción final. Una animación en 3D permite visualizar cada paso del proceso de montaje, incluso el momento de apretar la más pequeña de las tuercas. El tiempo que lleva diseñar y fabricar un reloj mecánico se ha acortado infinitamente, y la eficacia comercial que reporta hace que las empresas quieran reestructurar sus operaciones para beneficiarse de ella. Hoy, este programa informático es utilizado por Montblanc, Patek Philippe, Franck Muller, Chopard y muchas otras marcas de relojes de lujo.

Cuando el oficio de relojero se convierte en un proceso que consiste en apuntar con el ratón y hacer clic para montar unas piezas preexistentes y dejar que los cálculos informáticos se ocupen de resolver los aspectos fundamentales y necesarios de la física, la habilidad humana que entra en juego cae en picada. El conocimiento acerca de cada parte interconectada de un reloj que Daniels tanto se esforzó por adquirir queda congelado en el código de un programa, y los procedimientos complejos y prolongados se reducen a la opción de un menú o al clic de un botón. Los nuevos relojeros están totalmente alejados de la interacción directa e inmediata con su trabajo, de los tintineos y ruiditos que aparecen cuando algo no termina de encajar.

Las habilidades físicas de George Daniels y de las incontables generaciones de artesanos que lo precedieron están sucumbiendo al paso del tiempo. La propensión de los oficios artesanales y de las profesiones físicas de ser testigos de mejoras en la técnica a lo largo del tiempo y de transmitirlas de generación en generación se ha reducido drásticamente. ¿Acaso importa? Al fin y al cabo, nunca habíamos sabido qué hora es con la precisión actual: el reloj de nuestros *smartphones* tiene un margen de error de cincuenta milisegundos cuando están conectados a internet. Las mejoras de los programas de CAD actuales ofrecen a los ingenieros un poder inigualable para diseñar objetos físicos, relojes incluidos. Desde el punto de vista tecnológico, la digitalización nos ha aportado grandes cosas. Y, sin embargo, también hemos perdido muchas de nuestras capacidades físicas, y con ellas, la elegancia y la delicadeza de unas habilidades que deben aprenderse y refinarse con el tiempo. ¿Qué importancia tiene pensar con el cuerpo y qué nos perdemos cuando dejamos de hacerlo?

La cognición corporizada y el *screenishness**

Resulta muy apropiado que George Daniels escogiera el nombre de su obra maestra para rendir homenaje a los alunizajes del programa Apolo, cuya inmensa audacia fue reconocida por todos y que dependió, naturalmente, de que la hora fuera absolutamente precisa. Aunque los humanos no podríamos haber llegado a la Luna sin el apoyo de las computadoras de navegación que iban a bordo del módulo de mando y del módulo lunar del Apolo, los propios astronautas contaban con unas habilidades personales asombrosamente dinámicas que consistían en una combinación de conocimiento sobre pilotaje e ingeniería que hoy sería imposible encontrar. Aquellos pilotos de combate de primer nivel, acostumbrados al ajetreo de los aviones a reacción de los años sesenta, contaban con conocimientos avanzados de física y dominaban las permutaciones matemáticas que explicaban su trayectoria de vuelo; también estaban totalmente familiarizados con la construcción mecánica de una nave espacial hasta el más pequeño detalle. Cuando la misión del Apolo 13 fracasó de la peor manera posible y un tanque de oxígeno defectuoso desencadenó una serie de errores que ponían en peligro a sus tripulantes, los astronautas supieron implementar una serie de reparaciones de una brillantez asombrosa gracias únicamente a su conocimiento profundo de la tecnología que tenían bajo su control. Estos lanzamientos a la Luna ocurrieron en

* Programa que controla el uso productivo de la computadora.

un momento extraño de nuestro pasado, cuando nuestras profesiones todavía eran ajenas a lo digital, pero las computadoras estaban empezando a ayudarnos de maneras nuevas y trascendentales.

En aquella época, nuestra forma de pensar era muy distinta de la actual, y el cerebro se veía básicamente como un dispositivo computacional totalmente independiente del cuerpo. Desde el siglo XVII, gracias a la obra del filósofo René Descartes, se había generalizado la creencia de que el cuerpo y la mente eran entidades separadas, y que cualquier sensación física debía ser interpretada por el cerebro antes de que pudiéramos comprenderla. La idea de la cognición corporizada —es decir, que no pensamos solo con el cerebro, sino que lo hacemos a través de toda nuestra experiencia corpórea— no empezó a ganar preeminencia hasta la década de 1990, y desde entonces no ha dejado de desarrollarse. Hoy día, la ciencia cognitiva nos dice que nuestro sistema motriz, nuestras percepciones y las interacciones corporales con el entorno en que vivimos son igual de cruciales para nuestra experiencia con el mundo que el propio cerebro. Curiosamente, ha sido precisamente en los campos de la IA y de la robótica en los que se han alcanzado algunos de los avances más revolucionarios en este ámbito. Los primeros intentos de la IA de los años sesenta pecaron de optimistas, ya que predecían que las máquinas serían capaces de llevar a cabo cualquier tarea que pudiera hacer un humano en cuestión de veinte años. Huelga decir que no fue así, y que los pasos dados en el terreno de la robótica determinaron que los cálculos basados en el razonamiento resultaban sumamente ineficientes para interactuar con el entorno físico. Y es que si la mayoría de los robots más recientes han dado saltos cualitativos pronunciados en sus capacidades para acercarse más a la forma en que interactuamos con nuestro entorno, ha sido gracias a la imitación de los principios de la cognición corporizada. Y, sin embargo, resulta paradójico que, justo ahora que la ciencia está avanzando significativamente en el descubrimiento sobre cómo la acción física y la percepción sensorial afectan a nuestros pensamientos, memoria y habilidades, estemos cada vez más desconectados de nuestros cuerpos.

Hay una razón muy concreta que explica que la cognición corporizada se malinterpretara durante tanto tiempo, así como por qué los cambios profundos de nuestra vida laboral se hayan podido dar sin que nosotros reconociéramos enseguida las formas en que nos afectan: cuando aprendemos o desaprendemos habilidades y capacidades físicas, no nos percatarnos de ello mentalmente. Cuando adquirimos cualquier habilidad física, ya sea conducir un coche, dominar un deporte o nos peleamos con un proyecto de bricolaje, mejoramos de formas imperceptibles a base de práctica, y siempre de maneras sumamente difíciles de ubicar o articular. Asimismo, a menudo no somos conscientes del desgaste gradual de nuestras habilidades físicas hasta que tratamos de poner en práctica la habilidad de nuevo. Se trata de un fenómeno al que podríamos referirnos como *ceguera ante las habilidades físicas.*

El tacto es uno de los sentidos más fundamentales e importantes para la condición humana, y es asombroso pensar en las horas que, cada día, lo dejamos prácticamente abandonado en nuestros puestos de trabajo. Al inicio de la vida, nos apoyamos en el tacto para dar sentido a todo lo que nos rodea —los niños toman, prueban y tocan todo lo que se cruza en su camino— y seguimos haciéndolo durante el resto de nuestros días. Los objetos físicos nos resultan mucho más comprensibles. Podemos acercarnos a ellos, tomarlos e interactuar en un sinfín de maneras activas y corpóreas. Los dispositivos con pantallas, por su parte, nos distancian del mundo y de los objetos que encontramos en él; todo lo que vemos o controlamos en una pantalla es una reproducción, una imagen o una demostración gráfica diseñada para representar algo que puede existir o no en el mundo físico.

Cuando trabajamos con la computadora, la mente se adapta enseguida. La información visual que aparece en la pantalla se convierte en nuestra realidad temporal, y la conciencia del entorno general se reduce a la mínima expresión. Así pues, nuestras acciones se rigen por la información digital que recibimos. La artesanía es todo lo contrario. La vista sigue siendo de suma importancia, pero también tiene un carácter táctil imposible de ignorar: Daniels, por ejemplo, era capaz de sentir cómo la caja de un reloj empezaba a tomar forma de un modo que no habría sido capaz de planificar sobre el papel, y todo sobre la base de tomar decisiones a cada instante guiadas por el tacto del material entre sus manos. Actualmente, los científicos dicen que tenemos hasta veintiséis sentidos, muchos más que los cinco que se había creído tradicionalmente. Entre ellos está la equilibriocepción (el sentido del equilibrio), el sistema vestibular (el cual nos permite sentir la velocidad) y la cinestesia (el sentido del movimiento). La interacción con cada uno de estos sentidos se ve seriamente limitada cuando utilizamos los dispositivos digitales, ya que el contacto físico suele reducirse al ratón, el teclado, la pantalla táctil, las vibraciones y las respuestas hápticas que se han integrado recientemente en los *smartphones*. Y, mientras que en el mundo físico la gama de movimientos, texturas, presiones y temperaturas es infinita —nadie puede decir que el mundo sensorial sea aburrido—, cuando estamos ante una pantalla, sea cual sea su contenido, la variedad de la información con la que interactuamos siempre nos llega por medio de los mismos botones básicos.

Cuando un ámbito de nuestro trabajo o de la función que cumplimos se digitaliza, el resultado final es el mismo: la pantalla absorbe nuestras interacciones con el mundo real, y las habilidades físicas que exige la profesión en cuestión son suplantadas por la lectura y la gestión de flujos de información. Los arquitectos, los científicos, los comerciantes de mercancías, los diseñadores de moda, los músicos y los relojeros...: todas y cada una de estas profesiones, aparentemente tan diferentes, están siendo estandarizadas hasta el punto de ofrecer experiencias laborales de curiosa semejanza. Al tiempo que los programas informáticos son cada vez más indispensables, cada trabajo se va volviendo más sedentario, y la diferencia entre una carrera profesional y otra se basa cada vez más en meras variaciones entre interfaces de *software*. Sí, los cimientos intelectuales y el conocimiento que requiere cada profesión siguen siendo enormemente variopintos, pero la experiencia física diaria es prácticamente la misma. El trabajo que llevamos a cabo puede dar pie a unos resultados físicos serios e importantes, pero las realidades materiales de lo que se está manipulando no deja de estar mediado por capas y capas de abstracción digital. El resultado neto es que somos capaces de alcanzar unos niveles de competencia extraordinariamente elevados trabajando ante una pantalla, pero a cambio perdemos abundantes experiencias físicas.

Sumados, los extensísimos periodos de tiempo que pasamos sentados frente al escritorio traen consigo sus propias consecuencias: nos vamos volviendo más visuales y menos físicos. Cada hora que pasamos ante la computadora es una hora de tiempo de la que no disponemos para interactuar con el entorno físico. Hemos dejado pasar un sinnúmero de otras actividades más físicas para hacer espacio a los empeños digitales, y aun así no hemos percibido diferencia tangible alguna. La ceguera ante las habilidades físicas ha evitado que advirtiéramos el declive constante de nuestras capacidades corporales y el impacto que este tiene en nosotros.

¿Qué es lo que nos perdemos al pensar menos con el cuerpo? Piensa en el estereotipo del ratón de biblioteca, alguien que no se separa de los libros. Puede que tenga un aire refinado, pero también es fácil asociarlo a un cuerpo más frágil, menos robusto, con ojeras, gafas para leer y cierta torpeza. Pero ¿qué aspecto tendría alguien que no se separa de las pantallas? Es posible que también tenga la vista afectada, y si no contrarresta el tiempo que pasa ante ellas haciendo ejercicio, su condición física también se verá mermada. Pero la característica principal de alguien que no se separa de las pantallas es más sutil y fundamental, y consiste en la pérdida de capacidades físicas, de destreza. Cuanto más trabajamos ante la pantalla, menos capaces somos en otros ámbitos de la vida. En cambio, cuanto más interactuamos físicamente con el mundo, mayor será nuestro grado de coordinación y el control de las habilidades motrices finas. Una de las demostraciones más visibles de ello la encontramos en la evidente diferencia en la habilidad de reparar objetos entre una generación y otra. Reparar los objetos que tenemos a nuestro alrededor nos obliga a entenderlos íntimamente; tenemos que pelearnos con sus mecanismos para identificar un síntoma y una causa para poder arreglarlos. Pero las generaciones más jóvenes —y aquí me incluyo— no suelen tener ni la más remota idea de por qué una lámpara o una tubería se han roto, o por qué se ha caído algo que estaba colgado de la pared, y aún tienen menos idea de cómo arreglarlo. No construimos objetos como se hacía antes, ni taladramos ni clavamos: le damos la espalda a todo ello y dirigimos la atención hacia el interior frente a la computadora.

Una buena parte del trabajo digital que acometemos hoy en día exige grandes conocimientos y habilidades importantes. Los enormes volúmenes de datos y sus complejas interacciones, junto con las herramientas informáticas que evolucionan a un ritmo vertiginoso, hacen que ninguna función profesional se mantenga igual durante demasiado tiempo. En los niveles más avanzados, es necesario recibir formación intensiva y prolongada. Dominar una disciplina digital nueva trae consigo muchos de los obstáculos a los que tuvo que hacer frente Daniels en su trabajo: lidiar con situaciones nuevas, pelearse con reglas y funcionalidades predefinidas, abordar limitaciones que reducen las opciones disponibles y exigen varios intentos. Así pues, el trabajo digital tiene el potencial de ser igual de exigente desde el punto de vista intelectual que cualquier oficio físico. Y, aun así, con el trabajo digital se manifiestan ciertos cambios fundamentales que amenazan todavía más nuestras capacidades.

La automatización del trabajo se ha convertido en un tema habitual en la prensa, y el debate sobre hasta qué punto los trabajos de los humanos terminarán siendo abarcados por las máquinas sigue más vivo que nunca. No obstante, el pánico sobre el hecho de que las inteligencias artificiales avanzadas terminen acaparando casi todas las formas de trabajo intelectual en un futuro cercano resta visibilidad a una cuestión más pertinente y urgente, y es que el debate público no está prestando la suficiente atención a lo que pueda ocurrir en la fase intermedia, en la que podríamos decir que ya nos encontramos. Deberíamos preocuparnos por lo que está ocurriendo ahora mismo, cuando se están asignando nuestros empleos a procesos robotizados. A medida que cualquier trabajo se vuelve más automatizado, la persona que ocupa ese empleo se ve obligada a adaptarse a unas acciones y comportamientos más programados: nos arriesgamos a convertirnos en robots.

Si se usa con sensatez, la automatización tiene el potencial de liberarnos de las tareas más mundanas para concentrarnos en otras más estimulantes y complejas. Pero a medida que el aprendizaje automático se ha ido volviendo más inteligente —y con el surgimiento de herramientas avanzadas de generación de lenguaje, como ChatGPT—, ciertas funciones sofisticadas que hasta ahora se habían mantenido a salvo de los procesos de trabajo estandarizados se están viendo afectadas. Creación y edición de contenidos generados por IA, herramientas de CAD que ofrecen a los arquitectos unos planteamientos y ejecuciones cada vez más elegantes, sistemas inteligentes que comparan y contrastan tomografías axiales computarizadas (TAC) para diagnosticar un cáncer: todo ello reduce la responsabilidad de un profesional cualificado a estar atento a una pantalla o introducir datos en campos predeterminados. Las formas en que el aprendizaje automático mejora a través de la experiencia, recogiendo conocimientos a partir de los datos e identificando patrones para tomar decisiones, significa que poco a poco está superando el rendimiento de los humanos en distintas funciones. Nos vemos obligados a adaptar nuestra forma de trabajar, nuestra conducta y nuestras habilidades a las capacidades de las computadoras de las que cada vez dependemos más, y empezamos a sentirnos más anquilosados en el trabajo. No es solo que la atención estática que le prestamos a la pantalla haya sustituido al movimiento físico y a la interacción con el mundo real, sino que ahora incluso el propósito intelectual y no físico de nuestro trabajo se ha simplificado y regulado.

En la década de 1930, el periodo de formación típico de un oficio se alargaba cinco, seis o siete años; hoy suele durar tres, y las profesiones muy vinculadas a programas informáticos automatizados son todavía más sencillas. Actualmente, la formación que se necesita para optar a un gran número de empleos de escritorio es muy breve, a veces dura apenas unos días. La prisa por adoptar los últimos programas hace que corramos el riesgo de limitar nuestros puntos de vista y deterioremos nuestras habilidades, ya que las tareas más significativas y basadas en la inspiración se quedan en el camino. Los programas informáticos y los flujos de trabajo automatizados permiten asumir mayores cargas de trabajo y obtener unos resultados finales más avanzados y complejos. En ocasiones, esto hace que el trabajo salga beneficiado, ya que nos libera para que podamos centrarnos en los toques finales o en nuevas formas de avanzar, pero la programación de cualquier programa informático es secuencial y, por lo tanto, es propenso a generar procesos rutinarios, y esta forma de trabajo tan cerrada limita la creatividad. Nuestras habilidades —y, a su vez, todo lo que creamos y construimos, desde relojes hasta rascacielos— se vuelven estandarizadas y homogéneas. El propio código que nos permite asumir niveles más elevados de complejidad reduce nuestro trabajo a tener que elegir entre todo un paisaje de alternativas: hoy, encontrarse ante una página totalmente en blanco es mucho más difícil que nunca.

Neil Armstrong fue el encargado de pilotar la nave espacial manualmente durante esos últimos y tensos minutos antes del primer alunizaje de la historia, y todo mientras los habitantes de la Tierra lo veían por televisión a cuatrocientos mil kilómetros de distancia. Los astronautas de hoy —por no hablar de los pilotos de las aerolíneas comerciales o de los capitanes de cruceros— no cuentan ni por asomo con esta libertad de control, ya que están sometidos a múltiples capas de automatización y supervisión asistida por computadora. Por su parte, los trabajos que de verdad resultan estimulantes nos dan la oportunidad de poner en práctica nuestra propia agencia y autonomía, y nos hacen directamente responsables de utilizar nuestro propio criterio. En lugar de ser canalizados por terceros desde la distancia, si nuestro trabajo es gratificante, podemos anclarnos en el mundo real y extraerle todo el sentido. El tipo de trabajo que pone la mente y el cuerpo en marcha puede servirnos para mantener los pies en la tierra y permitirnos asumir el control de la tecnología en lugar de someternos a ella.

RECUPERA TUS HABILIDADES ARTESANALES

Existen toda una serie de estudios que confirman que la artesanía mejora significativamente el bienestar general. El uso de varios sentidos a la vez y la satisfacción que esperamos de actividades tan variadas como cocinar, dedicarnos a la jardinería o construir muebles refuerzan los neurotransmisores que mejoran el estado de ánimo y reducen las hormonas del estrés. La artesanía nos hace sentir bien, y también mejora las habilidades cognitivas y físicas generales. Hacer cestas y objetos de cerámica puede contribuir a la recuperación tras una embolia, ya que se restablecen las vías neuronales y mejora la plasticidad del cerebro; además, los cursos de artesanía llevan desde que surgieron a finales del siglo XIX desempeñando un papel crucial en las terapias ocupacionales, ayudando a personas con problemas físicos, sensoriales o cognitivos a recuperar la independencia en todos los ámbitos de la vida. Integrar la artesanía en nuestras rutinas es una forma natural de mejorar la salud física y mental, y la resiliencia. Por no hablar de que es tremendamente satisfactorio.

A pesar de que la tecnología digital es la causa de la degradación de las habilidades físicas y mentales en trabajadores de todo tipo de sectores, también nos ofrece una serie de oportunidades fantásticas para introducir la artesanía en nuestra vida no solo como pasatiempo al margen del trabajo, sino también dentro de la propia jornada laboral.

Aficiones y comunidades de artesanos

La forma más sencilla de introducir más artesanía en tu vida es a través de un pasatiempo nuevo. No es ninguna casualidad que los pasatiempos tradicionales, como tejer y producir cerveza casera, hayan resurgido en los últimos años. Y es que este tipo de actividades artesanales nos dan la oportunidad de mantener a raya las tendencias propias de alguien que se pasa todo el día ante las pantallas y que asumimos en el trabajo, al tiempo que nos ofrecen un respiro y nos permiten recuperarnos de la vida laboral y del estilo de vida consumista. Quizá optes por un pasatiempo artesanal que guarde relación con tu vida profesional o la complemente, o quizá prefieras hacer algo totalmente distinto para que te sirva como bálsamo o correctivo, ya sea la joyería, la apicultura, tejer colchas o mantas con retazos, la mecánica o la carpintería, por mencionar algunos. En lo más fundamental, todas estas actividades requieren una dedicación plena y un proceso prolongado para descubrir cómo funcionan, y cada una de las tareas deben hacerse de principio a fin. Puedes disfrutar de la dificultad y de los pequeños indicios de mejora, y negarte a someterte a las prisas; lo más habitual será que uses las manos.

Incluso si tenemos en cuenta el interés renacido por las manualidades que hemos visto últimamente, los pasatiempos no son ni por asomo igual de prevalentes que en el pasado. Tuvieron su época de esplendor entre finales del siglo XIX y finales del XX, antes de caer en picada con la llegada de internet, la cual capturó la atención de millones de posibles aficionados

LA ARTESANÍA 225

antes de tener siquiera la oportunidad de anclar sus intereses en actividades más propias del mundo real.

Dedica unos momentos a pensar en qué dedicas más tu tiempo libre: haz una lista de tus aficiones e intereses y reflexiona sobre cuánto tiempo dedicas a cada uno. Trata de distinguir lo vinculado que está cada uno a las pantallas: la ausencia de movimiento físico cuando estás con un videojuego o ves una serie es evidente, pero puede que te sorprenda comprobar hasta qué punto no utilizas tus habilidades corporales en tu tiempo libre. Piensa en los últimos tres meses y trata de anotar con toda la precisión que puedas cuántas horas has dedicado a cualquier pasatiempo artesanal o actividad que requiera mover el cuerpo y hacer un esfuerzo mental para aprender e ir mejorando con el tiempo. Compara las actividades que haces a través de una pantalla con las que realizas en el mundo real, y fíjate en cuál te demanda más tiempo. A veces es revelador ver hasta qué punto nos asociamos con ciertos intereses y el poco tiempo que sacamos en realidad para dedicarnos a ellos.

Reserva treinta minutos para tomar nota de los nuevos *hobbies* que te gustaría practicar o de cualquier ámbito que te genere interés y que hasta ahora no has encontrado tiempo para explorar tanto como te gustaría. Ten presentes tus talentos, intereses y cualquier habilidad nueva que te gustaría adquirir. Piensa en tu trabajo y busca actividades que lo complementen y lo contradigan: ¿hay algún pasatiempo que te llame la atención y que aportaría algo a tu vida laboral, o alguno que te permita separarte completamente de ella? Lo mejor es que cualquier afición que decidas emprender surja de tus motivaciones intrínsecas: pregúntate seriamente qué es lo que más te gusta hacer y qué te gustaría hacer más. Con un pasatiempo puede bastar perfectamente, pero si te entregas a varios proyectos personales, tendrás más oportunidades de aprender distintas habilidades corporales que podrás aplicar a otros aspectos de tu vida.

Hoy, los pasatiempos artesanales cuentan con comunidades sumamente dinámicas con las que compartir y de las que aprender, y son una forma fantástica de conocer a personas afines y adquirir habilidades prácticas. Las páginas web, los foros y los chats de grupo dedicados a este tipo de actividades conectan a personas distintas interesadas hasta en la actividad más especializada, mientras que los encuentros y los espacios para artesanos abren la puerta a conocer a dichas personas en el mundo real y colaborar como bien podrían haberlo hecho las fraternidades de artesanos de antaño. Las comunidades de artesanos pueden ser un antídoto muy reparador contra el aislamiento provocado por un exceso de trabajo digital ante una pantalla, y pueden convertirse en un trampolín hacia algo nuevo y mostrarte cómo tu vida laboral puede ser diferente y, en general, más satisfactoria. Repasa tu lista de pasatiempos y busca qué comunidades existen en la zona en la que vives. ¿Hay alguna que te llame la atención?

Cómo pasar a la acción

- Haz una lista de tus aficiones e intereses: identifica cuánto depende cada uno de las pantallas y piensa en cuánto tiempo les dedicas respectivamente.
- Busca algún pasatiempo nuevo: dedica treinta minutos a pensar qué intereses nuevos te gustaría explorar y cómo podrían complementar tu trabajo diario o apartarte de él.
- Busca un espacio para artesanos: investiga sobre los grupos de artesanía de tu zona y los talleres disponibles.
- Repara: dentro de lo posible, trata de adquirir el hábito de reparar lo que se estropee en tu casa; para empezar, utiliza las guías que encuentres en internet para arreglar algún objeto que se te haya roto.

Además, como en el caso de los primeros tiempos de Daniels como reparador de relojes, arreglar objetos es una forma maravillosa de pelearte con aquellas cosas que utilizas a diario y de entenderlas: al diagnosticar un problema y determinar cómo vas a resolverlo, a cambio obtendrás una comprensión mucho más detallada del mecanismo que hace funcionar el objeto en cuestión. Cuando puedas, trata de arreglar lo que se estropee por ti mismo antes de pedir a alguien que te ayude o contratar a alguien que te resuelva el problema. Piensa que cada cosa que se estropea es una oportunidad para aprender y reserva un buen tiempo para abordar el problema con ojos renovados y la mente atenta. En internet encontrarás muchas guías que explican paso a paso cómo reparar los objetos domésticos más comunes, incluidos *smartphones* y laptops, con su apariencia impenetrable. Naturalmente, las reparaciones son el paso previo natural antes de acometer proyectos de bricolaje o de construcción de mayor envergadura.

Encuentra la artesanía en el trabajo

Naturalmente, también tienes la opción de cambiar tu forma de trabajar. Evalúa tu trabajo actual con objetividad: ¿hasta qué punto depende de las pantallas? ¿Hasta qué punto está automatizado? En el capítulo sobre el movimiento te sugería que hagas un seguimiento del grado de sedentarismo de tu vida. Utiliza la misma técnica para tomar notas con papel y pluma y, durante una semana, registra dónde y cómo pasas la mayor parte de tu jornada laboral. Presta atención a las tareas repetitivas o prosaicas: fíjate en cuánto tiempo pasas delante de una pantalla y si alguna de tus tareas presenta elementos físicos. De ser así, ¿son minuciosas y requieren habilidad? Repasa todas las tareas que llevas a cabo y evalúa con franqueza, del uno al diez, el grado de esfuerzo intelectual que te suponen. Al terminar la semana, da un paso atrás y trata de valorar, con la cabeza fría, si tu trabajo es lo suficientemente físico y exigente desde el punto de vista intelectual como para que te sientas realizado. Si la respuesta es no, piensa en el porqué: ¿cuál es la razón de que así sea?

Puede que te resulte posible encontrar formas de incorporar actividades más físicas, creativas o independientes en tu trabajo actual, o puede que te des cuenta de que la solución podría pasar por dar un paso a un lado o ascender a una posición superior. Naturalmente, una opción más comprometida sería formarte y trabajar en algo completamente nuevo para ti. Las alternativas naturales suelen estar relacionadas con el sector en el que trabajas actualmente y con las habilidades que ya tienes, o pueden nacer de una pasión, interés o afición.

228 SIGAMOS SIENDO HUMANOS

Los cambios sociales que han tenido lugar a lo largo de los años hacen que muchos consideren que los oficios de electricista, lamparero o carpintero, por ejemplo, son menos estimulantes intelectualmente o menos gratificantes. Pero suele ocurrir todo lo contrario. Hoy hay tanta demanda de este tipo de servicios como nunca, y la remuneración puede ser igual de buena, o mejor, que en muchos trabajos de oficina.

Para plantearse un cambio de carrera profesional hace falta tener las cosas muy claras: ve más allá del concepto social que se tiene de una profesión en concreto y trata de hacerte una idea realista de en qué consiste tu vida laboral actual, y cómo sería tu día a día en ese nuevo trabajo. En la carrera por conseguir las últimas oportunidades digitales u ocupar puestos de oficina, los empleos más tradicionales y físicos, que suelen ser estimulantes y gratificantes, a menudo se pasan por alto. En el catálogo de trabajos que hoy ofrecen horarios flexibles también encontrarás oportunidades. Combinar trabajos de media jornada, por ejemplo, es una forma fantástica de ampliar el espectro de habilidades intelectuales o físicas que podrás desarrollar, a la vez que te abre más caminos profesionales. Si te planteas de forma creativa las distintas opciones laborales que tienes a tu alcance, quizá puedas reducir las horas que dedicas a tu empleo actual y la dependencia económica que tienes de él. Investiga el mercado a fondo y atrévete a pensar en qué preferirías hacer laboralmente, y qué pasos prácticos debes seguir para hacerlo realidad. Invertir en algunas sesiones con un orientador laboral puede ser una buena idea, como también lo es colaborar como voluntario o acompañar a alguien que se dedica a lo que a ti te gustaría.

Cómo pasar a la acción

- Analiza tu empleo actual: haz un seguimiento de cómo y dónde pasas la mayor parte del día, y fíjate en las tareas repetitivas o prosaicas que llevas a cabo ante la pantalla.
- Haz preguntas difíciles: plantéate honestamente si tu trabajo te parece lo suficientemente exigente en el plano físico e intelectual. ¿Preferirías dedicarte a alguna otra cosa?

- Piensa en tu carrera laboral: investiga si podrías dar un paso en tu mismo nivel, optar a algún ascenso o buscar una ocupación totalmente nueva que te ofreciera más movimiento físico, trabajo creativo y autonomía.

El artesano emprendedor

Trabajar por tu cuenta es una forma de integrar tareas llenas de significado y de carácter artesanal en tu vida laboral que, a pesar de ser más arriesgada, puede que sea incluso más satisfactoria todavía. El mercado laboral está tan alineado con los cambios económicos y tecnológicos que cada vez cuesta más encontrar empleos que no hayan sido reemplazados. Aunque los emprendedores también están a merced de las fuerzas del mercado, de la oferta y la demanda, montar un negocio te ofrece una flexibilidad total a la hora de establecer los procesos de trabajo, abordar el problema del uso excesivo de pantallas y eliminar las limitaciones de tu vida laboral actual. Más concretamente, las microempresas autofinanciadas cuentan con la agilidad suficiente como para atender hasta los intereses más especializados y tienen el margen necesario para ofrecer productos muy específicos y procesos de entrega cuidados. Para gestionar una empresa emergente como corresponde, hace falta una visión integrada que incluya desde la dirección estratégica hasta el funcionamiento detallado de cada etapa de la producción, que es justamente lo contrario que vemos en tantos empleos de hoy, que se centran en un número limitado de tareas aisladas de las demás.

Acurrucada bajo uno de los arcos del mercado de Camden de Londres se encuentra The Camden Watch Company, una de las caras más nuevas en el sector de la relojería contemporánea que sigue este modelo emprendedor y ágil. Anneke Short y Jerome Robert empezaron en 2014 ofreciendo una pequeña selección de relojes bautizados con los nombres de rutas de autobús de la ciudad. Para el proceso de diseño y creación de prototipos de los relojes utilizan los últimos programas CAD y se inspiran en la maquinaria y la arquitectura de los alrededores, con colores y pequeños detalles sacados de los puentes que cruzan el entramado de canales. Para su colección de relojes automáticos utilizan movimientos mecánicos que obtienen a buen precio de una empresa japonesa llamada Miyota y que se cargan cinéticamente con el movimiento de la muñeca del portador del reloj.

Además de la fabricación de piezas para relojes, Anneke y Jerome gestionan todos los aspectos del negocio por sí mismos, desde el diseño del producto hasta el montaje, la publicidad y las ventas, y Jerome se encarga de reparar personalmente cualquier pieza dañada. Al aprovecharse de las tecnologías disponibles en la actualidad, pueden sacar pequeñas ediciones de relojes únicos a precios económicos, y su proceso de prototipado rápido permite que sus ideas enseguida se pongan en marcha. Naturalmente, no son artesanos de la talla de Daniels, ya que se dedican a fabricar relojes de diario, no piezas artesanales únicas, pero en su trabajo perdura el proceso físico intrínseco a la fabricación, y les queda mucho margen para trabajos artesanales más delicados a precios más elevados. Sus habilidades e ingenio se hacen patentes en cada eslabón de la cadena de suministro de la empresa. Anneke y Jerome demuestran que, al abordar la tecnología con la misma curiosidad que la artesanía tradicional, puedes ponerla a tu servicio de formas distintas. Las piezas de The Camden Watch Company no son meros aparatos; son objetos duraderos y cargados de emoción que emanan directamente de su entorno histórico. Son la prueba de que el conocimiento sobre artesanía se puede utilizar para humanizar la tecnología y crear objetos con los que la gente de a pie pueda identificarse, y que no vivan exclusivamente en las salas de exposición de los museos o se vendan a precios prohibitivos.

La economía de las tecnologías digitales está haciendo que empresas como The Camden Watch Company puedan surgir en casi todos los sectores, ya que las pruebas intensivas de las configuraciones de los programas informáticos y los ajustes manuales aplicados a sus códigos hacen que sea posible adaptar las herramientas digitales de forma fluida y experimentar con ellas a voluntad; así es como se pueden crear productos únicos que de otra manera serían imposibles. Vuelve a ser factible que de las redes de talleres interconectados resurjan fraternidades de artesanos para producir ediciones pequeñas y limitadas, de forma que ser un artesano emprendedor hoy no tiene por qué ser un empeño solitario. George Daniels quizá se sorprendería al ver que el reloj mecánico, junto con otros miles de oficios artesanales, tienen un futuro sin duda brillante.

Cómo pasar a la acción

- Haz los deberes: si de verdad quieres dejar tu trabajo, estudia cuidadosamente las oportunidades de emprender un negocio de artesanía que guarde relación con tus habilidades, aficiones e intereses actuales.

CAPÍTULO

9

La memoria

LOS INTÉRPRETES DE SHAKESPEARE

En los tiempos de Shakespeare, la profesión de actor era muy distinta de lo que es hoy en día. El teatro todavía no era la actividad comercial en la que se convertiría más adelante, y las compañías de actores —que todavía no se llamaban así— dependían de mecenas ricos que los ayudaran a financiar las obras. En el siglo XVI, las producciones se representaban en privado primero para el público invitado en la corte, y luego hacían gira por tabernas, posadas e incluso en las pistas donde se celebraban las cacerías de osos en las zonas rurales. Más adelante, ya en la época de Shakespeare, se construyeron teatros más específicos. Cerca de una decena de actores se dedicaban a representar una vertiginosa cantidad de obras —a veces, hasta cinco o seis producciones por semana, y cada mes se lanzaba un espectáculo nuevo—, que iban rotando a lo largo del año. Era extraño que un actor interpretara el mismo papel dos días seguidos, y a pesar de que las compañías actuaban casi todos los días de la semana, incluso las obras más populares se interpretaban solo de forma esporádica.

Esto significaba que los intérpretes debían conservar permanentemente en la memoria los diálogos de un gran número de textos. También debían aprenderse los diálogos nuevos enseguida: la compañía Lord Chamberlain's Men —que pasó a llamarse The King's Men con la coronación de Jacobo I de Inglaterra en 1603— tuvo a Shakespeare como dramaturgo durante la mayor parte de su carrera y, en una ocasión, apenas tuvo un día para revivir al difunto *Ricardo II* para una representación de última hora durante la rebelión de Essex. Asimismo, no era frecuente que el intérprete recibiera el libreto completo de la obra, ya que en aquella época los materiales impresos eran sumamente escasos: desde luego, lo de estudiarse de memoria un texto no era propio de aquellos días. Mientras que los actores de teatro profesionales de hoy pueden pasar semanas o incluso meses memorizando un papel, los apresurados intérpretes de la época de Shakespeare debían poner en práctica otras habilidades de memorización más innatas para asimilar los diálogos. Igual que hoy, quedarse en blanco sobre el escenario debía evitarse a toda costa. Quizá quien mejor ilustre la angustia que podía llegar a provocar esta situación sea el gran actor shakespeariano del siglo XVIII Charles Macklin, quien, rozando los noventa años, se quedó en blanco en el escenario y se dirigió al público para disculparse por lo que describió como «un terror mental» que no había experimentado en toda su vida y que destruyó por completo sus «facultades corporales y mentales».

Así pues, ¿cómo lograban los intérpretes de Shakespeare recordar los diálogos de varias obras sin contar con materiales impresos ni con el tiempo suficiente para aprendérselos de memoria? La habilidad que tenemos los humanos de recordar grandes cantidades de diálogos teatrales o frases de canciones se remonta a las primeras formas de civilización que han quedado registradas, y a lo largo de los siglos los académicos han debatido sobre si la tradición bárdica dio lugar a la *Ilíada* y la *Odisea* de Homero, las cuales datan del siglo VIII a. n. e., antes de que la antigua Grecia adoptara la escritura alfabética, y que ocupan extensiones de más de quince mil y doce mil versos, respectivamente.

En la década de 1930, el clasicista estadounidense Milman Parry hizo un fascinante descubrimiento sobre cómo habría sido posible que los bardos y los trovadores de distintas culturas pasadas recitaran una cantidad tan inmensa de material. En su búsqueda de culturas orales todavía vivas —donde aún se interpretaban de memoria extensos y complejos recitales de historias y canciones—, llegó por azar a una zona remota de Yugoslavia (que hoy pertenece a Serbia y Montenegro) y conoció a Avdo Međedović,

LA MEMORIA   235

un poeta y granjero que todavía era capaz de cantar toda una serie de leyendas tradicionales, incluida una que superaba las trece mil líneas.

Casualmente, la visita de Parry coincidió con el acceso general a los primeros dispositivos electrónicos de grabación portátiles, y modificó personalmente un fonógrafo de Bell Edison para que sus sesiones de grabación se pudieran extender indefinidamente, ya que le parecía importante no interrumpir a Međedović una vez que estuviera inmerso en la tarea de recitar. Una de las canciones que interpretó Međedović duró más de dieciséis horas, que se grabaron a la carrera. Međedović no había aprendido a leer ni a escribir, pero era sumamente hábil a la hora de seguir el ritmo y la estructura definidos de una composición en verso. Se acompañaba de una guzla, un instrumento de una única cuerda que se toca con un arco, y su canto era claro y emotivo.

En la época de Homero, las interpretaciones se hacían en hexámetro dactílico, un sistema métrico que crea un ritmo natural que atrapa al lector (y al intérprete) para que siga la historia. Las interpretaciones de la *Ilíada* y la *Odisea* habrían ido acompañadas de un tipo de lira llamada *phorminx*, que los cantores tocaban en festivales y cortes. Parry descubrió que ordenar los textos como versos rítmicos se corresponde muy de cerca con las habilidades de procesamiento lingüístico de la mente y crea una estructura que nos ayuda a formar recuerdos y memorizar líneas concretas con mayor facilidad.

Hoy en día nos resulta muy difícil comprender del todo hasta qué punto dependíamos de la memoria en el pasado. En el plano fisiológico, somos prácticamente idénticos a nuestros antepasados, pero nuestra forma de utilizar la mente es muy distinta. Hoy almacenamos la mayoría de nuestros recuerdos fuera del cuerpo —en libros, fotografías, museos y, cada vez más, en toda una variedad de formatos digitales—, pero durante la mayor parte de la historia de la humanidad, tuvimos que confiar en los recuerdos naturales de los acontecimientos para establecer una cultura compartida y transmitir las virtudes y los valores que nos eran más preciados. Era nuestra forma de preservar aquello que nos parecía más importante, y al generar y transmitir historias y leyendas orales, luchábamos contra nuestra propia transitoriedad y mortalidad, garantizando que las crónicas de nuestras hazañas pervivieran en el tiempo.

Los primeros elementos externos que nos ayudaban a recordar fueron las pinturas de las paredes de las cuevas, los grabados en piezas de madera o los artefactos físicos que creábamos, pero la invención de la escritura, primero en la forma logosilábica de la escritura cuneiforme, y más adelante, en Europa, con un alfabeto más versátil, supusieron un cambio trascendental en la complejidad de la información que éramos capaces de conservar externamente. Pronto, las antiguas técnicas de los poetas homéricos quedaron desfasadas para transmitir los crecientes entresijos de una cultura que era ya textual, y con el tiempo las interpretaciones orales de historias y canciones pasaron de tener como propósito principal la documentación del pasado a convertirse en un recurso de entretenimiento.

Parry observó que Međedović, dentro del marco de los versos, reconstruía su propia versión de una canción cada vez que la cantaba: una escena que había contado originalmente en 141 versos luego ocupaba más de mil. Parry se apoyó en este hecho para argumentar que, aunque la *Ilíada* y la *Odisea* hoy presentan una forma fija, ello se debe únicamente a que se escribieron más adelante; durante los siglos anteriores, habrían ido transformándose y expandiéndose a medida que los distintos intérpretes generaban sus propias versiones. En la actualidad, se considera que la obra de Homero no es la creación de un único poeta, sino la amalgama del trabajo de distintos bardos. Es muy posible que la *Ilíada* y la *Odisea* empezaran a tomar forma ya en el año 2000 a. n. e., es decir, mil doscientos años antes de que se plasmaran por fin sobre el papel.

Shakespeare también escribía en versos métricos; en su caso, optaba por el pentámetro yámbico. Este tipo de verso, igual que ocurría con la métrica de Homero, ofrece un ritmo natural que se acerca mucho a la forma en la que hablamos en el día a día, lo que ayudaba a los intérpretes a recordar sus papeles sobre el escenario. Pero con eso no basta para explicar cómo sus actores lograban recordar tantas líneas de diálogo: en la época de Shakespeare, la escritura no solo estaba generalizada, sino que también se desarrolló como un medio creativo por derecho propio, y las expectativas en cuanto a la fidelidad que se les debía a los textos habían cambiado. Aunque los diálogos no se seguían con la rigidez que se esperaría hoy —los intérpretes tenían cierta libertad a la hora de sustituir palabras dentro del marco métrico y la inercia narrativa de la obra—, no se gozaba ni mucho menos de la flexibilidad a la que Međedović o cualquier otro relator de la antigua tradición poética estaban acostumbrados. Los versos de Shakespeare son de una precisión inconmensurable, y su forma final son el producto de una intención sumamente deliberada. De ahí que se esperara de los intérpretes que los recitaran de la forma más fidedigna posible.

Los académicos de la Edad Media distinguían entre *memoria rerum*, el recuerdo de las cosas, y *memoria verborum*, el recuerdo más preciso de las palabras. Advirtieron que memorizar fragmentos específicos de un texto resultaba especialmente difícil, ya que no encajaba demasiado bien con las bases espaciales y visuales sobre las que se construyen la memoria y la imaginación. Cuando recordamos algo, recreamos la escena mentalmente, y hemos evolucionado para recuperar los momentos pasados a través de las mismas facultades cognitivas con las que los percibimos originalmente, en especial la visión cuando reproducimos de nuevo los recuerdos y las escenas mentalmente. Si retrocedemos a un momento trascendental de nuestro pasado, es inevitable que volvamos a ponernos en el lugar que ocupábamos entonces; incluso cuando pensamos en una noticia importante que leímos en el celular o vimos en la televisión por primera vez, mentalmente nos ubicamos de nuevo en la misma situación física en la que nos encontrábamos al enterarnos de dicha noticia, y nos apoyamos en el recuerdo sensorial para revivirlo. Naturalmente, cuando prestamos más atención en el momento original, luego somos capaces de invocar más recuerdos sensoriales, lo que nos ayuda a desarrollar mejor la memoria de ese momento. Por el contrario, memorizar grandes fragmentos de texto escrito y totalmente desconectados de una realidad multisensorial y vivida es uno de los retos mnemónicos más difíciles a los que podemos enfrentarnos.

De todas las diferencias que existen entre la producción teatral de hoy y la de los inicios de la época moderna, la que más impacto habría tenido en la memoria de los actores es el empleo de guiones individuales y sus pies. A los actores se les entregaba un texto que contenía solamente sus líneas de diálogo y las que les daban pie a salir al escenario; jamás llegaban a ver el manuscrito completo de la obra. La distribución de las partes de cada uno entre los actores —sin que nadie fuera capaz de estudiarse el papel o el diálogo de los demás actores— hilvanaba la obra de una forma sumamente económica. A cada actor se le daba solo el mínimo de orientación que necesitaba antes de lanzar al elenco al escenario. Entre una escena y otra, los actores se reunían entre bambalinas alrededor de unos manuscritos extensos llamados *tramas* que colgaban en un lugar visible en la pared. Actualmente, solo se conservan siete de estas tramas. A pesar de ser la única oportunidad de que los actores vieran la obra en su conjunto, la información que contienen es sorprendentemente escasa. Cada escena nueva se delimitaba claramente con unas líneas muy marcadas, pero las únicas instrucciones consistían en los momentos de entrada y salida de cada personaje; a partir de ahí, los actores tenían que arreglárselas por su cuenta. A los intérpretes se les entrenaba para que estuvieran atentos a que los otros actores les dieran pie con una o dos palabras (que solían ser términos poco frecuentes y fáciles de recordar), y a salir al escenario sin tener demasiada idea de lo que iba a ocurrir a continuación.

Es posible que el hecho de que los escenarios del siglo XVI fueran muy parcos —eran meros espacios de representación delimitados, sin decorados ni iluminación— ayudara a los actores a concentrarse y a seguir la historia muy de cerca. Que los hicieran salir a una escena nueva sin tener ni la menor idea de lo que iba a ocurrir daba pie a una espontaneidad y a una energía muy naturales, y hacía que estar sobre el escenario se pareciera más a un encuentro tenso y auténtico de la vida real que a una interpretación forzada; los intérpretes aprendían a vivir el momento y a entregarse por completo a la obra. Más que cualquier otra técnica o truco que pudieran utilizar para recordar sus diálogos, este intenso estado de alerta y de atención era el facilitador principal de la asombrosa memoria de los intérpretes de Shakespeare. Al meterse en el personaje tanto como podían y seguir los diálogos con toda su atención, hacían suyo el papel hasta el punto de que el instinto y la intuición los guiaban tanto como el propio recuerdo de los diálogos. Huelga decir que el teatro depende del aspecto físico de la interpretación del actor para contar la historia, y los intérpretes seguían muy de cerca el movimiento de los otros cuerpos que estaban en el escenario, sirviéndose del contacto visual, de los gestos y de las pequeñas pausas para respirar para saber lo que debía ocurrir a continuación. Gracias a estas técnicas lograban alcanzar una comprensión profunda de la acción de la obra, y de ahí que sacaran sus palabras no solo de la fuente de su propia memoria, sino también de la relación directa con los acontecimientos que tenían lugar sobre el escenario. Dicho de forma más sencilla, cuanta más atención prestaban, más recordaban.

La memoria de los intérpretes de Shakespeare no era en absoluto algo fuera de lo común en aquellos tiempos, y es que los humanos solíamos invertir grandes porciones de tiempo a entrenar la memoria. La historia está repleta de crónicas de libros que se recitaban palabra por palabra, o de nombres de soldados de ejércitos enormes que se anunciaban de un tirón y en orden, así como de conversaciones llenas de réplicas rápidas o salpicadas de un sinfín de hechos o cifras. Pasábamos gran parte de nuestro tiempo memorizando datos o trayéndolos a la memoria.

De hecho, el entrenamiento de la memoria era un elemento central de la educación clásica. A los alumnos no solo se les enseñaba qué debían recordar, sino también cómo hacerlo, y existía una distinción fundamental entre la memoria natural y la artificial. La memoria natural está entretejida con la mente y guarda relación con cómo pensamos y con las conexiones que establecemos entre nuestro aprendizaje y las experiencias que vivimos; es la que los intérpretes de Shakespeare ponían en práctica en el escenario. Recurrimos a la memoria natural cuando nos sumergimos totalmente en algo, y también es la que nos permite mejorar nuestras habilidades, ir añadiendo capas de conocimiento, absorber los detalles y entenderlos más plenamente, al tiempo que los integramos con otras experiencias.

La memoria artificial se construye encima de la memoria natural como un sistema arquitectónico pensado para contener información adicional, ajeno al funcionamiento cotidiano de la mente. Las técnicas de memoria artificial de la Grecia y la Roma antiguas, que llegaron vivas a la época de Shakespeare y siguieron presentes mucho después, se basaban en crear «palacios de la memoria» en la mente para almacenar en un espacio que visualizábamos las imágenes mentales de aquello que queríamos recordar más adelante. Aunque esta técnica nos permite retener detalles aislados, no es lo mismo que conectar redes de recuerdos creados de forma natural, y el entrenamiento de la memoria artificial puede dar lugar a que la persona vomite datos y cifras sin llegar a comprender de dónde salen. No obstante, combinada con la memoria natural y con el razonamiento, la técnica de los palacios de la memoria puede ser increíblemente útil. Permitía a los oradores romanos hablar con elocuencia durante horas, y a los monjes medievales retener montones de citas de sus lecturas; también es muy probable que los intérpretes de Shakespeare la emplearan para aprenderse los diálogos, aunque no tenía tanto peso como los momentos cargados de energía que vivían sobre el escenario mientras prestaban toda su atención a la historia que se desarrollaba ante sus propios ojos.

EL TEATRO DE LA MEMORIA

La enciclopedia del siglo I n. e., la *Historia natural* de Plinio el Viejo, es la obra completa más extensa que se conserva del Imperio romano. Entre sus artículos se encuentran los casos de algunas de las memorias más excepcionales conocidas hasta la fecha. Se dice de Lucio Escipión que había memorizado los nombres de todos los habitantes de Roma; parece ser que Cineas, un enviado del rey Pirro, era capaz de recitar los nombres de todos los senadores de la ciudad tras haber pasado apenas un día en ella; y el prestigioso orador y abogado Hortensio recordaba los nombres de todas las personas que habían estado implicadas en sus casos y las cantidades de dinero que habían estado en juego cada vez. Naturalmente, no podemos creernos a pies juntillas todos los datos o cifras citados por Plinio, pero la variedad de las anécdotas sobre la capacidad de la memoria humana ya es reveladora de por sí. La mayoría de los autores clásicos parecían dar por hecho que las técnicas de memorización eran tan conocidas que no hacía falta describirlas con demasiado detalle. De no ser por un libro breve y anónimo titulado *Rhetorica ad Herennium (Retórica a Herenio)*, escrito entre los años 86 y 82 a. n. e., los métodos de entrenamiento de la memoria de la Grecia y la Roma clásicas no habrían llegado a nuestros días.

LA MEMORIA   241

La *Retórica* atribuye la concepción de estas técnicas antiguas de memorización al poeta lírico griego Simónides de Ceos, quien, tras encontrarse rodeado de los escombros del reciente derrumbamiento de una sala de banquetes en Tesalia, se dio cuenta de que, si cerraba los ojos y reconstruía el edificio en su imaginación, no le costaba recordar el lugar exacto en el que habían estado sentados los invitados a una cena. Entonces, se le ocurrió que podría colocar a otras personas —o, de hecho, cualquier cosa que le viniera a la mente— en las mismas posiciones alrededor de la mesa del banquete, y que, al hacerlo, era capaz de hacer que su memoria espacial ordenara mentalmente los elementos que quería recordar más adelante. *Retórica a Herenio* dedica apenas diez páginas a explicar cómo crear un espacio en la mente y poblar dicho palacio imaginado con las imágenes de aquello que queremos recordar. Este sencillo truco de posicionamiento espacial que los romanos llamaban el método *loci*, y que en años posteriores evolucionaría hasta ser conocido como el palacio de la memoria, era el cimiento de un «arte de la memoria» que floreció en la época medieval en concreto y que siguió desarrollándose en los tiempos de Shakespeare.

Aunque en los dos milenios y medio que han pasado desde el descubrimiento atribuido a Simónides el arte de la memoria ha ido mejorando considerablemente, los principios básicos no han cambiado. Los participantes de los campeonatos de memoria de hoy también utilizan las mismas técnicas; entre ellos, Mahavir Jain de la India, quien recientemente memorizó las ochenta mil palabras y mil quinientas páginas del *Oxford English Dictionary* y era capaz de especificar la página concreta de cualquier entrada. Cuando visitamos un lugar nuevo, nos resulta fácil crear una nota mental de la relación que existe entre una cosa y otra, y si se trata de una habitación de una casa, no nos cuesta recordar las dimensiones exactas y la posición de sus contenidos. Por mucho que no nos demos cuenta, dedicar unos pocos instantes a asimilar lo que vemos en un espacio puede equivaler a una cantidad colosal de información registrada con gran precisión. Lo que Simónides observó —y lo que tantos otros han explotado a lo largo de la historia humana— es que podemos aplicar nuestra extraordinaria capacidad para la memoria espacial a cualquier otro tipo de conocimiento con la misma facilidad. Las habilidades naturales de orientación demuestran que los humamos somos expertos en asimilar los rasgos de los espacios, tal como vemos en el hecho de que civilizaciones como la de los aborígenes australianos o los apaches del suroeste de Estados Unidos inventaran, por separado, técnicas de memoria espacial similares basadas en el uso de la topografía de sus respectivas regiones para integrar en ella sus recuerdos culturales.

Durante gran parte del pasado de la humanidad, tener buena memoria se consideró una de las habilidades y virtudes personales más apreciadas. Más que admirarla por su utilidad en la vida diaria, hemos dado importancia al potencial que tiene una memoria trabajada para interiorizar todo un universo de conocimientos. La reverencia con la que se veía a quienes poseían memorias excepcionales siguió desde la Grecia y la Roma antiguas —donde la memoria se utilizaba sobre todo para dar discursos prolongados— hasta la Edad Media, cuando empezó a aplicarse para el estudio profundo de la religión y la filosofía. Pero fue durante el Renacimiento y la época de Shakespeare cuando el arte de la memoria alcanzó su punto álgido. La explosión del acceso al conocimiento de la época —primero como resultado de las iniciativas para revivir y superar las ideas de la Antigüedad clásica, y luego como consecuencia del invento de la imprenta— dio pie a distintos intentos renovados de ampliar la versatilidad y la precisión del arte de la memoria para que pudiera dar más cabida al creciente catálogo del conocimiento humano.

El fraile dominico Giordano Bruno publicó un libro en 1582, *De umbris idearum (Las sombras de las ideas)*, en el que planteaba por primera vez que podría utilizarse un recurso mnemotécnico dinámico para convertir cualquier palabra en una imagen concreta. Se esmeró en el diseño de una serie de ruedas concéntricas que podían visualizarse mentalmente; al usar la imaginación para moverlas y hacerlas girar, se podía crear cualquier combinación de letras del alfabeto y luego conectar las palabras con todo un catálogo de símbolos que denotaban distintas acciones y circunstancias. Al memorizar aquellas combinaciones rotativas y algorítmicas de letras e imágenes, Bruno se dio cuenta de que podía crear un almacén de conocimiento que controlaba y calibraba a voluntad. El descubrimiento de que las imágenes memorizadas se podían unir siguiendo todo tipo de combinaciones y que se podían animar mentalmente haciendo un uso deliberado de la imaginación fue un avance enorme. En lugar de limitarse a usar técnicas de memorización para almacenar información que recuperar más adelante, Bruno descubrió que la memoria computacional podía usarse para crear secuencias de información totalmente nuevas, un fenómeno que hoy empleamos para procesar y usar las aglomeraciones de datos que contienen los dispositivos digitales.

Los inventos de Bruno sucedían a los de Giulio Camillo, un filósofo italiano que tuvo la brillante idea de construir un espacio de memoria físico, en madera. Camillo consiguió procurarse la ayuda económica de una serie de figuras destacadas, entre ellas el rey Francisco I de Francia, y la invirtió en construir su propio «teatro de la memoria». Era una construcción sumamente detallada que imitaba la forma de un anfiteatro romano, pero la experiencia de visionado estaba al revés: en lugar de hacer que los espectadores se sentaran en sus asientos, estaba diseñado para que la persona se situara en el escenario y mirara al teatro que se extendía a su alrededor. Se colocaron cuadros en siete hileras de asientos, y bajo cada uno se introdujeron unos cajones en cuyo interior había unas tarjetas que debían contener todo el conjunto del conocimiento humano. Presentaron modelos a escala en Venecia y París, pero la estructura terminada no llegó a construirse, y Camillo la rescató para la posteridad dictando su descripción final a toda prisa en su lecho de muerte. El filósofo y matemático inglés Robert Fludd tomó la idea del teatro de la memoria y, al combinarla con la pasión por los cálculos de Bruno, elevó el arte de la memoria a su máxima expresión.

En 1599, a finales de la carrera de Shakespeare como dramaturgo, se construyó por fin el Globe Theatre en la orilla sur del río Támesis. El Globe era el teatro más impresionante de todos los que estaban surgiendo en Londres en aquella época. El rótulo de la fachada principal supuestamente representaba a Hércules cargando con el mundo sobre sus hombros. La inolvidable metáfora que Shakespeare empleó en *Como gustéis* —«El mundo es un gran teatro, y hombres y mujeres son actores. Todos hacen sus entradas y sus mutis y diversos papeles en su vida»— se basaba en la realidad. El Globe contaba con un auditorio que al menos les ahorraba a los intérpretes el carácter improvisado de sus representaciones en el escenario. Construido al estilo del arquitecto romano Vitruvio, con el armazón circular y el escenario cuadrado, así como las entradas del interior, estaba diseñado para hacer pensar en un mundo humano en miniatura.

Cuando Fludd inició su propio teatro de la memoria se basó en el Globe. En 1619, solo tres años después de la muerte de Shakespeare, Fludd publicó un sistema de memoria muy elaborado y de diseño propio con la firme creencia de que podría utilizarse para obtener una idea integrada y plenamente comprensible del funcionamiento del universo y de todo lo que en él se encuentra. En su detallado tratado *La historia de los dos mundos*, dedicado a su mecenas, el rey Jacobo I, Fludd hace el último intento del que se tiene constancia de diseñar un medio para que un humano recoja el conjunto del conocimiento acumulado por la civilización humana en las profundidades de su propia mente. Sigue una recomendación que aparece en *Retórica a Herenio*, y que previene contra el uso de lugares ficticios para el arte de la memoria, ya que ello podría obstaculizar la claridad y la fuerza original de cualquier recuerdo, y traslada el teatro de la memoria de Camillo al interior del Globe.

Los teatros que se construyeron más adelante, todavía en los tiempos de Shakespeare, incluían pinturas de «los cielos» en los techos bajo los que los actores actuaban en el escenario. Es muy posible que las imágenes de nuestro sistema solar y del cosmos representadas en el techo del Global Theatre, el teatro principal del rey, fueran las más adornadas y refinadas. Fludd establece un método para la recuperación prolífica de recuerdos basado en un ejercicio de visualización: al imaginarse en el centro del escenario del Globe y mirar hacia el auditorio tal como había previsto Camillo, ofrece la oportunidad de mirar hacia arriba para que las imágenes que representaban las leyes físicas del universo sirvieran de punto de arranque. Fludd tenía tanto de químico y técnico de laboratorio como de pensador creativo, y sus intentos de consolidar el conocimiento del mundo que tenía la humanidad eran muy propios de su tiempo. Estableció unos sistemas asombrosamente exhaustivos de símbolos e imágenes para incluirlos en su teatro de la memoria y generar combinaciones nuevas

LA MEMORIA 245

mentalmente, pero al final, sus grandes esfuerzos para amasar todo el conocimiento humano terminaron siendo demasiado para una sola persona. No obstante, sus ambiciones estimularon a sus contemporáneos en lo que respecta a la concepción de una forma más empírica y matemática de registrar la información y, en consecuencia, al inicio mismo de las revoluciones científica y tecnológica.

Gottfried Leibniz, científico y matemático alemán del siglo XVII, emprendió su propio camino en el ámbito del arte de la memoria del mismo modo que Bruno y Fludd, pero fue el primero en sustituir las imágenes y los símbolos por números. En la misma búsqueda incansable de un método combinatorio que permitiera dar sentido a los crecientes volúmenes de información que se iba recopilando para medir el mundo, Leibniz llegó a concebir el principio del cálculo. Este fue uno de los primeros intentos fructíferos de crear un lenguaje totalmente flexible para expresar los datos algorítmicos, y todavía hoy se utiliza en cualquier rama de las operaciones científicas o informáticas para modelar matemáticamente series de información complejas y cambiantes, entre ellas, los sistemas de IA como ChatGPT. Otras formas más computables de dejar constancia del mundo que nos rodea empezaron a sustituir al arte de la memoria, y en 1620, justo un año después de que Fludd desvelara su teatro de la memoria, el filósofo inglés Francis Bacon estableció los cimientos de un nuevo método científico para recopilar y analizar datos a partir de experimentos y observaciones directas. A partir de entonces, no tardamos en almacenar la información de formas más cuantificables, fuera de nuestras propias mentes.

Las extensas memorias informáticas a las que tenemos acceso actualmente son el resultado de un extenso linaje de inventos humanos y grandes hazañas en el campo de la ingeniería técnica. Las tecnologías digitales e internet han sido capaces de hacer lo que Fludd quería lograr con su teatro de la memoria: contener todo el conocimiento humano que se ha recopilado hasta la fecha. La diferencia es que en lugar de ser una única mente la que orquesta estos contenidos, una gran proporción de la población global tiene acceso a una riqueza de conocimientos sin precedentes que nos da la incomparable posibilidad de entender el mundo y crear otras tecnologías y realidades nuevas. Eso sí, si no andamos con cuidado y nos apoyamos demasiado en los dispositivos digitales como almacenes de recuerdos, nos arriesgamos a convertirnos en poco más que espectadores pasivos que se limitan a ser testigos de las grandes proezas de las memorias externas, en lugar de llevar a cabo las nuestras propias.

Los dispositivos digitales dependen de dos tipos de memoria muy diferenciados. El *almacenaje* se refiere al espacio que se utiliza para contener información a la que podemos acceder de nuevo más adelante, como es el caso de los discos duros externos o de las unidades de estado sólido. Estos sistemas nos permiten retener datos a largo plazo de un modo similar a las técnicas antiguas concebidas por Simónides; la diferencia es que los dispositivos de almacenamiento modernos ofrecen unas velocidades y capacidades vertiginosas en comparación con sus homólogos históricos. Por su parte, la *memoria de acceso aleatorio* (conocida como *random access memory* o RAM, por sus siglas), es la función que más se asocia con la memoria de la computadora y es responsable del trabajo que hacemos en cualquier momento: cuando abrimos un programa o cargamos una página web nueva, todo ello ocurre dentro de la RAM, y cuanta más «memoria» tenga el dispositivo, más tareas podrá gestionar. Esta distinción entre los dos tipos de memoria digital que utilizamos actualmente en realidad fue descubierta por personas como Bruno y Fludd, quienes observaron que la información almacenada se podía utilizar de formas más creativas y potentes si se combinaba con la memoria de trabajo.

Resulta que la memoria natural funciona de una forma muy parecida a la memoria computacional. La psicología cognitiva nos dice que contamos con una memoria a largo plazo —que nos permite almacenar grandes cantidades de información para utilizarla más adelante— y la memoria de trabajo, que es la que usamos para llevar a cabo cualquier tarea cognitiva. El cerebro humano posee una capacidad de almacenaje de memoria a largo plazo impresionante: podemos almacenar hasta 2.5 *petabytes* de datos en nuestra mente, lo cual equivale a 2 500 000 000 000 000 *bytes* o a 500 000 millones de páginas de texto estándar impreso. La humanidad no ha dejado de demostrar que, cuando nos aplicamos, somos capaces de almacenar cantidades enormes de información en nuestra cabeza, más de la que podríamos llegar a necesitar. La diferencia principal entre la memoria humana y la digital reside en lo limitada que es nuestra capacidad de memoria de trabajo: mientras que la velocidad de las operaciones informáticas de hoy permite que la RAM ejecute unas cantidades excepcionalmente elevadas de tareas a la vez, intercalándolas en secuencias rápidas y combinadas, los estudios que se han llevado a cabo a lo largo de los años han demostrado que los humanos solo somos capaces de procesar entre cuatro y siete fragmentos de información diferentes a la vez, según el tipo de tarea que tengamos entre manos.

Como ya observaron los intérpretes de Shakespeare, la memoria humana está ligada a la atención: al vivir un papel de la forma más natural y atenta posible, a los actores les resulta mucho más fácil consolidar sus diálogos en la memoria a largo plazo. Antes de poder asimilar totalmente una tarea debemos concentrarnos en ella (no hay otra manera de hacerlo), y cuando lo hacemos, por norma general las operaciones que se dan en nuestra mente no tienen la posibilidad de hacer ninguna otra cosa, sencillamente porque, mientras nos encargamos de la tarea en cuestión, utilizamos toda la capacidad de procesamiento de la memoria de trabajo. Piensa en lo que ocurre cuando nos distraemos con los dispositivos digitales: lógicamente, la capacidad de nuestra memoria se ve dañada. Para poder recordar algo tenemos que alternar activamente entre la memoria de trabajo y la de largo plazo; cuando nos quedamos atascados en un modo de atención más pasivo o distraído, solo suele activarse la memoria de trabajo.

Un estudio llevado a cabo por la UCL en 2022 demostró que utilizar los *smartphones* para recordar información importante podía mejorar la memoria, ya que la estimulaba cuando era necesario y también nos liberaba para recordar datos más urgentes. La memoria almacenada en los dispositivos funciona igual que cualquier sistema de memoria artificial: extiende los lugares en los que podemos almacenar aquello que necesitaremos recordar más adelante, de forma que, naturalmente, la tecnología digital amplía la cantidad de información a la que tenemos acceso. Pero el estudio también determinó que cuando nos quitan el *smartphone* es más probable que olvidemos la información que consideramos más importante y que hemos guardado en los dispositivos.

La memoria y los recuerdos nos moldean y forman parte de la persona que somos. Cuando pensamos en ideas nuevas o se nos ocurren soluciones a problemas, recurrimos mucho a nuestros recuerdos y pensamientos. Esto ocurre sobre todo en los momentos tranquilos de introspección y de atención plena. Así, es lógico que, si no tenemos en la cabeza los recuerdos y los datos más importantes, sino que los almacenamos en un dispositivo, no podremos utilizarlos en dichos momentos de contemplación. De ahí que externalizar la memoria en los dispositivos tenga un impacto negativo en nuestra capacidad de pensar.

Hasta hace poco, la mayoría de los psicólogos creían que nuestros cerebros funcionaban como grabadoras de alta fidelidad, pero lo cierto es que los recuerdos no se parecen en nada a la información que guardamos perfectamente organizada en las carpetas de un disco duro. Más bien, forman parte de una compleja red de asociaciones que, en sí misma, es el reflejo de la estructura física del cerebro. El cerebro humano se compone principalmente de neuronas, y lo que cuenta son las conexiones, las ondas de corriente eléctrica que pasan de unas a otras. Una neurona por sí sola no puede hacer mucho, pero cuando los 100 000 millones de neuronas del cerebro humano trabajan juntas —y cada una de ellas se une hasta a otras diez mil—, nuestras mentes son capaces de hacer 1 000 billones de conexiones distintas. Nuestra memoria consiste en patrones de asociación entre multitudes de enlaces: cada sensación que recordamos o pensamiento que nos pasa por la cabeza altera dichas conexiones y cambia físicamente el cerebro de formas siempre nuevas.

Una de las principales razones por las que el arte de la memoria se estudiaba con tanto fervor en las tradiciones monásticas en la era medieval fue la observación de que, cuanto más plenamente memoricemos algo, más podremos usarlo para pensar de un modo flexible y generativo y crear un yo nuevo. Esta sutil comprensión de la interrelación positiva entre la memoria y la imaginación demostraba una clarividencia asombrosa, ya que es exactamente la postura que mantiene la ciencia cognitiva actual: cuando recordamos algo, recombinamos múltiples fuentes de información de la gran variedad de enlaces asociados del cerebro, y los pensamientos nuevos que tenemos surgen de las experiencias pasadas que hemos acumulado. Las conexiones más profundas son las que hemos vivido con mayor intensidad, ya sea a través del abanico completo de los sentidos humanos o repasando una y otra vez un problema para verlo desde muchas perspectivas distintas, y es esta experiencia tan profundamente arraigada la que da pie a la intuición y a la comprensión natural y polifacética, un proceso que jamás podrá igualar ninguna búsqueda o repaso rápido de un texto en un dispositivo (tanto es así que el aprendizaje automático complejo solo ha sido posible a partir de que los intentos de forjar una IA pasaron de usar líneas de código secuenciales a apoyarse en conjuntos de datos masivos y en el reconocimiento de patrones).

Los dispositivos de memoria digital son el equivalente actual de los enormes sistemas de memoria artificial que solíamos retener en nuestra mente. En este sentido, somos increíblemente afortunados, y es que construir y mantener nuestra propia memoria artificial comporta un esfuerzo enorme, y la potencia de la memoria digital supera la de cualquier palacio de la memoria, por muchos adornos que le pongamos. Pero la omnipresencia de la memoria digital está empezando a sustituir también a gran parte de nuestra memoria natural, y la única forma de mantener y enriquecer las conexiones que se establecen en nuestra mente es utilizando la memoria natural junto con la memoria artificial o externa.

La memoria desempeña un papel fundamental en la condición humana —un tema al que Shakespeare volvía con frecuencia—, lo que significa que cuando cedemos funciones de la memoria natural a las computadoras, perdemos aspectos vitales de nosotros mismos. Por fortuna, podemos desarrollar nuestras habilidades de memoria natural a base de usarla y practicar. Si nos fijamos con más atención cuando asimilamos información o experiencias nuevas, podremos regular la profundidad, la claridad y la fuerza de cualquier recuerdo posterior. Limpiar nuestro entorno sensorial —en concreto, eliminar las distracciones digitales— nos ayudará a asegurarnos de que las percepciones iniciales sean más vívidas y, por lo tanto, más fáciles de traer a la memoria. La memoria se nutre del uso y de las asociaciones inteligentes, de forma que si invocamos nuestros propios recuerdos con más frecuencia, podremos mejorar nuestra capacidad de visualización. Asimismo, identificar cuándo las tecnologías digitales están haciendo que infrautilicemos la memoria natural —cuando confiamos demasiado en las fotografías para capturar los momentos, por ejemplo, o cuando sacamos un dispositivo demasiado rápido para anotar algo— puede ayudarnos a construir unos hábitos más beneficiosos para crear unos recuerdos más claros que permanezcan con nosotros durante más tiempo. A menudo, la mejor técnica para recordar consiste sencillamente en volver a sumergirnos en la vida que avanza sin parar a nuestro alrededor.

Mejorar la memoria nos mejora la mente. No solo agudiza la habilidad de prestar atención y nos ayuda a concentrarnos durante periodos más largos de tiempo, sino que también se nos da mejor tener pensamientos creativos y originales para llegar a niveles más profundos y refinados de comprensión. Su impacto en nuestra forma de ver la vida no se puede exagerar, porque nuestra memoria es, sin lugar a duda, nuestro mundo. Hagamos lo que hagamos, cualquier contacto o interacción que establecemos ocurre a la luz de nuestros pensamientos internos y nuestros recuerdos. Así pues, desarrollar y mantener nuestra propia memoria con actividades que nos estimulen mentalmente es el medio más directo del que disponemos para enriquecer nuestra agudeza mental en el día a día, y puede incluso contribuir a reducir el riesgo de padecer alzhéimer o demencia.

La memoria es como cualquier atributo físico que queramos entrenar —como la fuerza, la resistencia o la agilidad—, y si no practicamos de forma habitual, también puede atrofiarse por falta de uso. Las insondables cantidades de texto, imágenes y videos que encontramos o dejamos en internet ejercen un efecto negativo en la memoria. Al tener que esforzarnos por gestionar y filtrar una riada constante de información y delegar en la memoria digital la tarea que debería asumir nuestra propia memoria natural, invertimos menos en forjar nuestra personalidad individual. Y aunque de vez en cuando detectemos pequeñas lagunas de memoria que parecen inevitables en esta época digital y tan ajetreada —como cuando olvidamos el nombre de alguien o un cumpleaños importante—, no siempre resulta fácil detectar los efectos a largo plazo del uso excesivo de la memoria digital. La buena noticia es que tiene solución: puedes seguir disfrutando de los beneficios de la tecnología digital y, al mismo tiempo, pulir tu memoria natural.

Refuerza la memoria

La memoria es una extensión natural de la atención. Para crear un recuerdo, debes codificarlo y almacenarlo para poder recuperarlo más adelante, y de estos tres procesos, la forma en que la mente codifica una situación originalmente es la más importante. Cuanto más vívida sea la primera impresión, más duradero será tu recuerdo de ella; por eso, cuando prestas atención de verdad a algo, las posibilidades de que lo recuerdes más adelante aumentan drásticamente. Cualquier método para entrenar la memoria se basa en esta premisa fundamental. La memoria sensorial es especialmente importante: cuanto más presentes tengas las sensaciones físicas de la vista, el sonido, el tacto, el olfato y el gusto, más cercana te resultará la impresión inicial que tu cerebro tuvo de la experiencia en cuestión. Las emociones también desempeñan un papel fundamental: tu memoria mejorará significativamente si lo que tratas de recordar está relacionado con algo que te haya marcado, o si te provoca sentimientos o pensamientos de algún tipo. Pero también puedes probar otros métodos para mejorar tu capacidad de recordar.

El arte de prestar atención

Cuando algo te resulte importante, asegúrate de prestarle toda la atención y vivirlo con toda la intensidad que puedas. Trata de evitar que los pensamientos transitorios te distraigan y sumérgete lo máximo posible en la experiencia. Algunos momentos de la vida, como el día de tu boda o el nacimiento de un hijo, son sumamente únicos y, por tanto, memorables, pero es fácil que otros instantes positivos y luminosos te pasen por alto. Incluso los episodios de una belleza deslumbrante a veces solo logran captar nuestra atención durante un instante, pero ¿cuántas superlunas, nubes invertidas o cielos nocturnos libres de contaminación lumínica tendrás la oportunidad de ver a lo largo de tu vida? La próxima vez que vivas un momento efímero de gran repercusión personal, utiliza tu interés natural para mantenerte absorto en él: observa los pequeños detalles, traslada la atención de un punto a otro y trata de construir un recuerdo lo más rico y definitivo que puedas. Fíjate en la sensación de los pies dentro de los zapatos, o en la suavidad de la palma de la mano que tienes entrelazada con la tuya, y céntrate en la sensación física única que te aporta estar en este preciso lugar. Presta especial atención al entorno, ya que ser muy consciente del espacio en el que te encuentras te ayudará a recordar cada detalle en un futuro.

Estimular la profundidad de tus percepciones puede convertirse en un hábito saludable en poco tiempo, y con la práctica, en una forma cada vez más normal de vivir tu vida. Cuanto más capaz seas de despertar tu interés por algo y mantenerlo sirviéndote de tu propia curiosidad, más detalles sabrás absorber y más durará el recuerdo.

Cómo pasar a la acción

- Activa tu curiosidad: céntrate en los pequeños detalles sensoriales para construir un recuerdo más rico y vívido de esa experiencia que quieres recordar en el futuro.
- Busca conexiones inteligentes: establece nexos deliberados entre los recuerdos y la experiencia que estás teniendo para arraigarlos con más fuerza en tu mente.

Consolida tus recuerdos

Remóntate al mismo día y la misma hora de la semana pasada. ¿Cuánto recuerdas acerca de lo que estabas pensando o haciendo? Incluso lo que ocurrió ayer puede parecer borroso si en su momento no prestaste demasiada atención. Además de estar más atento al momento presente, dedicar un tiempo a consolidar y organizar tus recuerdos pasado el momento también puede ayudar a mejorar la memoria.

Si pasas un momento repasando deliberadamente lo que ha ocurrido durante el día, tendrás muchas más posibilidades de que tus recuerdos queden bien arraigados. Cuando revivimos los acontecimientos mentalmente, los reforzamos porque activamos la atención y la memoria de trabajo. Una forma fantástica de hacerlo es desarrollar el hábito de escribir en un diario en el que repases —y sondees— tus recuerdos recientes. También ayuda contar anécdotas (al fin y al cabo, los relatos son el medio principal que hemos utilizado los humanos para conservar nuestros pensamientos a lo largo de la historia), al igual que llamar por teléfono o enviar correos electrónicos o cartas diaria o semanalmente para compartir las noticias relevantes con un amigo o familiar también pueden ser dos maneras muy útiles de consolidar y solidificar los recuerdos.

Cuanto más deliberado seas, mejor. Y con la práctica, incluso con que pases unos pocos minutos cada noche repasando lo que ha ocurrido durante el día bastará para que tenga un efecto profundo en la precisión y los niveles de detalle que serás capaz de recordar más adelante.

Cómo pasar a la acción

- Lleva un diario durante un mes: reserva un tiempo cada noche para repasar mentalmente lo que ha ocurrido durante el día y anótalo.

Protege tu atención

El hecho de que tu memoria de trabajo sea limitada te reporta grandes beneficios. Que solo puedas pensar en unas pocas cosas a la vez tiene la importante función de filtrar el mundo para que tú no tengas que hacerlo; de lo contrario, te ahogarías entre un torrente de información irrelevante. La mayoría de tus observaciones no duran más de una fracción de segundo y pasan por tu mente sin que tengas la necesidad de conservarlas. Pero cuando ocurre algo importante, tienes que registrarlo con más intensidad antes de tener siquiera la oportunidad de codificarlo y almacenarlo, y en estas ocasiones viene muy bien ser más consciente y cuidadoso con lo que mantiene ocupada la memoria de trabajo.

Para formar un recuerdo vívido que goce de la claridad y del detalle necesarios como para conectarlo con otras asociaciones en tu mente, necesitas cierto tiempo para trabajarlo como es debido, y si estás concentrado, toda tu memoria de trabajo se activará mientras lo haces. Pero lo cierto es que no hacen falta grandes distracciones para que la capacidad de la memoria se vea seriamente comprometida. En cuanto la atención se va a otra parte, la cadena de conexiones que tu memoria de trabajo estaba procesando se rompe de inmediato, y suele hacer falta un gran esfuerzo mental para retomarla donde lo habías dejado. Normalmente, el recuerdo que estabas construyendo ya nunca se termina, y las probabilidades de arraigarlo plenamente junto a tus otros pensamientos se reducen en gran medida. Cuando ocurre, es fácil identificar esa sensación de desorientación y disonancia: la mente da un salto cuando la arrancas de lo que la tenía absorta, y puede que le cueste unos trabajosos segundos adaptarse a las nuevas circunstancias que ahora tienen tu atención. Puede que incluso te pongas de mal humor. Fíjate en este tipo de momentos en concreto, ya que cumplen la valiosa misión de indicarte cuándo necesitas, a lo largo del día, proteger especialmente tu atención.

Cuando estés tratando de concentrar toda tu atención, ten muy presente qué otras cosas están ocupando tu memoria de trabajo, sobre todo cuando te estás esforzando por aprender algo nuevo o consolidarlo en tu mente para disponer de ello más adelante. Los entornos tranquilos ayudan muchísimo. Cuando procesamos información —en especial, en forma escrita u oral—, solemos apoyarnos en un «bucle fonológico» para repetir las cosas una y otra vez mentalmente hasta que las entendemos y las asimilamos. Se trata del mismo bucle que puede quedarse estancado con una canción pegadiza u otros pensamientos que puedas tener en repetidas ocasiones a lo largo del día, pero en los momentos en los que estás totalmente concentrado en algo, te permite procesar y mover información entre la memoria de trabajo y la memoria a largo plazo.

Cómo pasar a la acción

- Observa tu mal humor: fíjate en los momentos en que una interrupción o distracción súbita te provoca un estrés innecesario y piensa en cómo podrías proteger tu concentración.
- Prueba los audífonos con cancelación de ruido: pide prestado un par y utilízalo en un contexto ajetreado cuando necesites concentrarte y fíjate en si cambia algo en tus niveles de atención.
- Busca un entorno más aislado: encuentra un lugar que te resulte cómodo para trabajar en los momentos en que necesites concentración plena.

Fíjate en lo que más te distrae en el día a día —en especial, en las distracciones que más te irriten o desconcierten— y piensa detenidamente en qué medidas puedes tomar para proteger tu atención en esos momentos. En los entornos ajetreados y bulliciosos, los audífonos con cancelación de ruido pueden ayudarte a proteger el funcionamiento del bucle fonológico. Y si no te sirven, a menudo basta con alejarte y buscar un lugar más aislado; por ejemplo, las bibliotecas suelen ser un entorno más propicio para llevar a cabo tareas que requieren concentración que una cafetería llena de gente o una oficina diáfana. Cuando de verdad necesites reflexionar y pensar en algo, la mejor opción suele ser salir a dar un paseo.

Entrena la memoria de trabajo

En 2008, dos neurocientíficos presentaron un estudio académico que demostraba que es posible mejorar la memoria de trabajo, pero quizá no como imaginas. Resulta que entrenar la memoria de forma regular no aumenta la capacidad de la memoria de trabajo de almacenar más información en la mente, sino que se reduce su capacidad, al menos en lo que respecta a la información irrelevante que interfiere con la tarea que estás llevando a cabo. Con la práctica podrás mejorar la habilidad de la memoria de trabajo para ignorar rápidamente las distracciones digitales y del mundo real u otros pensamientos no relacionados para ser capaz de concentrarte mejor en lo que tengas entre manos.

Cuando emprendemos una tarea complicada que requiere esfuerzo intelectual ya estamos entrenando la memoria de trabajo de forma natural. En concreto, leer ficción es un ejercicio fantástico para la memoria de trabajo: cuando te metes de lleno en la historia y vas pasando las páginas hasta llegar al final, tu mente debe almacenar una cantidad ingente de detalles sobre los distintos personajes y el desarrollo de la trama. Uno de los primeros signos de las etapas tempranas de la demencia puede ser que el paciente deje de leer ficción porque le resulta demasiado difícil. Los juegos de lógica complejos, como el ajedrez, el *bridge* o los sudokus, también son una forma magnífica de obligarte a mantener cantidades cambiantes de información en la memoria; asimismo, los videojuegos que exigen atención y precisión lógica pueden ayudar. Seguir instrucciones minuciosamente —ya sea al montar un mueble o al cocinar un plato complejo— también pone a prueba la memoria de trabajo de modos sumamente sanos.

Es fácil detectar los momentos en los que la memoria de trabajo está lo suficientemente estimulada. La próxima vez que decidas hacer algo complicado, fíjate en cuándo tu mente parece atascarse o vaciarse; esta fatiga mental puede resultar muy molesta, y es habitual que queramos parar o que busquemos ayuda. Pero estos descansos resultan muy útiles, ya que indican en qué ámbitos podemos mejorar; si persistes en la tarea en cuestión, lograrás avanzar al máximo y entrenar tu mente para seguir los pasos que necesitas con mayor precisión.

Cómo pasar a la acción

- Toma una novela: observa cómo el desarrollo de la narración pone a prueba y tensa tu memoria de trabajo.
- Presta atención a cuándo se «atasca» tu cerebro: fíjate en esos momentos incómodos en los que la mente parece vaciarse y aturdirse; céntrate en tomar las decisiones más beneficiosas para tu progreso.

- Pon a prueba tu memoria de trabajo: intenta elaborar una lista, recordar y ordenar según tus preferencias los capítulos que has leído.
- Haz ejercicios de memoria diariamente durante un mes: dedica diez minutos al día a ejercitar la memoria de trabajo.

Si tu trabajo es muy numérico o implica mucho texto y normalmente dependes de tus propias habilidades para procesar grandes volúmenes de información, lo más probable es que ya estés entrenando tu memoria a diario. Aun así, sea cual sea tu situación laboral, siempre se puede mejorar. Una forma muy gratificante de desarrollar la capacidad de la memoria es buscar proyectos nuevos o tareas semanales que pongan a prueba tu mente de forma regular y te obliguen a recordar detalles a medida que los llevas a cabo. También puedes hacer ejercicios diarios, y si los tomas en serio, enseguida apreciarás los resultados. En internet es muy fácil encontrar pruebas y ejercicios de memoria; en esencia, todos tratan de que mantengas unas cantidades de información cada vez más complejas en la mente y que las gestiones según distintas secuencias. He aquí uno de estos ejercicios para que te pongas en marcha: trata de hacer una lista de los títulos de los capítulos de este libro que has leído hasta ahora y, en tu mente, ordénalos alfabéticamente. Piensa en qué es lo más importante que has aprendido en cada capítulo y entonces ordénalos siguiendo ese orden de importancia. Verás que los últimos dos pasos te cuestan mucho más: este es justamente el tipo de esfuerzo mental que necesitas para desarrollar y mantener tu memoria de trabajo.

Haz que la memoria digital trabaje para ti

Ni las fotos ni los videos se pueden comparar con los propios recuerdos, solo sirven para estimular una imagen mental. Pero puede que hayas visto que las fotos a veces tienen el poder de apoderarse de tu historia personal: cuando pensamos en un momento del pasado (y en concreto uno del que tenemos buenas fotografías), a menudo las imágenes que nos vienen a la mente son las de las fotos que tomamos en lugar de la gran variedad de cosas que ocurrieron en realidad.

La memoria digital es muy útil cuando se trata de computar grandes cantidades de datos para ofrecer respuestas precisas. Esa es una ventaja incuestionable, y hoy en día muchas cosas serían imposibles de hacer sin esa capacidad de procesamiento digital. Pero cuando la memoria digital y el poder computacional empiezan a suplantar tus propias capacidades, tu inteligencia se ve comprometida.

Si adviertes que no siempre puedes confiar en tu memoria o que a veces te cuesta trabajo hacer ciertas tareas que sabes que no deberían ser demasiado complicadas, lo más probable es que la memoria digital te esté afectando. La memoria natural está diseñada para ayudarte en el día a día: en las condiciones en las que hemos vivido los humanos durante la mayor parte de nuestro pasado, las dificultades de la existencia diaria habrían bastado para mantener nuestra memoria en buena forma. Sin embargo, ahora que la tecnología digital está implicada en tantos de los momentos de nuestra vida, en general de formas muy útiles, la cantidad de veces en que nos vemos obligados a depender de nuestras propias habilidades de memoria se han reducido inevitablemente. Afortunadamente, adaptar los usos que damos a la tecnología puede ayudarnos a recuperar la memoria, como con las sugerencias que aquí planteo. También es importante tener presente la íntima relación que existe entre las habilidades de orientación y las capacidades generales de la memoria: si desarrollas tu competencia a la hora de orientarte, ya estarás dándole un buen empujón a tu memoria.

Ahora bien, eso no significa que tengas que tomar medidas extremas para limitar tus interacciones con la memoria digital que tan integrada está en nuestra cultura. Recuerda que nuestros antepasados debían dedicar días, semanas, meses e incluso años de sus vidas a almacenar datos en los espacios de memoria artificial que creaban en su mente, mientras que tú tienes a tu disposición internet y herramientas de la IA, es decir, unas memorias externas de una capacidad y potencia enormes para llevar a cabo la actividad que quieras. Lo más importante es aplicar la destreza mental y el sentido común para dar el mejor uso activo a la memoria digital, algo que podrás hacer si mantienes tu mente en forma de otras maneras.

Entrenar la memoria de trabajo es el primer paso y también el más importante, ya que todas las habilidades mentales parten de ella. Establecer el hábito de pasar tiempos alejado de las pantallas te puede resultar muy beneficioso si tienes que leer un artículo extenso o digerir información compleja; si intentas recordar los puntos clave sin acudir a la fuente, estarás fortaleciendo tu memoria de trabajo y mejorando significativamente tus posibilidades de recordarlo más adelante. Navegar por internet de forma pasiva y consumir textos sin darles demasiada importancia no da al cerebro la oportunidad de formar conexiones sólidas, mientras que aplicar la información que encuentras en internet a situaciones o proyectos de la vida real te ayudará a solidificar los conceptos en la memoria. Si quieres memorizar algo en concreto —por ejemplo, si estás aprendiendo un idioma nuevo o te estás preparando para un examen o una presentación—, los llamados programas de repetición espaciada, de los que encontrarás una gran variedad en internet, te permiten crear tarjetas con la información que quieres recordar y optimizar los intervalos y repeticiones de visionado para aumentar la retención.

Buscar un pasatiempo nuevo que te exija cierta energía mental para asimilar la información nueva necesaria sin utilizar la memoria digital también es una forma excelente de mantener la memoria de trabajo en forma y de protegerte contra los efectos nocivos que puede tener sobre tus habilidades utilizar demasiado la memoria digital.

CAPÍTULO
10

Los sueños

NUESTRA VERDADERA FUERZA CREADORA INTERIOR

A finales de 1797, Samuel Taylor Coleridge se despertó de un sueño y escribió «Kubla Khan», uno de los poemas más famosos de la lengua inglesa. Ese mismo día había dado un largo paseo a lo largo de la costa del norte de Devon. Según el particular prefacio que acompaña al poema, Coleridge se detuvo a pasar la noche en una granja y se quedó dormido mientras leía sobre Kublai Khan, el fundador de la dinastía Yuan de China, en un libro de crónicas de viaje escrito por el clérigo y geógrafo inglés Samuel Purchas. En el mencionado prefacio, Coleridge presenta el poema como una «curiosidad psicológica», un registro momentáneo de la sucesión de imágenes que aparecen en un sueño. Dice sobre los versos que los concibió íntegramente mientras dormía y que al despertarse ya estaban formados, listos para ser anotados. El poema empieza fuerte: «En Xanadú, Kubla Khan / decretó la construcción de una majestuosa mansión de placer». Basándose en la última frase que había leído en el libro de Purchas, se suceden una serie de imágenes emocionantes y detalladas del flujo de Alfa, «el sagrado río», que corre por un profundo abismo romántico y a través de «rutas inconmensurables para el hombre» hasta «precipitarse en un mar sin sol». Es innegable que leer el poema es como meterse en un sueño, y hoy se considera una representación reveladora de cómo funciona la mente cuando dormimos o fantaseamos.

262   SIGAMOS SIENDO HUMANOS

Coleridge había estado leyendo mucho ese año. Se había mudado a Nether Stowey, un pueblecito a los pies de las pintorescas colinas de Quantock en el suroeste de Inglaterra, y se había dedicado al estudio intensivo para prepararse antes de ponerse a escribir. Su amigo íntimo y también poeta William Wordsworth había alquilado una casa cercana con su hermana, Dorothy, así que pasaban gran parte de su tiempo conversando mientras daban largos paseos y solían comentar las lecturas de Coleridge, así como un variadísimo abanico de temas. Los últimos años del siglo XVIII fueron tiempos de exploración y descubrimiento, y los viajeros explicaban sus aventuras en libros extensos y evocadores. Coleridge los leía con especial interés y se afanaba anotando sus observaciones en cuadernos de ideas o en los márgenes de los libros. A pesar de no ser largo, algunos críticos afirman que «Kubla Khan» se inspira en más fuentes bibliográficas que cualquier otro poema de la lengua inglesa. Existen abundantes estudios que hablan de los posibles y variados orígenes literarios de las escenas terrenales ricas y exóticas del poema de Coleridge y que, a su vez, arrojan luz sobre una compleja red de asociaciones; o, dicho de otra manera, sobre la memoria del autor.

En aquellos días, Coleridge produjo gran parte de la obra por la que hoy se le recuerda, como su libro *La balada del viejo marinero* y el poema «Helada a medianoche». Más adelante cayó presa de los problemas que su adicción al opio le suponían a la hora de leer, escribir y seguir su proceso creativo, y solía recordar con gran pesar aquel periodo formativo en el que sus talentos e ideas le habían llegado con tanta facilidad. Coleridge era un soñador y desarrolló una habilidad temprana que le permitía aplicar su imaginación a cualquier situación a la que se enfrentara. En concreto, buscaba y se fijaba constantemente en cosas nuevas —en sus propias palabras, «recogía flores de la galaxia»—, antes de refugiarse en su propia mente para formar conexiones profundas e impresiones complejas a partir de sus experiencias. Para explicar cómo funcionaba la imaginación humana, a menudo evocaba la imagen de un electrómetro, un trozo diminuto de un delicado papel dorado en el interior de un recipiente de cristal de vacío que reaccionaba ante las sutiles fluctuaciones de la carga eléctrica del mundo exterior. Para Coleridge, la capacidad de crear con la propia mente era la habilidad más poderosa de los humanos, y era, además, el agente principal de toda percepción, nuestra «verdadera fuerza creadora interior». Su traslado a Nether Stowey formó parte de su rechazo deliberado por perseguir una carrera literaria o periodística más convencional, un esfuerzo por alcanzar una forma nueva de autosuficiencia que le propiciara crecimiento y, esperaba, una mayor capacidad de pensamiento creativo.

A lo largo de su vida, Coleridge suscribía la idea de que la poesía era una fuerza puramente imaginativa: dependía de la potencia de la mente individual para utilizar el texto y concebir pensamientos animados, para inventar y emplear formas totalmente nuevas. La poesía era capaz de extraer visiones ricas y definidas y, así, llevar al lector u oyente en un viaje de imágenes cambiantes formadas en su mente. Coleridge, muy perceptivo para la época, proponía que la forma en que los ojos «crean imágenes cuando están cerrados» dependía de las mismas capacidades imaginativas que poseemos para contar recuerdos o visualizar situaciones nuevas y futuras. Prestaba mucha atención a sus propias experiencias internas y se dio cuenta de que, en sus momentos privados, pasaba tanto tiempo reproduciendo distintas escenas visuales en su mente como registrando lo que ocurría en el mundo exterior. Y es que, en muchos de nuestros momentos más solitarios o privados, cuando más creativos somos, y cuando repasamos momentos pasados, solemos reconstruirlos de formas verdaderamente fantásticas e inesperadas, sin que ninguna regla o límite nos condicione.

El salto más innovador de Coleridge le llegó al darse cuenta de que esta narración visual que experimentamos mientras estamos despiertos se da también de una forma muy parecida cuando dormimos. En la vida diaria, cuando tenemos un pensamiento nuevo o surge algo que exige que le prestemos más atención, una corriente fluida de imágenes mentales se impone —de tal forma que a veces termina distrayéndonos— sobre cualquier otra cosa que estemos haciendo. Cuando soñamos, la misma visión interna crea escenas que van evolucionando, pero esta vez controlan toda nuestra atención. Coleridge observó una relación natural entre los momentos que pasamos despiertos y los distintos estados del sueño que atravesamos. Reconoció que, en cualquier momento de la vida —tanto si estamos totalmente despiertos como profundamente dormidos—, el inconsciente desempeña un papel de suma importancia en la generación de lo que aparece en la mente y nutre muchos de los momentos de más creatividad e inspiración. Apreciaba mucho esos momentos liminales entre el sueño y la vigilia, y observó que en esos intervalos pasajeros podía sacar provecho de una fuente casi ilimitada de pensamiento creativo.

Desde su publicación, «Kubla Khan» se convirtió en uno de los mejores ejemplos del poder que ejerce sobre nosotros la poesía o cualquier otra actividad creativa, así como de la forma en que nuestros sueños pueden moldear nuestras vidas y recuerdos. Al demostrar cómo las mentes crean y desarrollan ideas nuevas, Coleridge sacó a relucir la función formativa que el sueño en particular puede ejercer para proporcionarnos pensamientos y perspectivas nuevos. Coleridge escribió extensamente, sobre todo en sus cuadernos privados, pero también para revistas y periódicos, así como en los libros que publicó. Y, aun así, «Kubla Khan», con sus apenas trescientas cincuenta palabras, es el que mejor representa la importancia de algunos de nuestros momentos más íntimos y privados, especialmente los que transcurren entre el sueño y la vigilia, y el que mejor demuestra cómo los estados de ensoñación pueden reforzar la creatividad.

Las razones por las que dormimos y soñamos fueron objeto de debate durante mucho tiempo, aunque es evidente que pasar una tercera parte de la vida apartados de los acontecimientos del mundo exterior debe tener sus ventajas, ya que de lo contrario la evolución no nos habría llevado por ese camino. En los últimos veinticinco años, una serie de estudios sobre neurociencia han demostrado fehacientemente que el sueño contribuye a casi todos los procesos corporales y psicológicos, desde la regeneración celular y la calibración del sistema inmune y del metabolismo hasta la regulación de las emociones y la perspectiva vital. Dormir es el factor clave que determina la salud y el bienestar, más que la dieta o el ejercicio. Si no durmiéramos, nos moriríamos. No hace falta más que perder una porción importante de descanso para que su función esencial enseguida se haga patente: nuestras habilidades físicas y mentales se ven seriamente perjudicadas.

Uno de los descubrimientos más claros de la neurociencia en los últimos años es la multitud de formas en que el sueño controla la memoria y la creatividad. Cada noche alternamos entre dos fases diferenciadas del sueño: la no REM, que es en la que no se producen movimientos oculares rápidos y pasamos de un sueño ligero a otro más profundo, y la fase REM, en la que existen movimientos oculares rápidos y que suele iniciarse unos noventa minutos después de dormirse y es en la que más soñamos. A lo largo de la noche vamos pasando más y más tiempo en la fase REM, y llenamos la segunda mitad de la noche con la mayor parte de los sueños. Al soñar revivimos nuestras experiencias, y al combinar distintas asociaciones de formas originales y nuevas, remodelamos y actualizamos los circuitos neuronales del cerebro. Esto nos ayuda sobre todo a gestionar el almacenaje finito que tenemos disponible, y que da prioridad a lo importante y desecha lo que se puede olvidar. Por medio del proceso de soñar, el sueño REM refuerza las conexiones de la mente y forja otras nuevas, mientras que durante las fases no REM hacemos limpieza de toda la información innecesaria y las impresiones que quedan se transfieren a la memoria de largo plazo. Al dormir podamos y damos forma a la mente, y nos llevamos los cambios a la vida que vivimos despiertos.

Durante el transcurso de unos cuarenta años, Coleridge fue registrando sus sueños y los distintos estados de conciencia en sus cuadernos; en muchas ocasiones podemos ver en sus notas que se ha despertado con una frase o una idea en mente y que la ha garabateado rápidamente para tratar de conservarla. Tenía la costumbre de escribir sus sueños justo al despertarse, pero a veces lo dejaba para horas, días o incluso semanas más tarde. Las entradas en las que capturaba sus sueños de inmediato son concisas y entrecortadas: pasa directamente a la esencia de lo que estaba sintiendo y lo plasma brevemente en el papel, inventando incluso nuevas palabras para representar una imagen o utilizando un código numérico. Si volvía a revisar un sueño en otro momento, normalmente le costaba entender lo que había pasado, y cuando podía intentaba recuperar un pensamiento o sentimiento en concreto. Planteaba que lo que más lograba despertar la memoria y las ideas imaginativas nuevas era la presencia de un estado de ánimo concreto, sobre todo cuando se repetía o se asemejaba a uno anterior. Observó que las emociones fuertes eran la base de muchos de sus sueños, y estas emociones eran las que estimulaban los recuerdos para volver a resurgir.

Cuando estamos en la fase no REM, las conexiones neuronales del cerebro forman una unión mental perfectamente coordinada: el córtex cerebral, el cual desempeña un papel fundamental en la atención, la percepción, la conciencia y el pensamiento, se relaja de forma deliberada y entra en lo que se denomina «red de modo predeterminado», en un estado casi de hibernación. En la fase REM ocurre lo contrario. Solemos estar más atentos cuando soñamos que cuando estamos despiertos —algunas partes del cerebro están hasta un 30 % más activas— y, aunque la actividad de las ondas cerebrales eléctricas suele estar elevada, no deja de ser muy parecida a la de cuando estamos despiertos. Esto es precisamente lo que observó Coleridge: las imágenes que recordaba de sus sueños eran más vívidas que muchas de sus imaginaciones de la vida diaria, y dedujo que eran el resultado directo de la carencia total de impresiones externas sobre los sentidos cuando soñamos.

En la fase REM somos espectadores de nuestro teatro privado de la memoria y no tenemos distracciones ni interrupciones, excepto cuando algo nos despierta de pronto, y vemos los distintos acontecimientos de nuestras vidas combinándose en secuencias y asociaciones siempre nuevas. La cantidad de tiempo que pasamos soñando es muy distinta de la de otros primates; mientras que nosotros dormimos ocho horas al día de media y otros primates duermen mucho más, de diez a quince horas, nosotros conseguimos pasar más tiempo en la fase REM: solemos pasar soñando entre el 20 y el 25 % del tiempo que dormimos, mientras que otros primates se quedan en un 9 %. Se trata de otro atributo más que nos hace únicos entre los mamíferos: ninguna otra especie dedica tanto tiempo como nosotros a consolidar los recuerdos mientras duerme o a afinar las conexiones del cerebro.

Hoy, la neurociencia confirma lo que Coleridge creía de forma instintiva, y es que cuando soñamos tomamos las experiencias más recientes, que mantenemos «frescas» gracias al sueño no REM, y empezamos a fusionarlas con otros recuerdos de toda la historia de nuestras vidas. Como

LOS SUEÑOS

si de una reacción química se tratara, nuestros recuerdos se combinan para formar ideas nuevas. Cuando descansamos bien por la noche, solidificamos lo que hemos aprendido durante el día y las enormes redes asociativas de los recuerdos que se activan en la mente durante la fase REM crean nuevos vínculos entre experiencias que no guardan relación alguna entre sí. Esto es justamente lo que le pasó a Coleridge al quedarse dormido en la granja. Al caer en un sueño profundo y empezar a soñar, su mente tomó su experiencia más reciente, la lectura sobre Kublai Khan y Xanadú, y la empalmó con toda una serie de pensamientos e imágenes.

Muchos han sido los académicos que han estudiado minuciosamente los cuadernos de Coleridge y sus anotaciones en libros del mismo periodo, y afirman que la lectura que da sustancia a gran parte del poema procede de los cuatro continentes: parece que Coleridge podría haber recibido influencias de crónicas de viajes sobre Asia, África, Norteamérica y Sudamérica, así como de las obras de los autores griegos clásicos Platón, Heródoto y Estrabón, de los escritos de la Roma clásica de Séneca y Virgilio, y de *El paraíso perdido*, del poeta inglés del siglo XVII John Milton, entre otras fuentes. Y, aun así, hay algunos versos del poema cuyos orígenes literarios no se han descubierto. Lo más probable es que surgieran de las lecturas generales de Coleridge o de sus paseos y extensas conversaciones con Wordsworth, así como de un repaso profundo de su inconsciente y de las experiencias que había vivido hasta entonces. Cuando se despertó, los versos del poema fluyeron rápidamente y sin esfuerzo de su pluma.

La historia está llena de relatos sobre soluciones alcanzadas tras una buena noche de descanso, o de ideas totalmente nuevas que surgen al despertar, como la visión de George Daniels de la rueda de escape coaxial. La tabla periódica de los elementos se concibió en un sueño: el químico ruso Dmitri Mendeléyev se quedó dormido mientras se peleaba con un patrón que había observado en los pesos atómicos; se despertó de golpe, visualizando una tabla en la que todas las partes constituyentes del universo conocido estuvieran ordenadas, y se puso a escribirla. Y no fue hasta que el también químico August Kekulé tomó una siesta frente a la chimenea y soñó con una serpiente que se comía su propia cola que logró determinar la estructura en forma de anillo del benceno. Es conocida la historia de la autora Mary Shelley, quien dio con la forma y la estructura narrativa de su novela *Frankenstein* tras despertarse de una pesadilla especialmente aterradora, mientras que Charles Dickens, en su ensayo *A Sleep to Startle Us* [Un sueño para asustarnos], explica que él también solía despertarse de sus sueños con una historia o personajes como Ebenezer Scrooge, de *Cuento de Navidad*, y la señorita Havisham, de *Grandes esperanzas*, perfectamente formados en su cabeza. Se cuenta de los compositores de música clásica Brahms, Puccini y Wagner que hicieron los arreglos de algunas de sus composiciones más conocidas mientras dormían. Y muchas canciones del canon contemporáneo de la música popular también han surgido de sueños: Paul McCartney escribió «Yesterday» y «Let It Be» justo al despertar, y Keith Richards, de los Rolling Stones, creó el *riff* de apertura de «Satisfaction» mientras estaba profundamente dormido.

Existen estudios llevados a cabo por neurocientíficos que confirman que, cuando dormimos, los juicios que tanto nos condicionan desaparecen para que las ideas y los pensamientos puedan confluir e influirse mutuamente de maneras inesperadas. Además, la capacidad de resolver problemas mejora significativamente momentos antes de caer en un sueño profundo, aunque las repuestas a los problemas suelen tardar en aparecer, y necesitan de nuestra conciencia y atención al despertarnos.

Quizá el inventor más famoso en aprovechar el sueño fue Thomas Alva Edison. En lugar de esperar a que la casualidad de un sueño lo ayudara a tener ideas nuevas, tomaba una siesta a propósito cuando se le complicaba un problema. Se cuenta que se tomaba un descanso sentado ante el escritorio y dejaba un bloc de notas y una pluma en el reposabrazos de la silla para cuando se despertara. Pero para asegurarse de no perderse el momento exacto en el que entraba en un sueño más profundo, sostenía unas canicas de acero en la mano. Los músculos de la mano se relajaban a medida que se dormía, y las canicas caían sobre unos sartenes que había colocado en el suelo para que el susto lo despertara y pudiera volver a pensar en el problema en el que estaba enfrascado.

LOS SUEÑOS

El invento más famoso de Edison fue la bombilla, y resulta irónico que hoy sea la luz artificial —sobre todo en forma de píxeles diminutos que iluminan las pantallas— la que más suele evitar que durmamos todo lo necesario o que usemos el sueño de manera más óptima para despertar nuestra creatividad. Existen muchos estudios recientes que detallan los efectos negativos que puede tener la tecnología sobre el sueño. Más concretamente, la cercanía de los teléfonos celulares nos genera la tendencia a permanecer conectados, incluso en los últimos momentos antes de dormirnos y normalmente a los pocos minutos después de despertarnos. Si limitamos el tiempo que pasamos ante las pantallas por la mañana y por la noche —y, aún mejor, si sacamos los dispositivos de nuestro lugar de descanso—, podremos proteger el sueño y crear espacio para experimentar plenamente los momentos de transición al despertarnos de los sueños, lo que reforzará nuestra memoria y ampliará nuestros pensamientos.

«Kubla Khan» termina con un apartado que Coleridge escribió más adelante, cuando ya no fue capaz de volver a capturar la embriagadora explosión de imágenes que le llegaron con tanta facilidad al despertarse esa noche en la granja. La estrofa final es menos lúcida y fluida, y parece más premeditada. En el prefacio, el autor explica que su proceso de escribir rápidamente los versos del poema al despertarse del sueño se vio interrumpido por una persona que había venido a hacer negocios de Porlock, un pueblo cercano; de no haber sido así, dice, el poema podría haber tenido doscientos o trescientos versos. Tal como Coleridge vivió en primera persona, la capacidad creativa puede verse mermada muy fácilmente. Huelga decir que, hoy en día, el trabajo profesional nos interrumpe de forma constante, normalmente a través del teléfono celular, y los estados pasajeros de ensoñación, esas fuentes de gran creatividad, tal como el sueño en sí, suelen ser las víctimas de que vivamos permanentemente conectados.

ESA VOLUNTARIA SUSPENSIÓN DE LA INCREDULIDAD

Pasados ya unos años, y tras varios periodos tortuosos luchando contra su adicción al opio y el colapso total de su salud, Coleridge publicó su *Bio-*

grafía literaria en 1817, una revisión autobiográfica de su obra hasta la fecha y una mirada meditativa al poder moldeador de la imaginación humana. En ella repasa su colaboración con Wordsworth y el origen de sus *Baladas líricas*, la publicación que le granjeó a Coleridge sus primeros días de fama y trajo consigo una nueva era de poesía romántica, y en la que escribió su descripción más famosa del funcionamiento de la imaginación en la mente del lector: «Esa voluntaria suspensión de la incredulidad que constituye la fe poética». Desde entonces, la frase «suspensión de la incredulidad» se ha usado en relación con la capacidad que tienen las obras creativas de controlar directamente los pensamientos y las imágenes que tenemos en la cabeza. Podemos usar la imaginación para crear, pero también podemos emplearla voluntariamente para interpretar las creaciones de otros.

Uno de los misterios de los sueños que más intrigaban a Coleridge era su novedad constante. Era del todo consciente de que los sueños nos atrapan plenamente y que, en la mayoría de los estados oníricos, no podemos controlar la secuencia de los acontecimientos que tienen lugar. Al estudiar sus propios sueños, Coleridge observó que poseían una naturaleza «fluida» y que generaban una sensación muy concreta de continuidad; además, siempre parecían sumamente reales, incluso a pesar de que los hechos que en ellos se daban a menudo parecían irracionales o incoherentes vistos desde fuera.

Coleridge a menudo se refería a sus propios sueños como obras de teatro que contaban con sus decorados y personajes, además de seguir unas convenciones temporales y espaciales únicas. Era un apasionado del teatro y tuvo un papel muy destacado a la hora de revivir las obras de Shakespeare, cuya popularidad había disminuido en los años posteriores a su muerte. En sus extensos escritos y conferencias sobre Shakespeare, Coleridge explicaba la compleja belleza de su obra de una forma que volvía a hacerla accesible al público general, y este resurgimiento del interés ayudó a establecer el prestigio del que todavía hoy gozan los dramas de Shakespeare. El conocimiento íntimo de sus sueños, junto a su estudio detallado del teatro shakespeariano, le permitieron extraer la excepcional conclusión de que tanto los sueños como el arte teatral dirigen nuestra atención y nuestros pensamientos básicamente de la misma forma.

LOS SUEÑOS

Para dejarnos llevar del todo por el teatro, no solo debemos suspender la incredulidad, sino también desprendernos en gran medida del control de nuestras percepciones, del mismo modo que hacemos cuando soñamos.

Para Coleridge, una de las diferencias principales entre los momentos que pasamos durmiendo y los que estamos despiertos es que los sueños pueden presentar las circunstancias más fantásticas o cómicas y extrañas y, aun así, las aceptamos sin cuestionarlas. Coleridge observó que lo mismo ocurría cuando leemos una novela o vemos una obra de teatro: a medida que se desarrolla la trama, nos adaptamos a los acontecimientos que ocurren y los aceptamos de buena fe, por mucho que podamos considerar que en la vida real resultarían muy poco realistas o desconcertantes. Coleridge planteaba que al sumergirnos en la creación de otra persona vamos dejando que nos engañe poco a poco. Según su opinión, las circunstancias verdaderas de la ilusión teatral dependen del abandono constante de nuestra autonomía: cuanto más tiempo permanecemos en el universo narrativo que se crea sobre el escenario (siempre que la experiencia no se vea dañada por una laguna argumental evidente o alguna distracción), más aceptamos lo que vemos y nos instalamos en la experiencia.

El río o flujo de Coleridge ilustra a la perfección la forma en que la atención pasa sin dificultad alguna de una cosa a la siguiente sin ningún tipo de control consciente, igual que hace el agua al seguir el camino de menor resistencia y discurrir cauce abajo a consecuencia de la gravedad. La atención también tiene su propio flujo natural, y, a menos que hagamos un esfuerzo por controlar su curso, se mueve según una serie de formas psicológicas predefinidas. La atención se guía más por nuestras propias predisposiciones y encuentros con el mundo exterior que por nuestro control consciente. Todo pequeño cambio en nuestra concentración no solo actúa sobre nuestros ojos, oídos o pensamientos, sino que también guía todo nuestro aparato perceptivo, incluidas la conciencia del momento y las imágenes mentales, que van cambiando en nuestra imaginación.

A falta de algo que nos llame la atención, tenemos la tendencia natural a dejar que la mente deambule. Los estudios al respecto demuestran que cada día pasamos hasta el 50 % del tiempo concentrándonos en algo que es totalmente irrelevante en relación con lo que estamos haciendo. Si le damos libertad, la atención encuentra su propio camino para ir adonde quiere, y los estudios en el terreno de la cognición plantean que las ensoñaciones o fantasías no son en absoluto igual de pasivas que los momentos en que algo nos roba la atención. De hecho, cuando nos abstraemos —o, a ojos de otro, parecemos distraídos—, bloqueamos los sentidos durante un tiempo. Si ocurre algo importante, enseguida volvemos al mundo que nos rodea, pero, de lo contrario, dirigimos la atención hacia el interior. Nuestras preocupaciones y nuestros deseos más profundos son los que dirigen las imágenes que nos atraviesan la mente cuando fantaseamos, aunque quizá no reconozcamos de inmediato muchos de ellos. Los científicos que estudian la cognición han clasificado las fantasías o las ensoñaciones como una forma de atención activa, y, aunque durante gran parte de esos momentos seamos prácticamente ajenos a los estímulos externos (como ocurre en muchos estados del sueño), hay estudios que demuestran que la actividad cerebral durante las fantasías es muy parecida a cuando estamos plenamente concentrados en una tarea activa.

Las fantasías cumplen una función esencial en cuanto a la recontextualización de los pensamientos y la recalibración de nuestros hábitos mentales. Los estudios sobre la materia han descubierto que las fantasías comparten muchos cometidos con la fase REM del sueño; cuando damos vueltas a distintos temas durante el día, estamos consolidando nuestros recuerdos, y al realinear nuestros pensamientos y puntos de vista, es inevitable que ajustemos nuestras perspectivas personales.

El hecho de suspender la incredulidad mientras disfrutamos de una obra de teatro o de una película suele resultar agradable e iluminador a su manera, ya que nos abre la mente a experiencias nuevas e inesperadas. Pero hay otros momentos en la vida en que este efecto puede resultar más negativo, e incluso perjudicial en el plano psicológico. Coleridge observó que, cuando renunciamos al control consciente, nuestra identidad personal puede llegar a verse afectada. Aunque distinguía entre distintos niveles de pérdida de control personal cuando dormimos, fantaseamos o nos quedamos embelesados pensando en algo de la vida cotidiana, también advirtió que, a veces, cuando estamos despiertos, podemos actuar igual de

LOS SUEÑOS

273

automáticamente que si estuviéramos profundamente dormidos. A lo largo de su vida, Coleridge propuso la existencia de una conexión íntima entre nuestra forma de soñar y la vida que vivimos despiertos, en especial en relación con la capacidad que todos tenemos de entrar y salir libre y significativamente de nuestras ensoñaciones. Se planteaba una pregunta que hoy todavía da que pensar: si la mente tiene el potencial de ser guiada automáticamente por sugerencias e ideas externas, ¿hasta qué punto afecta esto a la autonomía personal y a los caminos que podemos tomar?

Recientemente se han hecho avances en el campo de la neurociencia que han arrojado luz sobre el porqué de nuestra tendencia a meternos tanto en las obras de teatro, las novelas, las noticias o los videos. Todo ello activa el córtex prefrontal, la región del cerebro que se encarga de tomar decisiones, razonar y controlar la atención, y que también participa en la imaginación y las simulaciones mentales, tanto si son autodirigidas como si responden a la estimulación de una fuente externa. También hay estudios que han demostrado que las mismas funciones ejecutivas del cerebro están implicadas en la comprensión narrativa, especialmente cuando se trata de construir el modelo mental coherente de una historia. Se ha observado que la amígdala, la región del cerebro que se encarga de procesar las emociones, se activa no solo cuando la persona sueña, sino también cuando ve escenas teatrales emotivas. Ambas experiencias parecen activar los mismos mecanismos neuronales de procesamiento emocional.

Compara ahora el esfuerzo que requiere crear una serie de televisión de gran éxito —los años que lleva desarrollar el guion, los cientos de personas que están en el plató, los meses de trabajo meticuloso empleando los últimos equipos de grabación y de edición informática— con la facilidad con la que podemos sentarnos a ver uno de sus capítulos. Lo mismo puede decirse de la mayoría de nuestras experiencias digitales diarias. Mostrar un anuncio digital a una única persona puede emitir medio litro de dióxido de carbono a la atmósfera. Hoy es normal que las empresas de tecnología digital tengan a cientos de miles de personas empleadas, y el volumen de trabajo que requiere mantener una red social de gran envergadura, una herramienta de búsqueda o una aplicación web es asombroso, especialmente si, de nuevo, lo comparamos con lo sencillo que es consumir el producto final. El Banco

Mundial estima que la economía digital aporta más del 15 % del producto interior bruto (PIB) global; supone un volumen de trabajo y de mentes pensantes estratosférico, y la mayoría de esas mentes se dedican a capturar la atención de las personas y dirigirla de formas prediseñadas.

Muchos de los formatos multimedia que hoy consideramos normales —el cine y la televisión en particular, pero cada vez más podemos incluir también la gran variedad de contenidos fascinantes que encontramos en internet— compiten con el tiempo que dedicamos, en especial, a las ensoñaciones o fantasías. Existen estudios que han demostrado que a lo que más se parecen la activación mental y los informes cognitivos observados en sujetos que ven una película, un programa de televisión o un video de internet es a los momentos en que estamos sin hacer nada o fantaseando; se ha considerado que ver la televisión de forma ininterrumpida y durante tiempos prolongados se corresponde con un estado especialmente receptivo. Es bastante típico buscar estos modos agradables de semiconsciencia durante un tiempo para escapar de los problemas del mundo real y utilizarlos como medio para crear un mundo nuevo. Muchas de las convenciones que siguen los guiones de cine y los programas de televisión, como los finales cargados de suspenso o los giros en la trama, son estrategias deliberadas para mantener dicho estado mental y hacer que sigamos atrapados hasta haber «terminado» la experiencia. La tecnología digital ha evolucionado de formas parecidas para mantener nuestra atención: quizá el ejemplo más visible sea la función de reproducción automática de las plataformas de visionado que se activa al final de cada capítulo de una serie.

Pero ver contenido de video durante horas de una sentada no es lo único que hace que bajemos la guardia y nos volvamos más sugestionables. Uno de los rasgos principales de la vida contemporánea es el peso de la atención superficial y constante que los distintos dispositivos que utilizamos nos exigen durante las grandes porciones del tiempo que pasamos despiertos. Cuando estamos en internet, solemos dejarnos llevar por una corriente dispersa que consiste en ojear, hacer clic y desplazarnos por incontables páginas, imágenes y videos distintos, en los que a menudo no nos detenemos más de unos segundos, y las formas estandarizadas en que solemos responder dan lugar a una mezcla sin precedentes de atención difusa

LOS SUEÑOS 275

y semiautomatismo. Es un estado onírico muy parecido a la fase REM o a las ensoñaciones, pero lo que dirige el contenido es ajeno a nuestras mentes. Puede que seamos conscientes de algunas de las veces en que dejamos que los dispositivos digitales controlen nuestras decisiones, especialmente cuando estamos cansados, pero hay muchas otras ocasiones en que simplemente ignoramos cómo unas fuerzas externas están regulando nuestro comportamiento. Fantasear y soñar se asocia a la activación de la red neuronal por defecto (RND), una red de regiones cerebrales relacionadas con la reflexión personal, la estimulación mental y la conciencia social que se activan cuando la mente no está centrada en el mundo exterior. Dos estudios recientes, uno de la Universidad de Copenhague y otro de la Universidad de California, observaron que ojear contenidos en dispositivos digitales también se asocia con el aumento de la actividad de la RND.

Los sueños también participan en el procesamiento de las emociones, ya que nos ayudan a dar sentido a nuestras experiencias y a regular los sentimientos, de forma que cuando las experiencias digitales aparecen en nuestros sueños —y existen estudios académicos que apuntan a que actividades como jugar a videojuegos pueden influir en el contenido de lo que soñamos—, las experiencias digitales se quedan integradas en nuestras redes de recuerdos, influyendo así en cómo recordamos y percibimos los acontecimientos, lo que a su vez puede afectar a nuestra toma de decisiones y a nuestras creencias y actitudes. Las investigaciones sobre hasta qué punto se ven afectados los sueños, la integración de la memoria y el procesamiento emocional todavía son incipientes, pero existe una posibilidad muy real de que las experiencias digitales contribuyan a la generación de sesgos culturales o de confirmación y que, por tanto, influyan en cómo recordamos e interpretamos la información, especialmente cuando pasamos mucho tiempo en internet. Además, a medida que el límite entre las experiencias auténticas y el mundo virtual que nos ofrece la tecnología se vuelve cada vez más borroso, la noción del tiempo y la habilidad de distinguir entre qué es real y qué no lo es pueden verse comprometidas, lo cual nos hace más susceptibles a la manipulación y a la desinformación.

El aburrimiento puede ser el catalizador de nuestros momentos más íntimos y reflexivos; por eso, cuando estamos sin hacer nada estamos más receptivos. En muchos sentidos, las ensoñaciones pueden ser una forma de resistencia —un lugar de la mente en el que refugiarnos del mundo y darle sentido por nosotros mismos— y ayudarnos a aguantar los efectos más adversos de la rutina y la coerción del pensamiento actuales. Cuando recurrimos a internet porque estamos aburridos, la experiencia digital absorbe el tiempo que de otra forma habríamos dedicado a fantasear, lo cual nos deja más expuestos a la influencia de informaciones externas y, a su vez, pone en riesgo nuestra identidad personal.

* * *

Es importante tener en cuenta que el increíble imaginario de «Kubla Khan» de Coleridge pudo estar muy influido por el consumo de opio de su autor. Lo tomaba en forma de láudano, una bebida que disolvía en brandi, y la noche que pasó en la granja tomó una dosis. Para 1804, cuando se había mudado al Distrito de los Lagos, estaba ya luchando contra una grave adicción, y hacia mediados de su vida hizo un gran esfuerzo por liberarse por fin de su dependencia.

Aunque quizá no seamos conscientes de ello, la tecnología mediante la cual recibimos imágenes visuales también puede resultar adictiva y, por ende, perjudicial. Igual que Coleridge hallaba alivio y energía creativa en el opio y que este terminó provocándole una adicción muy nociva, apoyarnos en exceso en el uso de la televisión, de videos de internet y otras experiencias digitales como vía de escape puede generar a largo plazo falta de atención, problemas de salud mental, debilidad de las relaciones sociales y otras consecuencias negativas.

«Kubla Khan» continúa sirviendo de inspiración para la cultura popular, y quizá el ejemplo más notorio sea *Ciudadano Kane* —votada una y otra vez como la mejor película de todos los tiempos—, donde la enorme y lujosa finca Xanadú, construida por Charles Foster Kane, un magnate de la prensa, se convierte en una especie de jaula de oro para su creador. En el *Oxford English Dictionary* se define Xanadú como un paraíso falso y un lugar de excesos que debe servirnos de lección.

LOS SUEÑOS

¿Podría ser internet el Xanadú de hoy, un lugar de imágenes fantásticas que amenaza con encarcelarnos? En internet, y cada vez más gracias a la tecnología de realidad virtual y aumentada, podemos ver casi lo que queramos, viajar a mundos nuevos y ver espectáculos que serían imposibles en el mundo real. Sin embargo, tal como descubrió Coleridge con su dependencia del opio, esta fabricación artificial de ensoñaciones puede hacer que paguemos un precio elevado. Cuando sustituimos los estados mentales ociosos y naturales de la ensoñación con la estimulación de internet, renunciamos a la reparación y a la claridad de la mente y nos arriesgamos a que nuestros pensamientos y emociones sean influidos sin que seamos conscientes de ello. ¿Cómo podemos, entonces, proteger el sueño y las ensoñaciones naturales que tanto nos ayudan a anclarnos en nuestras vidas reales, recuerdos e identidades?

DATE TIEMPO PARA SOÑAR

Existen estudios que demuestran que pasar demasiado tiempo delante de las pantallas puede afectar al sueño, y dormir mal influye negativamente en el funcionamiento cognitivo, del que dependen, entre otras cosas, la atención, la memoria y la toma de decisiones, las habilidades que necesitamos para evaluar la credibilidad de la información y distinguir la realidad de la ficción.

Si tienes una rutina de sueño sana, deberías pasar dos horas cada noche soñando durante la fase REM. Los expertos en ciencia cognitiva han observado que para la mayoría de las personas se considera normal y saludable pasar entre el 30 y el 50 % del tiempo que están despiertas fantaseando, pero si te pareces al adulto medio de Estados Unidos, quien suele pasar el 75 % del tiempo interactuando con los medios y los dispositivos, apenas te quedará tiempo para la ensoñación.

Entender cómo lo hicieron los humanos en el pasado para hacer más tiempo y espacio para dormir y fantasear te ayudará a hacer los cambios necesarios para hacer lo propio con más calidad. Un primer paso es prestar más atención a los distintos estados de conciencia que atraviesas en el día.

La higiene del sueño

En el ámbito de la investigación, la expresión *higiene del sueño* hace referencia a los hábitos y prácticas naturales que puedes seguir para descansar por la noche. Dormir es una de las últimas actividades de la vida moderna que sigue estando más o menos en sincronía con los ritmos diarios de la luz solar y la oscuridad; pero, naturalmente, la luz artificial y los dispositivos con pantallas han alterado radicalmente los patrones del sueño en comparación con los de las generaciones anteriores. La luz eléctrica trajo consigo uno de los cambios más significativos en el estilo de vida de los seres humanos, y ni que decir tiene que ya estamos totalmente acostumbrados a ella. Puedes seguir disfrutando de la libertad que no tenían tus antepasados, sobre todo en los meses de invierno, cuando todo se detenía en cuanto caía la noche. Dicho esto, puedes seguir ciertos pasos para proteger tu descanso y acercarte más a los mecanismos que ha desarrollado el cuerpo humano de forma natural para dormir.

Eran muy pocas las actividades que la humanidad, a lo largo de su historia, podía hacer en cuanto oscurecía, dado que el máximo de luz que tenía a su alcance era una única llama. Las lámparas de aceite fueron el primer invento importante que cambió las cosas —los primeros ejemplos conocidos datan del antiguo Egipto y de la Grecia y la Roma clásicas—, y el primer farol se instaló en Londres en los tiempos de Coleridge. No obstante, el acceso de los humanos a la luz por las noches no cambió radicalmente hasta que Edison levantó la primera planta eléctrica comercial en Nueva York en 1882. Nuestros ojos pueden absorber un espectro lumínico que abarca las longitudes de onda más cortas del violeta o el azul, y las más largas del amarillo y el rojo. La luz solar es una potente mezcla de todas estas longitudes de onda, y en cuanto desaparece, el cerebro lo percibe. Cuando oscurece, la glándula pineal que tenemos en la parte posterior de la cabeza libera grandes cantidades de melatonina, la cual indica al cuerpo que es hora de dormir. Pero la luz artificial —incluso si se trata de la tenue luz de la lámpara de la mesita de noche— engaña al cerebro para que crea que el sol todavía no se ha puesto y retrasa la producción de la melatonina que necesitas para dormirte.

En 1997, un grupo de tres ingenieros japoneses generaron haces de luz azul a partir de un semiconductor y crearon la primera luz LED blanca brillante, con lo que dieron paso a un formato de luz artificial nuevo. Las laptops, las tabletas y las pantallas de los celulares llevan luces LED, y son otra forma de engañar a la mente, haciéndole creer que todavía es de día. Toda esa luz adicional que recibes de la iluminación de tu hogar y de las pantallas que resplandecen ante ti retrasan tu reloj interno hasta dos o tres horas cada noche. Hasta que no apagas la luz de la mesita de noche, tu cuerpo no empieza a recibir las cantidades de melatonina que necesitas para iniciar la fase profunda del sueño, y si te cuesta dormirte, seguramente es porque tu melatonina no ha alcanzado el nivel máximo de concentración.

Se ha observado que utilizar una pantalla justo antes de acostarnos provoca una pérdida significativa de sueño en la fase REM que hará que al día siguiente nos sintamos menos descansados y adormilados. El neurocientífico y experto en sueño Matthew Walker plantea que podemos padecer un «efecto de resaca digital», un retraso de noventa minutos en el aumento de los niveles de melatonina que dura varias noches después de haber dejado de utilizar pantallas por la noche. Las pantallas también nos estimulan la mente cuando lo mejor sería empezar a relajarnos. Para eliminar la tentación de usar una pantalla poco antes de acostarnos, lo más fácil es sacar todos los dispositivos del dormitorio: si necesitas una alarma, compra un reloj despertador que no tenga la pantalla iluminada, y haz de tu lugar de descanso un sitio en el que puedas refugiarte de la vida digital.

Cómo pasar a la acción

- Convierte tu dormitorio en una zona sin pantallas: saca el televisor, la laptop, el celular u otros dispositivos de tu lugar de descanso durante un mes, y fíjate en sus efectos.
- Pon una alarma que te diga cuándo empezar tu rutina de antes de acostarte: ten en cuenta las ocho horas que pasarás durmiendo y el tiempo necesario para dormirte y despertarte de forma natural.

- Apaga la alarma de la mañana: prueba a despertarte de forma natural durante una semana sin la ayuda de la alarma y fíjate en si sientes algo diferente.

Es bastante normal que tardemos más o menos media hora en dormirnos, así que no te desesperes si no te duermes enseguida. Lo más importante es que te des la oportunidad de descansar ocho horas (hay estudios al respecto que apuntan a que es muy poco frecuente necesitar menos de ocho horas cada noche, y si tienes la costumbre de dormir seis o siete horas, terminará afectando a tu salud y bienestar a largo plazo). Un hábito fantástico es el de poner una alarma que te diga cuándo tienes que acostarte en lugar de ponértela para levantarte, ya que así puedes planear el tiempo que necesitas para atravesar todos los estados del sueño y despertarte descansado por la mañana. Las alarmas por la mañana aumentan súbitamente la tensión y el ritmo cardiaco, y si puedes evitar usarla, será mucho mejor para ti. Despertarse de forma natural nos permite pasar todo el tiempo que necesitamos en la fase REM y disfrutar de una agradable serie de estados del sueño al inicio de cada día.

El segundo sueño

El historiador Roger Ekirch hizo un descubrimiento fascinante mientras investigaba para un libro acerca de la historia de la noche, consultando los Archivos Nacionales del Reino Unido, un laberinto de estanterías repletas de pergaminos y manuscritos de más de mil años de antigüedad. Observó que, desde finales de la Edad Media hasta principios del periodo moderno, había más referencias a personas que «dormían el doble» o que caían en el «primer» y «segundo sueño» cada noche. Al ampliar la búsqueda a otros registros escritos, Ekirch se dio cuenta de lo generalizada que era esta forma de dormir: en Italia, el primer sueño era el *primo sonno*, y en Francia, el *première somme*, lo que demostraba que era una práctica que podría encontrarse en países de todo el mundo. La gente solía acostarse a una hora normal, pero a menudo se despertaba y se levantaba en

LOS SUEÑOS

plena noche durante un tiempo que se conocía como *vigilia*, en el que solía ocuparse de pequeñas tareas o quehaceres. El filósofo Henry David Thoreau dejaba papel y pluma bajo la almohada y escribía a oscuras cuando se despertaba; se dice que Buda había alcanzado su estado de iluminación durante una noche de vigilia.

A medida que envejecemos, el sueño suele adoptar el mismo patrón. A partir de los cincuenta años, muchas personas recuperan la costumbre histórica de levantarse un rato por la noche. Sin embargo, despertarse regularmente en plena noche puede ser motivo de ansiedad o preocupación para muchos, y hoy enseguida puede considerarse como insomnio. La ciencia del sueño ha alcanzado recientemente el consenso de que los patrones «monofásicos» del sueño que adoptan la mayoría de las personas del mundo industrializado no se corresponden con el modo más natural, y que el sueño «bifásico» puede ofrecer beneficios importantes. Por eso, la próxima vez que te despiertes en plena noche, trata de dejarte llevar por la experiencia y considéralo parte de tu descanso diario, ya que es una oportunidad única de dedicar un tiempo a la contemplación solitaria. Si puedes, evita las pantallas y encender la luz; es mejor que te relajes, te sumerjas en tus pensamientos e intentes alcanzar un estado de calma. Es uno de los momentos en que puedes estar más receptivo a ideas nuevas, y una de las pocas ocasiones durante el día en el que no hay distracción alguna. Sigue el ejemplo de Thoreau, y deja papel y pluma en la mesita y, si ves que lo deseas, anota cualquier observación o pensamiento que se te ocurra.

Históricamente, se ha seguido el patrón de los dos sueños en los lugares de climas fríos con inviernos largos y oscuros, mientras que, en los lugares más cálidos, la siesta del mediodía ha sustituido al primer sueño. Si trabajas desde casa, tomar una siesta durante el día puede ser una forma fantástica de alejarte del escritorio y darte un respiro de las presiones de estar conectado. Se ha demostrado que las siestas mejoran los niveles de alerta, el rendimiento cognitivo y el estado de ánimo sin causar un adormecimiento prolongado. A media tarde experimentamos una «bajada posprandial de la alerta», que se ha demostrado que forma parte del ritmo diario de la vida humana; si las circunstancias te lo permiten, es el momento perfecto para escuchar a tu cuerpo y descansar un tiempo. Las siestas ayudan a consolidar los recuerdos siempre que dediques al menos veinte minutos a dormir, y pueden darte un impulso muy útil cuando estás enfrascado en un proyecto complicado o estás estudiando algo nuevo. Si no has podido descansar lo suficiente la noche anterior, tomar una siesta también te puede ayudar a disipar parte de la fatiga que quizá sientas.

Aunque se suele decir que lo ideal son las siestas de veinte minutos, cada vez existen más evidencias de que una siesta más larga, de más o menos una hora, puede ser más reparadora si te la echas en el momento adecuado. Experimenta para ver qué es lo que mejor te sienta: prueba con distintas duraciones y fíjate en cómo te sientes luego, ya que lo mejor es despertarse al final de un ciclo de sueño. Ten la precaución de no dormir después de las tres de la tarde, ya que de lo contrario puede que te cueste más dormir por la noche. Un estudio patrocinado por la NASA observó que las siestas aumentan la capacidad de atención, y el Ejército de Estados Unidos incluye las «siestas estratégicas» en su manual de aptitud física para «elevar la resistencia física y mental» y para «reparar el nivel de alerta y fomentar el rendimiento», así que vale la pena darle una oportunidad.

Cómo pasar a la acción

- Haz un espacio a la vigilia: utiliza los despertares nocturnos como oportunidades para la contemplación, y escribe tus pensamientos y observaciones en la oscuridad.
- Toma una siesta: introduce la costumbre de acostarte un rato en tu rutina diaria, idealmente entre mediodía y media tarde, y fíjate en qué efectos tiene sobre tu capacidad de atención y tu estado de ánimo a medida que avanza el día.
- Alarga la siesta: prueba a tomar siestas más largas y pon una alarma para despertarte. Compara sus efectos con las siestas más cortas y con las que te hayas echado en otros momentos de la tarde.

La hipnagogia

El medico francés Alfred Maury acuñó el término *hipnagogia* en 1848 en el marco de un estudio pionero acerca de las imágenes, los pensamientos y las experiencias sensoriales vívidas que a veces tenemos al dormir. Existen crónicas sobre la lucidez de estos estados del sueño que se remontan a algunos de los registros escritos más antiguos de la civilización humana, pero Maury fue el primero en explorar su aparición y estudiar cómo podrían mantenerse. En aquella época hubo una explosión de estudios del sueño, y más recientemente la neurociencia ha vuelto a interesarse por el tema. El consenso actual nos dice que la hipnagogia se puede utilizar para generar ideas originales y nuevas, al dar pie a asociaciones más remotas y al razonamiento abstracto.

Los estudios al respecto han observado que las imágenes hipnagógicas pueden ser desde experiencias apenas perceptibles hasta alucinaciones sumamente reales. Quienes las tienen suelen describir la agudeza de los detalles y la sensación de estar en una realidad multisensorial. Los recuerdos de momentos anteriores del día suelen ser su rasgo principal, especialmente si se trata de algo en lo que el sujeto se haya concentrado intensamente durante cierto tiempo, pero estos recuerdos enseguida se vinculan con recuerdos anteriores. Un rasgo frecuente es la sinestesia, en la que un sentido estimula las sensaciones de una forma distinta de la que cabría esperar.

Maury observó —como han hecho muchos otros estudiosos del sueño desde entonces— que los estados hipnagógicos son altamente receptivos y que tienden a magnificar las impresiones sensoriales sencillas para hacerlas más intensas. Si prestas atención a los sueños que vas teniendo a medida que te quedas dormido, podrás empezar a mantener una visión o experiencia durante más tiempo, y también podrás controlarla. Los momentos entre la vigilia y el sueño generan un grado de conciencia y control que es imposible de alcanzar durante el sueño profundo. La conciencia puede echar un vistazo a los sueños y, siempre que no te entrometas demasiado, también podrás darle un pequeño empujoncito o guiarla en una dirección u otra. Requiere algo de práctica, pero la experiencia suele ser muy agradable.

Los pensamientos que aparecen en los sueños están libres de las preconcepciones de aquello que consideraríamos factible, y pueden abrir la puerta a perspectivas y respuestas totalmente nuevas. Si estás lidiando con un problema especialmente peliagudo, acuéstate con él en la cabeza y míralo desde distintos ángulos mientras descansas. Deja papel y pluma cerca para poder escribir cualquier cosa importante, pero hazlo solo una vez que el proceso haya seguido su curso natural. No te fuerces a dormir; al relajarte y sumergirte en tus pensamientos, lo más probable es que el sueño llegue solo. Presta atención a cualquier señal que te indique que estás empezando a soñar —como cierta desorientación o la sensación de que tu estado de ánimo o forma de ser han cambiado— y deja que el proceso fluya, pero sin dejar de estar atento.

Los estudiosos del sueño también distinguen otro estado que atravesamos a diario: la *hipnopompia*, es decir, el momento de recuperar la conciencia que precede al despertar. Existen estudios que demuestran que es menos probable tener experiencias de percepción vívidas y sueños lúcidos al despertar, pero puede ocurrir. Tener tiempo para despertarte lentamente por las mañanas —gracias a haberte acostado a una buena hora la noche anterior y seguir un patrón del sueño regular para no necesitar una alarma— hace que estemos más predispuestos a experimentar este tipo de estados del sueño, y también puede dar pie a ideas inesperadas. Lo más normal es que las respuestas al problema en cuestión se te ocurran de pronto a primera hora de la mañana, y no suele hacer falta estar en ese estado onírico para que ocurra. Solo hace falta que seas receptivo a las conexiones nuevas que se pueden haber formado mientras dormías. Anota tus pensamientos en cuanto se formen en tu mente, ya que pueden desaparecer bastante rápido.

Cómo pasar a la acción

- Ten papel y pluma en la mesita de noche: escribe cualquier pensamiento que se te ocurra mientras estás en un estado onírico o ya despierto.

LOS SUEÑOS

- Mantente dentro del sueño: observa las situaciones imaginarias en las que te encuentres mientras te duermes y préstales atención de una forma algo más consciente.
- Halla tus propias respuestas: acuéstate con el problema en la cabeza y evalúalo minuciosamente desde distintos puntos de vista a medida que te duermes. Fíjate en si entras en un estado onírico que empieza a hacerse con el control y trata de dirigir el sueño con cuidado en la dirección que quieras.
- Observa tus pensamientos en cuanto te despiertes: mientras vayas recuperando la conciencia por la mañana, ve preparándote para tomar nota de cualquier idea o pensamiento nuevo que tome forma en tu mente.

Sueña despierto más a menudo

Aunque soñar mientras dormimos es especialmente importante para consolidar los recuerdos, regular las emociones y cuidar de la salud mental en general, las fantasías o ensoñaciones también desempeñan un papel crucial en el bienestar mental y emocional. Son especialmente útiles para fomentar la creatividad y la capacidad de resolver problemas: cuando dejamos que la mente deambule a sus anchas, exploramos distintos escenarios y, al ver el problema desde perspectivas diferentes, nos resulta más fácil encontrar las respuestas. Las ensoñaciones son un lugar seguro en el que visualizar tus metas y objetivos y ensayar mentalmente los pasos que quizá debas dar para alcanzarlos. También puedes explorar distintas respuestas emocionales al repasar mentalmente situaciones diferentes, lo que te permitirá calibrar cómo podrías reaccionar y te ayudará a entender y gestionar mejor tus sentimientos.

El tiempo libre o los ratos en los que estás haciendo algo que te exija poca concentración son momentos fantásticos para fantasear, y te pueden ayudar a generar espacio mental. La meditación y los ejercicios de respiración pueden ser una forma estupenda de calmar la mente y desterrar los pensamientos que nos distraen, tanto para despejarte, especialmente después de haber pasado demasiado tiempo en internet, como para ayudar a que surjan ideas nuevas. Se han llevado a cabo estudios que confirman que practicar la meditación puede entrenar la mente para estar más preparada para divagar en cuanto tenga la oportunidad de fantasear, y dado que la meditación y los ejercicios de respiración también pueden mejorar la metaconciencia —es decir, la habilidad de ser consciente de los propios pensamientos—, también nos prepara para estar atentos a las fantasías y extraer ideas y conocimientos nuevos de ellas. Si trabajas en casa o cerca de un parque, una forma magnífica de reiniciar la mente es acostarte diez minutos para hacer un ejercicio sencillo de respiración. En lugar de poner en práctica las técnicas que hemos visto en el capítulo sobre la soledad, en este caso solo hace falta que cierres los ojos y te concentres en respirar hondo y llenar de aire la parte baja del abdomen. Trata de establecer un flujo constante entre cada respiración, sin llegar a detenerte antes de volver a inhalar o exhalar. Establece tu propio ritmo, pero intenta respirar profundamente cada vez. Cuando hayan pasado los diez minutos, te sentirás revitalizado y verás cómo tus pensamientos son más estables. Puede que no se te ocurran ideas o asociaciones nuevas enseguida, pero seguro que no tardarán en aparecer ahora que tienes la mente calmada y la energía mental recargada. Si puedes, date algo de tiempo después de hacer tus ejercicios de respiración para quedarte un tiempo sentado o dar un paseo, y deja que tus pensamientos ocupen tu mente, ahora despejada.

En otras ocasiones, basta con salir a dar un paseo rápido o hacer una pausa en tus tareas. Cuando veas que algo te está costando, concédete un tiempo para no hacer nada en concreto: prepárate un té o un café, termina alguna tarea doméstica o date un buen baño o una ducha. En estos momentos de descanso, cuando la mente se encuentra más libre y ociosa, es posible que te lleguen algunas de tus ideas más profundas o inesperadas. Y cuando lo hagan, procura agarrarte a esos momentos tanto como puedas, explóralos a fondo y anota tus pensamientos o grábalos en una nota de voz en el momento, ya que puede que sean demasiado transitorios.

También puedes refinar tus ensoñaciones con una serie de técnicas de visualización que suelen usarse sobre todo en la psicología deportiva, ya que se ha demostrado que las imágenes mentales contribuyen a la adquisición de habilidades y los deportistas suelen ensayar mentalmente sus actuaciones en busca de mejoras progresivas. Los extensos estudios académicos al respecto han establecido un vínculo entre las imágenes mentales generadas de forma activa y las fantasías, y varios de estos estudios indican que los ejercicios de visualización pueden apuntalar los procesos cognitivos y las vías neuronales que activamos al fantasear. Si quieres probarlo, empieza con objetos simples. Visualiza una manzana o una pera y concéntrate en su forma, color y textura para crear una imagen vívida y tridimensional que puedas rotar mentalmente. Prueba a cambiarle el color, a partirla por la mitad o incluso a hacerla estallar en mil pedazos.

Una vez que te hayas hecho una idea más aproximada de cómo controlar las imágenes en tu mente, prueba con escenarios más complejos. Imagínate armando un puesto de fruta con algunos de tus amigos, un negocio en el que todos participan. Imagina que te vienen a entregar las distintas variedades de fruta y que las vas colocando en estantes elevados. Involucra todos tus sentidos para que te resulte lo más real posible: fíjate en los colores, en los olores y en los aromas, y luego llena la escena con un montón de clientes. Intenta incorporar también emociones e imagina, por ejemplo, cómo te sentirías si vienen clientes a regatear los precios o si alguien tiene un gesto de mala educación contigo. Entrenarte para ir añadiendo cada vez más detalles a las visualizaciones mejora la habilidad de crear y explorar las escenas mentales propias; los deportistas que emplean esta técnica suelen decir que contribuye a que sus ensoñaciones también sean más lúcidas.

Si tienes que tomar una decisión importante, como aceptar o no una oferta de empleo o cambiarte de casa, las visualizaciones se pueden convertir en experimentos mentales más intensos en los que repasas los posibles puntos a favor y en contra, y las distintas secuencias de acontecimientos según la decisión que tomes y sus posibles consecuencias. Este ejercicio puede proporcionarte un marco muy útil para reflexionar sobre cualquier problema que no sepas resolver o para hallar soluciones creativas. Los experimentos mentales han dado lugar a algunos de los avances intelectuales más innovadores de la humanidad: Copérnico se dio cuenta de que la Tierra gira alrededor del Sol al visualizarlo mentalmente; el concepto del átomo se formuló en la Grecia antigua por primera vez siguiendo el mismo método; y toda una serie de teorías o inventos, desde el gato de Schrödinger hasta el motor eléctrico y la bomba de vacío, se concibieron inicialmente en los confines de la mente humana.

Pero, naturalmente, las fantasías no siempre tienen que ser abiertamente útiles. A menudo fantaseamos simplemente para reflexionar, ya que es una actividad muy humana que nos permite refugiarnos de algunas de las exigencias de la vida cotidiana. Pero eso no significa que sea una manera de «perder» el tiempo; si lo comparamos con algunas de las actividades pasivas a las que recurrimos en internet cuando estamos aburridos, veremos que las ensoñaciones hacen que la mente funcione de una forma mucho más activa e introspectiva, y nos dan muchas más oportunidades de reflexión y crecimiento personal. Al fantasear aprendemos sobre nuestras emociones, valores y deseos más profundos. O, en otras palabras, sobre nosotros mismos.

Cómo pasar a la acción

- Despeja la mente con ejercicios de respiración reparadores: cuando termines, fíjate en si sientes que tienes la mente más despejada y si se te ocurren pensamientos con mayor facilidad.
- No hagas nada: la próxima vez que te atasques en una tarea, haz una pausa y fíjate en si te ayuda a tener pensamientos o respuestas distintas.
- Pon en práctica tus habilidades de visualización: imagina un objeto sencillo y concéntrate en su forma, color y textura. Intenta rotarlo en tu mente. Sigue avanzando con visualizaciones de escenas y situaciones más detalladas.
- Prueba con un experimento mental: utiliza las técnicas de visualización para llevar a cabo experimentos mentales más extensos, como repasar los puntos a favor y en contra de una decisión vital importante.

CAPÍTULO
11

El pensamiento

Cómo se fraguó la tormenta

Además de ser famoso por haber presidido un país en tiempos de guerra, Winston Churchill también fue un autor prolífico y de gran talento que recibió el Premio Nobel de Literatura en 1953. Cuesta trabajo encontrar otro líder político que haya producido tal volumen de escritos sofisticados sobre historia y acontecimientos mundiales, especialmente mientras seguía en ejercicio. La extensa obra de Churchill —más de veinte millones de palabras entre libros publicados, cartas, circulares y artículos, incluidos los volúmenes de *La Segunda Guerra Mundial*, de millón y medio de palabras, y los cuatro de *Historia de los pueblos de habla inglesa*— arroja luz sobre una mente que se esforzaba por entender no solo las complejas maquinaciones del escenario mundial, sino también cómo pensamos y construimos la realidad.

A lo largo de los sesenta años que duró su carrera profesional como escritor, Churchill desarrolló unos métodos de trabajo muy elaborados para procesar grandes cantidades de información y datos fácticos. Estableció un equipo de investigadores y redactores que se encargaban de compilar grandes volúmenes de información que luego él repasaba y examinaba con ojo crítico. Para ayudarse a analizar y reflexionar sobre todas estas investigaciones, dictaba sin parar para consolidar sus pensamientos a medida que hablaba en su estudio, en el coche o incluso en la bañera, y afinaba sin parar su capacidad de seguir líneas de pensamiento aparentemente opuestas para llegar a sus propias conclusiones.

Llegó al poder durante la Segunda Guerra Mundial en gran parte gracias a las solitarias protestas que había venido manifestando durante años en la Cámara de los Comunes sobre la política de apaciguamiento en beneficio de Hitler y sus advertencias acerca de adónde era probable que llevara aquella estrategia tan poco sensata del Gobierno. Los historiadores no terminan de explicar cómo pudo tener razón Churchill sobre las intenciones de Hitler desde el principio, pero es probable que su habilidad de analizar densos volúmenes de datos e interpretarlos por sí mismo le confiriera la seguridad de tomar sus propias decisiones y contar con un criterio sólido en una época sumamente volátil y turbulenta. Churchill también tuvo una vida plena e intensa: fue piloto en los inicios de la aviación y participó activamente en dos guerras mundiales, y, además de escritor, fue un pintor entregado. Integraba sus ricas vivencias personales en su proceso de toma de decisiones, lo que le permitía basar sus análisis y pensamientos en los aprendizajes del mundo real que había adquirido en el campo de batalla.

Como descendiente directo del duque de Marlborough, cuyo liderazgo de los ejércitos que lucharon contra Luis XIV consolidó la emergencia de Gran Bretaña como potencia de primer nivel a principios del siglo XVIII, Churchill procedía de un entorno privilegiado, aunque las expectativas tradicionales de la educación de los varones de su estatus social no encajaban con él. Durante su época como joven oficial de caballería de servicio en Bangalore, inició su formación autodidacta leyendo, en concreto, una gran variedad de libros sobre historia y estrategia militar y probando suerte con la escritura. Decidió convertirse en periodista y no tardó en encontrar su voz como reportero sobre el terreno en Cuba y Sudán, y en Sudáfrica durante la guerra de los bóeres. Fue capturado y enviado a un campo de prisioneros de guerra en Pretoria, pero logró escapar escondiéndose en una mina de carbón antes de viajar por tren al África Oriental Portuguesa (el actual Mozambique) disfrazado de empleado ferroviario. Los medios británicos y el público general habían estado siguiendo muy de cerca las noticias sobre su fuga, y cuando regresó a Gran Bretaña se había convertido en héroe nacional.

EL PENSAMIENTO

Se metió en política y, para cuando llegó la Primera Guerra Mundial, dirigió la Marina Real desde su puesto como primer lord del Almirantazgo. Desarrolló toda una serie de tecnologías navales nuevas y adoptó también el sistema de convoy para proteger a las naves mercantes de los submarinos alemanes; asimismo, se encargó de planificar la batalla de Galípoli, la cual fue un intento fallido por parte de británicos y franceses de abrir un nuevo frente en la guerra y establecer una vía de abastecimiento hacia Rusia a través del mar Negro. El fracaso de la campaña dejó tan dañada su reputación que dimitió de su puesto y se encontró cada vez más marginado en el terreno político.

Acabada la guerra, publicó *La crisis mundial, 1911-1918*. Escribir este análisis de ochocientas veinticuatro mil palabras sobre las causas que habían desembocado en el conflicto y su resultado —aunque era también en parte su forma de refutar algunas de las afirmaciones más dañinas que se habían vertido sobre él— le permitió perfeccionar sus métodos de investigación y escritura, así como lo que él llamaba las «tres D»: *documents, dictation and drafts* [documentos, dictado y borradores].

Hoy el Archivo Churchill se encuentra en Cambridge, y sus ochocientos mil documentos están disponibles a investigadores y miembros del público con cita previa. En él, hay colecciones dedicadas a cada una de sus obras publicadas, incluidas cuatrocientas cajas solo para los seis volúmenes de *La Segunda Guerra Mundial*, las cuales arrojan luz sobre cómo conseguía trabajar con tales volúmenes de información. Decía que escribía un libro igual que se construyó la Canadian Pacific Railway: «Primero pongo la vía de costa a costa, y luego le coloco las estaciones»; también comparó su método a la construcción de una casa, a la planificación de una batalla o a pintar un cuadro: ponía los cimientos y luego recopilaba datos minuciosamente antes de extraer alguna conclusión. Durante su mandato como primer ministro en la Segunda Guerra Mundial, mandó que todas sus cartas, actas, instrucciones y telegramas se compilaran en volúmenes mensuales, y cuando llegó el momento de escribir la historia del conflicto, fue reensamblando todos los originales y «podando» lo que no necesitaba hasta tener un conjunto de documentos final que se copiarían en la imprenta para utilizarlos como fuente de referencia.

El archivo de Cambridge no solo recoge sus documentos personales y escritos, sino que también incluye el trabajo de sus ayudantes de investigación, el equipo de escritores al que llamaba «el sindicato», entre quienes se encontraban Hastings Ismay, quien llegaría a convertirse en el primer secretario general de la OTAN; William Deakin, futuro decano de una facultad de la Universidad de Oxford; y toda una sucesión de mentes brillantes y de expertos. La misión del equipo era repasar todos los contenidos disponibles sobre un tema histórico, incluidos los textos de Churchill, en busca de «destellos» que pudieran resultar útiles; una vez encontrados, se seleccionaban y se pasaban a máquina. Los asistentes también llevaban a cabo investigaciones originales e inteligentes en forma de borradores de notas sobre desarrollos políticos y acontecimientos mundiales. Esta amplia gama de documentación se disponía en orden cronológico para que Churchill pudiera analizarla más a fondo cuando se pusiera a escribir *La Segunda Guerra Mundial*, una obra sumamente detallada que le llevó siete años.

Para que le resultara más sencillo sacar conclusiones mientras revisaba las primeras galeradas, prefería dictar por la noche; a menudo, pasaba horas paseándose por su estudio, reflexionando sobre sus pensamientos, a veces con frases muy medidas y otras con una cascada rápida de ideas. Justo después de la guerra, en 1946 y 1947, Churchill hizo el ejercicio exhaustivo de recordar de forma estructurada todo lo ocurrido; el archivo incluye unas cien páginas que recogen algunos de sus recuerdos más vívidos, incluidos sus encuentros cara a cara con Roosevelt y Stalin. En sus dictados cuenta los vuelos que tuvo que hacer en un bombardero Liberator modificado sobre zonas de combate, donde corría el riesgo de ser derribado en cualquier momento: el avión no estaba climatizado, dormía en unos estantes tapado con mantas, y cuando superaba los doce mil pies, tenía que ayudarse de un tubo de oxígeno para respirar. Fue en estas reuniones en Teherán, Yalta y Potsdam en las que se concibieron los planes para la invasión de Normandía del Día D y, más adelante, ya terminada la guerra, se decidió la reorganización de Europa y el destino de Alemania; la meticulosa evaluación de Churchill de un periodo en el que se tomaron tantas decisiones terminó incluida en los últimos capítulos de su libro.

EL PENSAMIENTO

293

Mientras Churchill dictaba, una secretaria o un ayudante de investigación se encargaba de transcribir sus notas o recoger otros documentos para que él confirmara la veracidad de los datos. Su secretaria personal durante la guerra, Kathleen Hill, amortiguó las teclas de su máquina de escribir para evitar interrumpir sus pensamientos. Por la mañana, con el desayuno, Churchill inspeccionaba el texto escrito la noche anterior y hacía aún más modificaciones y anotaciones.

De toda esta masa de documentos y pensamientos dictados se sacaban los borradores de los capítulos, los cuales terminaban cubiertos de notas que Churchill añadía con una cera azul y tinta roja. Se mandaban a la imprenta por correo y en menos de veinticuatro horas recibía varias copias que luego se enviaban a ayudantes y antiguos compañeros para que añadieran sus comentarios. Este proceso seguía su curso y se iban añadiendo apartados enteros, de forma que el texto mecanografiado se iba convirtiendo en una crítica cada vez más sofisticada de una secuencia de acontecimientos; normalmente, un mismo capítulo se revisaba entre seis y doce veces. Incluso cuando las páginas finales del documento revisado ya estaban listas para encuadernarlas, Churchill seguía modificando el texto hasta el último minuto. Pasaba sus palabras bajo una «aplanadora» para darles su forma final, recortando cualquier exceso de sus pensamientos para expresar sus opiniones de la manera más clara y robusta posible.

Por mucho conocimiento y habilidades que demostraran los miembros del equipo, sin Churchill el proceso de escritura carecía de coherencia, y el peso final de presentar ideas originales recaía sobre él. Al trabajar en varios volúmenes a la vez, su pensamiento entretejía las tramas de información para crear un todo impecable. Su habilidad más impresionante era la capacidad de sostener y construir una línea argumental a lo largo de un sinfín de páginas sin dejar de transmitir su perspectiva incisiva y analítica. En todos sus escritos, Churchill insistía en contar su propia historia y desarrollar un punto de vista fundamentado y original.

En el prefacio de *Cómo se fraguó la tormenta*, el primer volumen de su historia de la Segunda Guerra Mundial, Churchill pone énfasis en que el conflicto podría haberse evitado y que «sería un error no aplicar las lecciones del pasado a la conducta venidera». Churchill tenía la costumbre de usar sus palabras para jugar cuidadosamente con hipótesis imaginadas muy meditadas y escenarios alternativos para reflexionar sobre qué podría haber dado lugar a situaciones diferentes a lo largo de la historia de la humanidad. Describe la Segunda Guerra Mundial como una «tragedia humana» sin duda provocada por «un fracaso de los líderes políticos», y estaba convencido de que lo que había llevado al conflicto armado fue «exactamente lo que está pasando hoy [1947], es decir, una ausencia de políticas coherentes o persistentes, incluso en los ámbitos fundamentales». Churchill señala los distintos puntos de inflexión importantes en los tiempos que precedieron a la guerra: la invasión de las fuerzas militares alemanas en Renania en 1936 y la Conferencia de Múnich en septiembre de 1938, que fue la última vez que el primer ministro Neville Chamberlain se reunió con Hitler.

Hoy la mayoría de los académicos coinciden con el veredicto de Churchill de que el encuentro en Múnich debió haber sido el momento de enfrentarse a Hitler sin reservas. Los Acuerdos de Múnich permitieron que la Alemania nazi se anexara los Sudetes, las regiones de Checoslovaquia en las que la lengua mayoritaria era el alemán, y no fue hasta un año más tarde, ante la invasión de Polonia, cuando el Reino Unido y Francia declararon la guerra a Alemania. Mientras tanto, Hitler se había aprovechado de las políticas de apaciguamiento de las potencias occidentales para expandir el ejército alemán. Churchill apunta: «La colosal producción de tanques con la que rompieron el frente francés no se originó hasta 1940».

Churchill había perdido su puesto en la Cámara de los Comunes en las elecciones generales de 1929 y durante un tiempo no formó parte del Parlamento. Siguió dando conferencias, advirtiendo del ascenso de la Alemania nazi y de la necesidad de que el Reino Unido se rearmara y reforzara su ejército, pero en aquel momento sus opiniones no gozaban de popularidad y fueron ignoradas. Tuvo que llegar el año 1935 para que volviera a entrar en el Gobierno. Para 1937, ya había retomado el puesto de primer lord del Almirantazgo. Cuando Alemania lanzó una invasión sorpresa contra Francia y los Países Bajos en mayo de 1940, los ejércitos británicos y franceses fueron derrotados enseguida, y la evacuación de las tropas

EL PENSAMIENTO

británicas y aliadas de Dunkerque se volvió prioritaria. El mismo día de la invasión, Chamberlain dimitió como primer ministro a causa de aquella crisis y del fracaso reciente de la campaña que debía evitar la ocupación de Noruega por parte de los alemanes, dejando a Churchill como único líder preparado para encabezar el país durante una guerra. Su afirmación de que la victoria era alcanzable, comunicada con tanta claridad durante sus retransmisiones en directo en la radio nacional y transcritas íntegramente en los periódicos del día siguiente, ayudaron a que el país se pusiera enérgicamente de su parte. Su mandato como primer ministro entre 1940 y 1945 goza de la consideración general de haber sido un buen ejemplo de cómo debe actuar un líder en tiempos de crisis: era resolutivo, sabía adaptarse rápidamente a las circunstancias según iban cambiando y desempeñó un papel crucial en la coordinación de todas las fuerzas aliadas. Como cabría esperar, recibía cantidades ingentes de información diariamente, y elaboró sus propios métodos para mantenerse al día de todo cuanto sucediera. Dispuso una sala de mapas en un búnker bajo el edificio de Whitehall, desde donde seguía los movimientos de las unidades militares y el avance de las batallas, y fue allí donde tomó muchas de sus decisiones más trascendentales. Sus informes de inteligencia eran de vital importancia, en especial la información de alto secreto que recibía de Bletchley Park, el centro británico dedicado al descifrado de códigos. Durante la guerra, Churchill viajó extensamente, a menudo poniéndose en peligro; llevó a cabo inspecciones en el norte de África, en la India, Birmania y Singapur, y también visitó lugares estratégicos tanto en las regiones orientales como occidentales del mundo. Mantenía un contacto frecuente con los demás líderes de los países aliados y tenía una estancia diminuta camuflada en lo que parecía un lavabo privado que utilizaba para hablar por teléfono con Roosevelt.

Las decisiones que tomó durante la guerra no siempre fueron aplaudidas —y gracias al tiempo y la distancia, podemos ver que tampoco fueron siempre acertadas—, pero sí resultaron decisivas para hacer avanzar la situación, y desempeñó un papel fundamental para que la guerra llegara a su fin. Uno de los ejemplos más notorios es el de cuando, a principios de 1942, después de que Gran Bretaña sufriera una serie de derrotas y

296 **SIGAMOS SIENDO HUMANOS**

contratiempos y que el Ejército alemán hubiera ocupado la mayoría de la Europa continental, Churchill adoptó una estrategia ofensiva con la que abrió frentes nuevos en el norte de África. Al comprometer a tropas alemanas que de otra forma se habrían enviado al frente oriental, logró aliviar la presión sobre la Unión Soviética y, al mismo tiempo, ganar tiempo para conseguir más apoyo de Estados Unidos. Asimiló la gran diversidad de información que se le presentó y confió en su instinto e intuición para decidir cuáles le parecían los mejores pasos que seguir. Finalmente, consiguió lo que quería.

Todos tomamos decisiones en la vida, y, aunque raramente son tan trascendentales como las que manejaba Churchill, el proceso que siguen es idéntico: debemos recopilar información, reflexionar sobre ella y tratar de entender la situación lo mejor que podamos. No obstante, en la era de la información en la que vivimos, la abundancia de datos y la creciente dependencia de los algoritmos y de las inteligencias artificiales amenazan nuestra capacidad de análisis, lo cual reduce el pensamiento crítico y afecta a la habilidad de juzgar las decisiones según nuestra experiencia personal. La opacidad de los métodos de trabajo de los cálculos informáticos, junto con la descomunal escala de los conjuntos de datos con los que trabajan, eliminan casi por completo el razonamiento humano de la toma de decisiones, y si el modelaje de datos, los algoritmos y la IA no se aplican con cuidado a la realidad, pueden resultar mucho menos útiles.

Ahora bien, si se usa correctamente, la tecnología tiene la capacidad de ampliar nuestro pensamiento sin que ello afecte ni a la subjetividad ni a la creatividad. Churchill se apoyaba en muchas otras cosas, además de su experiencia personal, para fundamentar sus pensamientos: estableció un equipo entero de asistentes que lo ayudaran a ofrecer respuestas claras en sus escritos y empleaba fuentes de información muy extensas para respaldar sus decisiones como líder militar. En nuestro caso, podemos hacer algo parecido al utilizar las herramientas de IA, las búsquedas algorítmicas y otras herramientas informáticas para apuntalar, más que dirigir, nuestros pensamientos.

Es muy posible que, para cuando terminó la guerra, Churchill fuera la persona más famosa del mundo; su típico puro, su sombrero Homburg y

EL PENSAMIENTO

su gesto de victoria eran tan reconocibles como Charlie Chaplin o Mahatma Gandhi. Pero fue su obra literaria, y sobre todo *La Segunda Guerra Mundial*, lo que consolidó su prominencia histórica. Todavía hoy se utilizan muchas de sus expresiones, entre ellas «telón de acero», «relación especial», «sangre, sudor y lágrimas», así como la arenga con la que animaba a «no rendirse nunca». Y es que Churchill desprende algo innegablemente humano: era un hombre jactancioso y en ocasiones incluso arrogante, pero también llevaba consigo el «perro negro» de la depresión, la fuerza de las emociones que compartía y sentía de un modo tan visible, y la capacidad de empatizar con los demás, fuera cual fuera su situación. Es cierto que sus opiniones no siempre eran populares; muchas personas de entonces y de ahora no han visto con buenos ojos muchas de las posturas políticas que adoptó. Después de la campaña de los Dardanelos y del gran daño que causó a su reputación política, su mayor fracaso fue perder las elecciones justo después de la guerra y que el partido opositor obtuviera una victoria aplastante. El pueblo británico quería un cambio, y Churchill tuvo que perseverar durante otros seis años, escuchando y respondiendo a las peticiones de los demás, antes de alzarse de nuevo como primer ministro en 1951. Evidentemente, perseguía sus propias intenciones, y sus motivaciones políticas y sus esfuerzos por granjearse un prestigio futuro también influyeron en a qué destinaba su energía y sus pensamientos. Los lectores y oyentes de aquella época podían tomar lo que decía y entenderlo dentro del contexto de lo que representaba y a la luz de lo que estaba ocurriendo en el mundo. En cambio, el lector atento detectará en sus memorias y sus análisis de la guerra una tendencia a maquillar ciertos hechos y omitir otros, aunque este tipo de observación más sutil puede perderse si su texto se introduce en una base de datos para indexar búsquedas o alimentar una IA de aprendizaje automático y se presenta únicamente a base de fragmentos seleccionados.

Actualmente, cuando queremos entender una información, no solo debemos atender a las palabras y los pensamientos, sino también al medio tecnológico que nos la proporciona. Si no entendemos cómo se recopila, cuando vemos los resultados de nuestra búsqueda —ya sea en conjuntos de datos opacos generados en nuestro lugar de trabajo o en forma de las recomendaciones que se muestran en los motores de búsqueda, en las fuentes de noticias o en los servicios de *streaming*—, renunciamos a la oportunidad de buscar información nueva personalmente y de interpretarla por nosotros mismos, que es la única manera de asegurarnos de que nuestras opiniones tengan matices.

La visión de Churchill acerca del futuro y de las decisiones individuales nunca fue fatalista. Creía que nada estaba predeterminado y que la propia historia humana consiste en una serie de encrucijadas negociables. Tal como escribió en *La guerra del Nilo*, su explicación histórica de la conquista de Sudán a manos de las fuerzas angloegipcias, «todo incidente está rodeado por un sinfín de posibilidades, cada una de las cuales, de haberse hecho realidad, habría cambiado el curso de los acontecimientos por completo»; según lo veía él, la humanidad siempre tiene la oportunidad de escoger entre futuros alternativos. Lo que más admiraba era la flexibilidad mental de los humanos, la habilidad creativa de tomar la información que tenemos a nuestro alcance y decidir cómo avanzar de una forma nueva y activa, en lugar de aceptar aquello que parece inevitable. Pero no podría haber previsto el grave peligro que correría dicha libertad del pensamiento humano en apenas un puñado de décadas.

Hoy nos enfrentamos a una tormenta distinta, pero que también se está fraguando. Las diferencias ideológicas y las nuevas corrientes de nacionalismo son factores evidentes en los conflictos militares globales, pero las tecnologías digitales también pueden hacernos caer en la trampa y dividirnos. La industria de la IA que tan rápido está surgiendo y que está recibiendo unas cantidades ingentes de financiación por parte de inversores de capital de riesgo y tanto interés estratégico está concentrando de grandes empresas de medios digitales pronto lanzará al dominio público muchas aplicaciones inteligentes, asistentes y herramientas de chat, y lo hará con unas consecuencias de peso para el pensamiento humano independiente. Las generaciones de IA que están a la vuelta de la esquina serán capaces de analizar las copias digitales de los mismos documentos que Churchill procesó y escribir su propio relato de la Segunda Guerra Mundial con el mismo estilo y tono de voz que Churchill. Cuando una computadora tenga la capacidad de crear libros enteros, por no hablar de cantidades infinitas de artículos de prensa y publicaciones para redes sociales, anuncios visuales y, quién dice que no, películas taquilleras y series de televisión, seremos conscientes de un nivel de control externo de las mentes humanas caracterizado por una sofisticación, una escala y un alcance nunca vistos.

Quizá lo que mejor represente a Churchill es una personalidad tenaz que, junto con un intelecto y un ingenio muy afinados, le permitía abrirse paso por las complejidades de la vida y de la política. Cuando se trata de pensar en cómo convertir algo que percibimos como una amenaza grave en una oportunidad positiva, especialmente en momentos de cambios drásticos y rápidos, quizá la habilidad humana más importante sea la de reflexionar detenidamente hasta alcanzar una solución deliberada. El hecho de que Churchill dominara sus propios pensamientos trajo consigo cambios muy reales y concretos no solo en su propia vida, sino también para las personas de Europa, y este tipo de clarividencia y pertinencia mental puede ser lo que hoy necesitamos más que nunca de nuestros líderes, ahora que nos enfrentamos a la oportunidad —y al riesgo— más complejos y con mayor potencial de cambiar el mundo al que se ha enfrentado jamás la humanidad.

EL ÓRGANO SOBERANO DEL COMPORTAMIENTO Y DE LAS ACCIONES

Nuestros pensamientos surgen del flujo de energía eléctrica que discurre entre una terminación nerviosa y otra. La fuente de nuestro raciocinio, de nuestras emociones y nuestros movimientos corporales no se descubrió hasta 1888: el neuroanatomista español Santiago Ramón y Cajal había estado tiñendo células con tinta negra para verlas con mayor claridad con el microscopio cuando se dio cuenta de que las células cerebrales no se conectan entre sí directamente. Observó unos espacios bastante fáciles de distinguir entre ellas —las sinapsis que la electricidad cubre de un salto— y se dio cuenta de que la red de conexiones de la mente era mucho más compleja de lo que se había creído hasta la fecha.

Se había dado por hecho que el sistema nervioso humano era un entramado bastante fijo que conectaba las células nerviosas por todo el cuerpo: se creía que una parte del cerebro siempre quedaba fijada a otra, y que las señales y los pensamientos se desplazaban a través de vías establecidas. Pero a Ramón y Cajal le parecía que una estructura tan «rígida e inmutable» como aquella, «incapaz de ser modificada», contradecía la idea de que el cerebro era «maleable y capaz de perfeccionarse por medio de una gimnasia cerebral bien dirigida». Dedujo que las neuronas pueden usar sus elevados números de conexiones sinápticas para interactuar de forma más fluida con otras partes del cerebro. Ramón y Cajal elaboró una serie de ilustraciones increíblemente bellas y detalladas de las células nerviosas que veía, y fueron sobre todo estas ilustraciones las que le granjearon, junto a Camillo Golgi, el Premio Nobel de Fisiología o Medicina en 1906. Durante el resto de su vida siguió estudiando los pensamientos humanos, especialmente los estados oníricos, y hoy se le recuerda no solo como el fundador de la neurociencia moderna, sino como la primera persona en relacionar fehacientemente el cerebro humano con la ciencia eléctrica.

En las horas previas a su muerte en el año 1934, escribió en una nota breve: «Os he concedido algo más precioso que todas las excelencias sensoriales: un cerebro privilegiado, órgano soberano de conocimiento y de acción, que, sabiamente utilizado, aumentará hasta lo infinito la potencia analítica de vuestros sentidos. Gracias a él podréis bucear en lo ignoto y vuestras potencialidades inquisitivas [...] crecerán incesantemente, tanto, que cada fase evolutiva del *Homo sapiens* revestirá los caracteres de nueva humanidad». No cabe duda de que actualmente estamos entrando en una fase nueva de la historia de la humanidad, y el ingenio del pensamiento humano es lo que nos ha traído hasta aquí: es innegable que la IA es la extensión más esencial del pensamiento natural que la humanidad haya visto desde el nacimiento de la escritura, y el impacto que tendrá en la vida cotidiana resulta tan desconcertante como profundo.

Los principios que apuntalan las últimas formas de IA son, de hecho, similares a lo que Ramón y Cajal observó en las neuronas ya en 1888. Los modelos de lenguaje de gran tamaño (LLM, por sus siglas en inglés) como el ChatGPT de OpenAI se componen de cientos de miles de millones de parámetros y han sido entrenados por cientos de *terabytes* de información textual, desde libros y artículos académicos hasta casi todo lo que aparece en internet. El resultado es que pueden llevar a cabo muchas tareas inteligentes que históricamente solo cabía esperar de un ser humano, y todo gracias a haberlas reducido al reconocimiento de patrones. Cuando introducimos una pregunta en un LLM de última generación, es capaz de predecir la respuesta correcta más probable ejecutando la búsqueda por su insondable conjunto de datos. Busca patrones de texto similares en el enorme corpus de resultados que encuentra y construye una respuesta determinando la disposición más probable del texto que debería aparecer a continuación. Los LLM tratan cada una de las palabras de sus *terabytes* de datos como una cadena de datos discreta, y tienen la libertad de establecer conexiones entre cualquiera de estas cadenas de datos a través de los impulsos eléctricos que fluyen por los componentes físicos de la computadora. La flexibilidad y la libertad que esto concede a la IA para procesar información es impactante, y se parece tanto a la forma en que funcionan las neuronas y las sinapsis de nuestros cerebros que las unidades computacionales más básicas que el LLM tiene a su disposición para procesar información se conocen como *neuronas*, una alusión deliberada al cerebro humano.

Desde su desarrollo, los LLM se han combinado con todo tipo de medios distintos. Una de las primeras aplicaciones ha sido la generación de imágenes: al entrenar a un LLM con un conjunto de datos multimodal de combinaciones de texto-imagen, es posible pedirle, a través de nuestras palabras, que cree cualquier tipo de imagen nueva. Por ejemplo, podrían cargarse cientos de miles de fotografías de manos junto a sus descripciones, así como los dibujos de Leonardo da Vinci, y pedir a la aplicación que genere una imagen nueva de una mano al estilo de Leonardo. Los resultados pueden resultar apabullantes de tan convincentes. En principio, este proceso podría aplicarse a contenidos digitales de la mayoría de formatos. Aunque para nosotros las películas, las obras de arte o las composiciones musicales generan experiencias de tipos totalmente distintos, cuando están en formato digital, los LLM pueden interrogar a su código informático de un modo parecido. El proceso es el mismo para todos los archivos digitales, ya se trate de una hoja de cálculo, de una página web o de una aplicación informática sumamente sofisticada, y si se le entrena correctamente, el LLM será capaz de analizar el código de cualquier contenido digital para el que haya sido entrenado, y a partir de ahí, a partir de instrucciones, producir sus propias creaciones originales.

Las ramificaciones de todo esto son sobrecogedoras. A medida que aumente la potencia computacional y el volumen del conocimiento humano al que estén expuestos los LLM crezca, las capacidades de la IA cambiarán y sobrepasarán con mucho las de cualquier mente humana. Estamos a las puertas de un punto de inflexión importantísimo de la historia de la humanidad: muy pronto, nuestra vida cotidiana consistirá en comunicarnos no solo con otros seres humanos, sino también con otras entidades que se asemejarán a nuestra mente, pero serán productos informáticos. No estamos hablando del tipo de *chatbots* básicos que encontramos en los servicios de atención al cliente; estos sistemas nuevos y exóticos no solo serán capaces de hablar con nosotros, sino que también podrán repasar una gran porción de los registros humanos para responder cualquier pregunta que podamos tener y ayudarnos a innovar y crear. La IA pronto se encargará de generar videoclips, videojuegos o diseños arquitectónicos para las casas, y en cada caso podrá inspirarse en una cantidad casi infinita de ejemplos preexistentes.

Al escribir sobre la historia, Churchill reflexionaba profundamente sobre la verdadera naturaleza de la causalidad y sobre el hecho de que nunca podemos tener la certeza de que un acontecimiento histórico fue el auténtico desencadenante del siguiente. Era consciente de que a veces la complejidad puede ser tan impenetrable y los posibles resultados tan abundantes que observar y comprender los efectos reales de los acontecimientos globales solía ser algo que sobrepasaba el intelecto y el trabajo de un único ser humano. También era consciente de las limitaciones de sus archivos —«estos fragmentos escritos, por fortuna conservados, representan solo una diminuta parte de todo lo que ocurrió»— y admitía que ninguna obra sobre historia podía aspirar a incluir toda la variedad de la experiencia humana. Churchill sabía que el cerebro humano tiene un límite; y hoy, el alcance y el volumen de las tareas mentales que somos capaces de gestionar son superados con creces por la IA.

EL PENSAMIENTO

Nuestros cerebros contienen un billón de neuronas, y cada una se puede unir con hasta otras diez mil. Eso significa que las conexiones que el cerebro es capaz de formar alcanzan los 100000 billones (100 000 000 000 000 000). Impresionante, ¿verdad? Pero un LLM compuesto de un billón de parámetros se entrena con 100 *terabytes* de datos (e incluso hoy esas cifras suelen ser mucho más elevadas), y el límite máximo de conexiones posibles que en principio puede establecer es de 80 000 trillones (80 000 000 000 000 000 000 000), dependiendo de la arquitectura del LLM y la tarea que se le pida que ejecute. En una red neuronal como un LLM, las «conexiones» no son físicas, sino ponderaciones matemáticas asignadas a la influencia que una «neurona» artificial (un nodo de la red) ejerce sobre otra, y dependen de muchos factores, no solo del número de parámetros y de la cantidad de datos de entrenamiento. Estas ponderaciones matemáticas se van ajustando a medida que el modelo de IA aprende, lo cual facilita interacciones complejas dentro del sistema. Aunque los desarrolladores de IA no supervisan ni controlan cada uno de estos ajustes —ni suelen poder verlos directamente—, con la potencia computacional suficiente y un diseño detallado, un LLM de esta escala podría tener un «alcance» o potencial de reconocimiento de patrones miles de millones más elevado que el del cerebro humano.

Aunque la IA cuenta con unas capacidades sobrehumanas para detectar y generar patrones en volúmenes de información que quedan muy fuera de nuestro alcance —lógicamente, seríamos incapaces de escanear cientos de miles de fotografías de manos humanas en un instante y crear una imagen al estilo de Leonardo de inmediato—, se queda muy corta en lo que respecta a toda una serie de aspectos importantes y bastante evidentes. Los LLM, o en realidad los algoritmos informáticos y otros tipos de IA, son incapaces de hacer muchas de las cosas que damos por sentadas en la vida diaria, algo que sin duda es muy poco probable que cambie en el futuro. Al estar limitada al procesamiento de conjuntos de datos, la IA no tiene la posibilidad de salir al mundo real de las formas que a nosotros nos parecen normales. Además, al menos por el momento, los humanos controlamos cualquier tipo de forma de potencia informática artificial, sobre todo cuando se puede operar tan fácilmente por medio del discurso humano corriente: podemos hacer preguntas complicadas con total naturalidad, y a medida que se siga desarrollando la IA, podremos sondear los datos con más precisión que en cualquier otro momento de la historia. Abundan los interrogantes, y la escala de los avances en las computaciones de IA hace que sea imposible predecir qué desarrollos surgirán incluso en los próximos años; pero, por ahora, el lanzamiento de la IA en la sociedad general puede que no suponga el acelerado problema para el pensamiento humano que podría parecer en un principio: de hecho, por el momento nos permite analizar y controlar nuestra experiencia digital mejor de lo que hoy podemos hacerlo con los algoritmos.

Los humanos hemos evolucionado para convivir a lo largo de los 5.6 millones de nuestra historia compartida, y durante este periodo la cultura se ha ido desarrollando para asegurarse de que exista cierto entendimiento mutuo. Habitamos este mundo con todos los demás, y el lenguaje —ya sea oral, escrito o visual— cumple el cometido principal de señalar la realidad que nos rodea. Somos seres vivientes que se mueven y respiran en un mundo tridimensional extraordinariamente complejo, no modelos matemáticos generativos de distribución estadística que dependen de grandes colecciones de contenido generado por humanos. La IA no es en absoluto una forma de vida, y sencillamente es incapaz de comprender la realidad como nosotros.

Así como Churchill buscaba causas y trataba de llegar al meollo del asunto para entender por qué había pasado algo, la IA solo puede trabajar a partir de las correlaciones de los conjuntos de datos. Mientras Churchill se paseaba por su estudio, reflexionando sobre sus propias ideas, «triangulaba» su realidad objetiva al comparar sus experiencias personales, los pensamientos y las perspectivas de su equipo de colaboradores y cualquier otra referencia fáctica que tuviera a mano; solo entonces se formaba una opinión definitiva. A diferencia de los humanos, que vivimos en una realidad física, la IA no puede formar sus propios juicios ni considerar que algo es verdadero o falso como hacemos nosotros. Contiene información como una enciclopedia —y puede analizarla con una potencia excepcional—, pero carece de acceso directo al mundo real para construir su propia idea de la verdad.

La única forma en que la IA podría llegar a entender el mundo por medio de un instinto humano sería si se personificara, y por mucho que suene a ciencia ficción, ya se están dando pasos en este sentido. En 2022, los investigadores de Google diseñaron un sistema de control de robots de código abierto llamado SayCan que utiliza un LLM para asignar tareas a un robot con frases habladas y sensores para guiarlo por el entorno. Pero esto también es muy diferente de cómo piensa una mente humana, cómo aprende e interactúa con la realidad: el SayCan entrena previamente al robot a partir de un conjunto de datos textual, algo que no se parece en nada a la experiencia rica, analógica y sensorial que vivimos cada uno de nosotros momento tras momento. El SayCan nos permite ver cómo los LLM podrían integrarse más en el mundo en los próximos años, pero no es capaz de emular la experiencia humana auténtica. Por otro lado, la posibilidad de recrear un cuerpo humano con tecnología de ingeniería también nos queda muy lejana.

Las diferencias principales entre la IA o los algoritmos y la inteligencia humana es que nosotros, como individuos, albergamos nuestros propios pensamientos, recuerdos y sentimientos, y podemos recurrir a ellos para formar una perspectiva original. Podemos actualizar nuestras creencias y ajustar lo que consideramos importante o verdadero guiándonos por nuestra intuición personal y los sentidos; y cuando lo hacemos, nuestra comprensión se vuelve más rica y polifacética. Mientras que las operaciones informáticas pueden examinar unos conjuntos de datos enormes, la mente humana tiene que profundizar y cuestionar el mundo a través de su experiencia directa y personal.

Las personas utilizamos el cuerpo para experimentar los lugares físicos a través de los sentidos, pero también hemos evolucionado para cambiar de punto de vista y poder imaginar lo que otra persona está viendo o pensando, y como todos compartimos esta habilidad humana, podemos entendernos mutuamente y depender los unos de los otros. Esa manipulación de los puntos de vista y de los marcos de referencia, que para nosotros es tan frecuente y natural, y que nos permite fusionar distintas informaciones y secuencias de acontecimientos proyectados en nuestra narrativa personal, es una de las habilidades más refinadas de la mente humana y facilita, además, la complejidad del pensamiento y las distintas variedades de experiencias mentales que damos por sentadas todos los días.

Una de las formas más antiguas de contar historias es la parábola, una narración breve o cuento que se usaba para ilustrar una moraleja o una lección espiritual. Sirve, además, para demostrar la habilidad humana de tomar una secuencia de acontecimientos narrada y relacionarla con algo totalmente distinto que, normalmente, es nuestra propia experiencia vital. Hacemos esto mismo con casi todas las experiencias nuevas y la información con las que nos cruzamos. Cuando Churchill revisaba los documentos de sus archivos, no se limitaba a ordenarlos cronológicamente, sino que los entretejía y los moldeaba desde su punto de vista único, el cual se basaba tanto en cualquiera de sus otras experiencias vitales como en la lectura de cualquier texto. Para imaginar distintos escenarios hipotéticos y descubrir cómo podría haberse evitado la Segunda Guerra Mundial, o si podría haber terminado antes, se apoyaba en su habilidad de beber conceptualmente de todas las experiencias que había tenido a lo largo de su vida.

No cabe duda de que los sofisticados sistemas de modelaje de datos a los que hoy tenemos acceso, y en especial la IA de lenguaje natural, le habrían venido muy bien a Churchill a la hora de determinar las mejores formas de evitar confrontaciones similares en el futuro. Y aun así cuesta imaginar que la IA pueda desarrollar la gran sensibilidad de Churchill respecto de los demás líderes políticos. Había conocido a Stalin y a otros líderes mundiales, y confiado en sus percepciones instintivas para detectar cualquier paso en falso que pudiera desembocar rápidamente en situaciones de peligro.

Cualquier forma de IA —ya sean los motores de recomendaciones y los algoritmos que controlan el contenido al que accedemos, o la nueva generación de LLM de gran potencia— se basa en un cuerpo de datos creado colectivamente por una población enorme de seres humanos, y ahora también —y cada vez más— por la propia IA. Naturalmente, es ahí donde reside su poder: la IA es capaz de amalgamar una cantidad ingente de trabajo y hallar patrones y tendencias cuya existencia no habríamos podido detectar jamás. Pero no hay ninguna garantía de que la información o la respuesta que ofrece sea siempre la que buscamos, ni que sea la adecuada para nosotros. Churchill creía que «la verdadera genialidad residía en la capacidad de evaluar información incierta, arriesgada y opuesta», y por eso hace falta una mente humana que analice y valore las conclusiones que nos ofrece la IA; de lo contrario, nos arriesgamos a ceder demasiado control a estas herramientas tecnológicas en lo que respecta a nuestras decisiones y acontecimientos futuros. Si Churchill hubiera escrito *La Segunda Guerra Mundial* en la actualidad, habría tenido acceso a un catálogo mucho más extenso de fuentes de información —muchas de ellas más basadas en la estadística y con datos más sólidos—, pero aun así habría tenido que comprender, analizar y sintetizar la información por sí mismo. Un texto creado por ChatGPT o cualquier otro LLM de IA podría ofrecer una descripción bien estructurada de lo que ocurrió, pero el lector humano tendría que comprobar que la información recibida es pertinente, oportuna y precisa, o incluso si la respuesta generada por la IA está basada en la realidad. Actualmente, ChatGPT es propenso a lo que en el sector llaman *alucinaciones*, es decir, datos inventados o malinterpretados, y, aunque las próximas actualizaciones reducirán su gravedad, es imposible asegurar que llegue el día en que podamos confiar ciegamente en los resultados que nos ofrece un LLM. Y tampoco deberíamos.

La siguiente generación de herramientas de IA suele presentarse como una amenaza para muchos empleos que requieren habilidades cognitivas, y es natural que sea motivo de preocupación. Es probable que los lugares de trabajo y el mercado laboral sean testigos de una reestructuración drástica y dolorosa en los próximos años. La IA tiene el potencial de automatizar ciertas tareas mentales, pero también generará una enorme cantidad de datos y conocimientos más complejos que deberán ser interpretados y analizados. Los LLM son estructuras enormes y complejas que requieren niveles elevados de programación, entrenamiento y mantenimiento, así como de supervisión humana constante. Ramón y Cajal jamás habría visto las sinapsis del cerebro humano sin que la ampliación del microscopio lo acercara más a sus observaciones; del mismo modo, los procesos algorítmicos y la IA nos proporcionarán informaciones a las que no podríamos haber accedido de ninguna otra forma, pero los humanos seguiremos siendo necesarios para estudiar y evaluar de cerca los resultados. Mantenernos al día de los volúmenes de información y de las revelaciones nuevas que la IA seguro que traerá consigo y asegurarnos de que todo el proceso esté muy controlado nos tendrá sumamente ocupados.

Cuando OpenAI lanzó GPT-4 en marzo de 2023, el más novedoso de sus «transformadores generativos preentrenados», anunció que su LLM había obtenido puntuaciones muy elevadas en al menos treinta pruebas de habilidad en campos tan diversos como la macroeconomía, la escritura y las matemáticas, entre las que se encontraban exámenes de distintas facultades de Derecho y de Empresariales. Las actualizaciones futuras de GPT subirán muchísimo el listón de estos niveles y se adentrarán en unas categorías de inteligencia que la humanidad no ha visto jamás. Es imposible predecir qué efectos generará todo ello, pero no tardaremos en presenciar un cambio histórico radical.

En cuanto la IA sobrepase con mucho la inteligencia humana, puede que nos resulte imposible comprenderla y seguirle el ritmo. Este punto crítico recibe el nombre de *explosión de la inteligencia*. Si para entonces no se han implementado medidas serias de protección, es probable que a los humanos nos resulte demasiado difícil controlar las acciones de la IA.

Los humanos poseemos emociones y la capacidad de percibir, comprender y reaccionar ante nuestros sentimientos y los de los demás. Sabemos gestionar situaciones sociales complejas, empatizar y tomar decisiones que tengan en cuenta el bienestar de quienes nos rodean. Por otro lado, la IA carece de emociones y de la habilidad de entenderlas, lo cual limita su capacidad de tomar decisiones basadas en la compasión y en un contexto concreto. Una de las características fundamentales de la humanidad es nuestro sentido colectivo de la moral, el cual podemos defender a través de acciones coordinadas incluso en el ámbito global. Contamos con el sentido de la ética que guía nuestros comportamientos, mientras que la IA no posee inherentemente un sistema de valores ni se adhiere a ningún marco ético. El aprendizaje automático se puede programar para que siga ciertas normas —las cuales, naturalmente, deben ser establecidas por un ser humano—, pero su comprensión de la ética y de la moralidad está limitada a lo que se le haya enseñado; por eso nada nos garantiza que la IA pueda adaptarse bien a situaciones delicadas desde el punto de vista ético.

Hay una voz que lleva ya mucho tiempo alzándose para prevenirnos de que todas estas razones hacen que los avances en IA planteen un riesgo existencial para la humanidad. Eliezer Yudkowsky es director de investigaciones en el Machine Intelligence Research Institute y es considerado el fundador del campo de la alineación de la IA, es decir, el proceso de diseñar sistemas de IA para que se ajusten a los valores y objetivos humanos. Lleva trabajando en este ámbito desde el año 2001, y está plenamente convencido de que sin una preparación exhaustiva y unos conocimientos científicos sobre cómo manejar una IA superinteligente, este tipo de tecnología podría desencadenar enseguida una sucesión de acontecimientos que llevaran a la destrucción de la humanidad. Si se dejan a un lado la ética, la preocupación y la consideración por la vida humana, los sistemas de IA podrían, por mucho que se les asigne una tarea aparentemente segura o inocua, llevar a cabo acciones que pongan a la sociedad en un grave peligro. Yudkowsky prevé que habrá cantidades ingentes de aplicaciones inteligentes ejecutándose a «unas velocidades que superarán a la humana en millones de segundos», generando sus propios datos, planes y acciones para el mundo real con un nivel de complejidad que sencillamente no seríamos capaces de concebir. Entonces, pregunta, ¿cómo podemos esperar mantener el control?

Igual que gran parte de las respuestas de Churchill en los años treinta del pasado siglo, hasta hace muy poco, las ideas de Yudkowsky han estado enfrentadas con las opiniones predominantes. Pero, aunque grandes sectores de la comunidad de la IA siguen centrados en las oportunidades que traerá consigo extender nuestro pensamiento, hay cada vez más personas concienciadas y asustadas por los riesgos a los que nos enfrentamos con el surgimiento de una IA avanzada. Y es que las cosas están sucediendo a una velocidad de vértigo. OpenAI pasó tan solo siete meses entrenando a GPT-4, y se hizo accesible al público general tan solo cuatro meses después del lanzamiento al público de ChatGPT; pero, tal como explica Yudkowsky, esta actualización ya supuso un «avance de capacidad agigantado». La escala de los cálculos más extensos de la IA se está duplicando cada seis meses, a una velocidad mucho mayor que la de la ley de Moore, es decir, la observación de Gordon E. Moore, cofundador de Intel, de que el número de transistores de un microchip se duplica aproximadamente cada dos años, una predicción que se ha demostrado certera en gran medida. Estamos ante una línea temporal que indica que en cuestión de unos pocos meses o años la IA avanzará hasta alcanzar un nivel de capacidad y potencia hasta ahora desconocido.

Sea cual sea el resultado final, el ritmo acelerado y los avances desenfrenados de la IA son cuestiones que los líderes políticos deben abordar: la humanidad no está en absoluto preparada para la existencia de una IA descontrolada y dotada de una inteligencia sobrehumana. Actualmente no se ha establecido ningún plan ni se ha puesto en marcha ningún intento de crear un tratado global, y tampoco se está trabajando para alcanzar un consenso sobre las posibles repercusiones generales. A pesar de que todo edificio que se diseña o coche que sale al mercado debe pasar por unas pruebas de seguridad exhaustivas, la mayoría de los países no imponen ningún tipo de evaluación de riesgo antes de lanzar sus desarrollos en materia de IA al público general. Incluso si se lograran imponer los controles suficientes a las corporaciones de todo el mundo, las innovaciones más importantes en el campo de la IA pueden surgir de la mano de un único desarrollador que trabaja con herramientas de código abierto, algo que no se puede controlar sin contar con unos niveles elevados de vigilancia estatal que podrían afectar a la propia libertad del pensamiento humano.

La IA no es más que líneas de código, y a medida que su potencia computacional avance, nuestros dispositivos personales de uso cotidiano albergarán una inteligencia asombrosa. La IA se convertirá en un recurso tan común y accesible como hoy es internet. La estrategia más efectiva para mitigar los riesgos que plantea este acceso general podría ser utilizar la propia IA como escudo proactivo: si empleamos la IA para que nos ayude a filtrar la desinformación, protegernos de las amenazas creadas artificialmente y contrarrestar otros posibles perjuicios provocados por terceros maliciosos, podemos utilizar la IA como una herramienta positiva que ayude a prevenir o compensar por el mal uso que pueda dársele.

EL PENSAMIENTO

Lo mejor que podemos hacer como usuarios en estos momentos es utilizar la IA con gran cautela. Las herramientas de conversación de IA se pueden refinar y aclararnos el pensamiento; por eso es importante que entendamos bien cómo funcionan, para poder hacerles mejores preguntas y controlar mejor las respuestas que nos ofrecen. En sus formatos actuales, los LLM nos ofrecen un medio que no esperábamos para cuestionar nuestro conocimiento y entender más fácilmente tanto lo que ocurre en nuestras vidas como los fenómenos globales más complejos. Si utilizamos estas herramientas con más criterio, podremos mantenerlas más controladas.

CONSTRUYE TUS PROPIAS OPINIONES

Uno de los factores más decisivos del éxito final de Churchill durante la Segunda Guerra Mundial fue la máquina llamada Bombe que diseñó Alan Turing para descodificar los mensajes encriptados con los que se comunicaba el Ejército alemán. La información descifrada por Turing y sus compañeros proporcionó a los aliados un conocimiento incalculable sobre las operaciones y los planes del Ejército alemán, ayudando así a Churchill a fundamentar sus decisiones durante la guerra. Los diseños de Bombe partían de la máquina universal de Turing, un dispositivo teórico que contaba con una cinta de longitud infinita que podía utilizarse para leer y escribir símbolos y ejecutar cualquier tipo de cálculo que se expresara siguiendo un conjunto de reglas.

La máquina universal de Turing constituyó uno de los primeros y más importantes modelos de computadora, y la IA todavía hoy se inspira en ella: los LLM como ChatGPT también procesan símbolos (en este caso, palabras y frases) basándose en un conjunto de reglas y algoritmos, pero también son capaces de aprender de forma automática y de generar textos nuevos a partir del conocimiento con el que han sido entrenados, algo que la máquina de Turing no era capaz de hacer. Sin embargo, en 1950, Turing propuso lo que hoy se conoce como el test o la prueba de Turing, el cual permite medir la habilidad de una máquina de mostrar un comportamiento inteligente indistinguible del de un ser humano. Planteaba que, aunque las computadoras llegarían a poder llevar a cabo muchas de las tareas que anteriormente se habían considerado de dominio exclusivo de los humanos, jamás serían capaces de replicar la complejidad y los matices de nuestro pensamiento, algo que la mayoría de los expertos en IA siguen manteniendo. Incluso si la IA llegara a superar el punto de la explosión de la inteligencia, todavía dependería de procesamientos lógicos y algoritmos basados en reglas y no tendría acceso a las emociones, la intuición, el razonamiento basado en el sentido común, la empatía, la inteligencia social y otros aspectos subjetivos del pensamiento humano que tan difíciles resultan de modelar y simular en las máquinas.

No cabe duda de que, desde la época de Turing, la potencia computacional y las capacidades correspondientes de la tecnología han aumentado. El marcador que se ha utilizado en el campo de la informática para separar la IA y la humana ha ido cambiando sin parar, y los LLM representan la mayor «usurpación» de la inteligencia humana hasta la fecha; no obstante, el alcance de las tareas cognitivas que parece probable que la IA sea capaz de replicar en el futuro deja un terreno muy evidente y unos requisitos muy claros de los que deberá ocuparse el pensamiento humano. Y tal como ya dijo Turing, es poco probable que eso vaya a cambiar.

Si se usan bien, la tecnología, los algoritmos y la IA pueden ayudarnos a refinar y ampliar nuestra forma de pensar. Si conseguimos entender correctamente cómo funcionan y cómo procesan la información, podremos ver de qué formas nuestros pensamientos más naturales e intuitivos pueden lograr cosas que una computadora nunca logrará hacer y de qué formas podemos ayudarnos de la IA y de otras tecnologías digitales para complementar —y aumentar— nuestro pensamiento.

Dicta lo que piensas

La próxima vez que tengas una conversación con alguien, fíjate en cómo vas desarrollando y completando tus ideas a medida que hablas. El discurso humano está tan relacionado con el pensamiento que a veces son casi indistintos, y a menudo los pensamientos más urgentes e íntimos se generan directamente en forma de palabras en la mente. En cambio, la escritura se inventó apenas en el cuarto milenio antes de nuestra era, y aunque hoy nos parezca que hace mucho tiempo, en el contexto evolutivo de la humanidad este fue un desarrollo tardío.

Churchill se dio cuenta de que dictar sus pensamientos era una forma fantástica de darles salida. Afortunadamente, y a diferencia de él, tú no tienes por qué tener un equipo de ayudantes ni una máquina de escribir con las teclas amortiguadas para registrar tus pensamientos cuando decidas dictarlos. Existen herramientas sofisticadas para la computadora o el celular que funcionan con distintas aplicaciones y que convierten rápidamente las palabras que pronunciamos en un texto que luego puedes compartir como un mensaje o guardar como una nota.

Cómo pasar a la acción

- Dicta en todos los dispositivos que utilices: la mayoría de las aplicaciones permiten el dictado de voz, aunque a veces hace falta activarlo. Piensa cómo podrías utilizar esta función con más frecuencia.
- Dicta tus mensajes personales: compara cómo es la experiencia de escribir un par de mensajes instantáneos a un amigo con la de dictarlos, y fíjate en si te resultan más fáciles de formular cuando los dictas.
- Dicta tus ideas: la próxima vez que quieras recoger tus pensamientos, activa el modo de dictado en tu dispositivo y pasea por la habitación mientras vas comentando las ideas que se te vayan ocurriendo.

La próxima vez que vayas a enviar mensajes a tus amigos desde el celular, escribe algunos y dicta otros. Verás cómo la segunda opción es mucho más fácil, y que, si la utilizas a menudo, teclear en el celular o en la computadora se te hace pesado. Los celulares nos la ponen muy fácil para enviar mensajes de voz grabados, pero la función de dictar para generar texto nos permite controlar mejor nuestros pensamientos. Los programas de dictado son increíblemente rápidos y precisos, y cualquier error se puede corregir fácilmente. La mayor ventaja en comparación con teclear es que nos da más libertad para explorar lo que pensamos mientras hablamos. Es especialmente útil para tomar notas o hacer una lluvia de ideas: en lugar de ir escribiendo y corrigiendo con el teclado, o lo que es peor aún, mirar desesperado a la pantalla en blanco si te quedas encallado, pon en marcha un programa de dictado, aléjate de la computadora o del teléfono, y camina por la habitación mientras dictas lo que piensas. Gesticula y haz pausas cuando quieras. Luego, vuelve al dispositivo para releer y revisar el texto y fíjate en cómo cambia esta nueva dinámica tu forma de pensar y de escribir.

Refina tus ideas con la IA

Cuando aparece una tecnología de la potencia de los LLM, lo normal es que ya no vaya a desaparecer, y mientras puedan gestionarse los riesgos sociales que pueda acarrear, no tiene por qué ser algo malo. Si se usan bien, las herramientas de IA como ChatGPT te pueden ayudar a poner a prueba tus ideas, aclarar tus pensamientos, descubrir tu propia ignorancia y explorar toda una serie de perspectivas diferentes. Desde el primer momento que la civilización humana empezó a utilizar la escritura, las lecciones filosóficas más robustas y duraderas se han construido desde una actitud inquisitiva. En la antigua Grecia, Sócrates era famoso por la humildad con la que valoraba su propio conocimiento. Se paseaba por las calles de Atenas dialogando con todo tipo de personas, planteando y respondiendo preguntas para desvelar creencias sobre ciertos temas y examinar su coherencia en relación con sus propias opiniones y con las de otros. Este método inquisitivo, que ahora conocemos como método socrático, le permitió, tanto a él como a las generaciones de pensadores que le han sucedido, alcanzar un conocimiento del mundo más franco y preciso.

Sócrates debía limitarse a hablar con las personas que se cruzaban en su camino en Atenas, mientras que, con los LLM, tú te puedes acercar y hacer preguntas al registro completo de la sabiduría humana; contrastar

EL PENSAMIENTO

tus propios pensamientos y opiniones con un cuerpo enorme de conocimiento previo tiene un valor intelectual y filosófico incalculable.

Churchill optimizaba sus pensamientos trabajando con su grupo de ayudantes y expertos, quienes los criticaban y le ofrecían sus propios puntos de vista; entonces pasaba a cuestionar y analizar sus comentarios, y a través de este proceso de corrección y «poda» conseguía llegar a conclusiones mucho más convincentes. Muchas de las mejores mentes de la historia de la humanidad han seguido un proceso similar —es poco frecuente que una sola persona genere pensamientos ejemplares de forma totalmente aislada—, pero normalmente ha hecho falta contar con recursos económicos o cierto estatus público para organizar y poner en marcha una operación de la escala de la de Churchill. Pero ese ya no es el caso, ya que gran parte de los comentarios y sugerencias necesarios para desarrollar y poner a prueba ideas y líneas argumentales pueden encontrarse en una herramienta de conversación de IA.

Naturalmente, no se pueden comparar las conversaciones con una IA con las que se mantienen con un amigo o mediante el contacto personal, ya que las primeras carecen de entendimiento mutuo o de referencias basadas en la realidad o experiencias personales, pero sí ofrecen la posibilidad sin precedentes de poner a prueba cualquier línea de investigación a partir de un conjunto de datos de un tamaño inimaginable.

Para probarlo, identifica un tema o una idea que te gustaría explorar o terminar de refinar, ya sea una pregunta filosófica, un concepto creativo o un problema que estás tratando de resolver. Antes de empezar a usar la herramienta de IA, repasa mentalmente tus conocimientos previos sobre el tema, ya que hacerlo te ayudará a contextualizar y enmarcar tus preguntas para que sean más efectivas. Por último, prepara una lista de preguntas antes de empezar, y asegúrate de que sean lo más abiertas posibles y que den pie al pensamiento crítico. Ahora que ya tienes lista tu línea de investigación, podrás dirigir la conversación de una forma más estricta y evitar que las respuestas de la IA te desvíen demasiado. Utiliza una herramienta como ChatGPT para empezar a hacer preguntas, y no olvides ofrecer el suficiente contexto como para que la IA entienda el tema que estás tratando. Las actualizaciones más recientes de las herramientas de

IA ya permiten introducir más contexto a lo largo del hilo de la conversación, pero vale la pena añadir un poco más cuando creas que puede resultar útil. Si se trata de un tema con muchos matices o delicado, dedica el tiempo que necesites a añadir el máximo contexto posible y elaborarlo tanto como puedas cuando introduzcas una pregunta, y emplea palabras técnicas y terminología específica siempre que puedas. Cuanto más único y explicativo sea el texto que ofreces a la IA, mejor será su capacidad de ofrecerte respuestas pertinentes.

Mientras interactúes con la IA, detente a reflexionar en sus respuestas y toma notas sobre cualquier dato, perspectiva o información que te ofrezca. Una vez que hayas terminado la ronda inicial de preguntas, evalúa con sentido crítico todo lo que recopilaste y decide qué partes te resultan relevantes. En este punto puedes repetir el proceso para perseguir nuevas líneas de investigación. Recuerda que refinamos más nuestras ideas cuando las aplicamos a otras situaciones. Por mucho que hacer preguntas e interrogar a la IA te proporcione información nueva, empezarás de verdad a dominarla cuando integres el conocimiento obtenido en tus decisiones, conversaciones, trabajos o proyectos creativos.

Cómo pasar a la acción

- Escoge una idea que quieras refinar o una perspectiva que quieras cuestionar: antes de empezar a hacer preguntas a una herramienta de IA como ChatGPT, ten claro lo que quieres conseguir y elabora una lista de preguntas para asegurarte de que eres tú quien dirige la conversación.
- Reflexiona sobre las respuestas: evalúa la información recibida, guarda aquella que te resulte especialmente útil y decide qué líneas de investigación nuevas puedes seguir para ampliar tus conocimientos.
- Aplica ese nuevo conocimiento: trata de integrarlo en tus decisiones y proyectos actuales.

Familiarízate con las limitaciones de la IA

Las herramientas como ChatGPT se han entrenado con unos conjuntos de datos de magnitudes descomunales, lo que significa que pueden incluir información incorrecta u obsoleta, así como datos erróneos generados por la propia IA. Además, la naturaleza probabilística de las respuestas de la IA, las cuales se generan a partir de búsquedas en una base de datos para predecir la palabra o frase que es más probable que aparezca a continuación según el contexto que has proporcionado, permiten la creación de información que puede sonar plausible, pero que en realidad es errónea o ficticia.

Cuando repases los resultados que te ofrezca una herramienta de IA, presta atención a cualquier laguna o a todo aquello que no termine de tener sentido y, siempre que puedas, haz preguntas nuevas para ir esclareciendo la información. A menudo basta con decir claramente que no crees que algo sea cierto para que la IA corrija su error y te confirme que cometió un error. La tendencia de la IA a «alucinar» puede ser peligrosa y llevarte por caminos erróneos, así que utiliza siempre el sentido común para evaluar cualquier respuesta importante o inesperada y contrástala con otras búsquedas en internet.

También pueden aparecer sesgos, así que presta atención a cualquier perspectiva que te parezca distorsionada. Pueden surgir de los datos de aprendizaje, pero también en la etapa del preprocesamiento, cuando las decisiones subjetivas tomadas por los expertos en datos introduzcan o magnifiquen, de forma deliberada o accidental, prejuicios o posturas políticas.

Igual que los medios de comunicación, las herramientas de IA podrían ofrecer perspectivas u opiniones subjetivas, o mostrar sesgos políticos en la forma en que enmarcan datos o noticias: infórmate sobre qué empresa u organización ha creado o gestiona la herramienta de IA que utilices, decide qué grado de confianza te merece y no dejes de cuestionar la información que te ofrezca.

Las conversaciones con una IA también pueden ser muy sensibles a las expresiones que empleas al hacer una pregunta, y por eso una pequeña modificación en la formulación o el contexto de la pregunta puede dar pie a respuestas diferentes. Aunque al principio pueda resultar desconcertante, es un método muy útil para poner a prueba un modelo de IA y establecer una perspectiva más general sobre un tema: al reformular la pregunta o plantearla desde un ángulo distinto podrás encontrar perspectivas nuevas y respuestas que no esperabas. Evita introducir preguntas ambiguas o poco claras, ya que a los modelos de IA a veces les cuesta generar respuestas precisas y relevantes en estos casos, lo que puede dar lugar a contestaciones genéricas o insustanciales. Sé todo lo específico y claro que puedas con tus preguntas, y, si lo consideras oportuno, divide las más complejas en partes más sencillas para obtener una información más precisa.

Aunque la IA está avanzando muy rápidamente, sus capacidades siguen presentando limitaciones cuando se trata del razonamiento complejo, el análisis lógico o la resolución de problemas. Las respuestas generadas por una IA no siempre proporcionan el grado de profundidad o detalle que exigen los temas complejos, mientras que ChatGPT, Google Bard y otras herramientas a las que pronto tendrás acceso seguirán limitándose a procesar interacciones textuales y no tendrán la habilidad de procesar e interpretar información en otros formatos.

Cómo pasar a la acción

- Haz preguntas esclarecedoras: para eliminar el riesgo de que la IA «alucine», utiliza el sentido común para cuestionar sus líneas argumentales, haz preguntas desde distintos ángulos y verifica los puntos más importantes con búsquedas adicionales.
- Presta atención a los sesgos: ponte el reto de fijarte durante uno o dos días en cuántos prejuicios eres capaz de encontrar en las respuestas de una herramienta de IA; con ello conseguirás estar más alerta cuando de verdad importe.
- Reformula tus frases: las respuestas de la IA pueden variar significativamente si la pregunta se reformula ligeramente; haz pequeños cambios en tus preguntas para obtener respuestas nuevas.

- Sé consciente de cuándo debes parar: la IA no siempre tiene las respuestas adecuadas, y a menudo es mejor recurrir a otras fuentes de información, así que, si no te convencen las respuestas que te ofrece una herramienta, pasa a la siguiente.

Vigila lo que piensas

Una de las habilidades más importantes que puedes cultivar como pensador es la capacidad inherente a los humanos de observar tus propios pensamientos. Si prestas más atención a tus prejuicios e ideas preconcebidas, te será más fácil evaluar hasta qué punto tus puntos de vista reflejan los de las personas de tu entorno o las opiniones que otros vierten en internet. Es inevitable que la cultura en la que hemos crecido nos condicione, y también nos influye todo lo que dejamos que entre en nuestra vida. Con la práctica, cada vez te resultará más sencillo salir de tu mentalidad habitual y meterte en la de otro durante un rato, lo que te permitirá proyectar tus ideas más rápida y fácilmente en la otra cara de un argumento.

Pensar sobre el propio pensamiento —un concepto escurridizo al que los psicólogos cognitivos llaman *metacognición*— es lo único que de verdad nos permite ser más conscientes de nuestros procesos de pensamiento y de los patrones que puede haber detrás. El *pensamiento de segundo orden* —otro concepto, más matizado, procedente de la filosofía de la ciencia— te puede ayudar a reflexionar detenidamente sobre tu propia mente al prestar más atención a las consecuencias y a las implicaciones de tus pensamientos y acciones. Pero ¿por dónde se empieza?

El cultivo de la conciencia de ti mismo forma parte de un campo de estudio fértil y en evolución que abarca toda una serie de disciplinas académicas. Richard Paul, el fundador y director del Consejo Nacional para la Excelencia en el Pensamiento Crítico, ha planteado uno de los primeros intentos para ayudarnos a alejarnos de nuestros pensamientos. Junto a la psicóloga educativa Linda Elder, Paul desarrolló el marco del pensamiento crítico para ayudarnos a cultivarlo como una habilidad personal. Ofrece ocho categorías que se pueden emplear para componer o examinar cualquier pensamiento: propósito, pregunta, información, interpretación, concepto, conjetura, implicación y punto de vista. Este marco es sumamente flexible y se puede aplicar tanto a cualquier capricho pasajero como a las experiencias más inmersivas que puedas tener en internet. Cuando procesamos información —ya sea un artículo, un video, la respuesta de una IA, la recomendación de una plataforma de contenidos, el resultado de una búsqueda o un programa informático—, podemos utilizar algunas o todas las categorías mencionadas para analizar lo que pensamos. El pensamiento crítico te permite tener presente que el contenido que consumes en internet siempre es el producto del razonamiento o de las intenciones de otra persona (o de una IA), y que a menudo se alinea con unos intereses corporativos concretos. Cuanto mejor se te dé cuestionar tus propios razonamientos y prejuicios, y cuanto mejor sepas cuestionar lo que se cruza en tu camino, más competente serás a la hora de advertir las presunciones implícitas que forman parte de todo argumento, información o proceso de toma de decisiones, ya sea tuyo o de un tercero.

Una de las ideas nuevas más influyentes que han surgido en el campo de la ciencia cognitiva en los últimos años es la de *cognición extendida*, es decir, el concepto de que el pensamiento humano no se limita únicamente al cerebro, sino que también se extiende por el mundo a través de las herramientas que utilizamos, entre ellas, la tecnología digital. A través de esta extensión, los algoritmos y la IA pueden apuntalar y hacer avanzar gran parte de nuestro pensamiento, pero la espontaneidad y la fluidez que inevitablemente exige este tipo de relación íntima con los dispositivos digitales hace que el pensamiento crítico resulte todavía más necesario.

Cómo pasar a la acción

- ¿Son libres tus pensamientos? Fíjate en los momentos en que tus pensamientos y opiniones se adapten para encajar con los de las personas con quienes conversas o parezcan haber sido influidos por el contenido digital y las aplicaciones.

EL PENSAMIENTO

- Familiarízate con el marco del pensamiento crítico: dedica quince minutos a leer sobre él y aplica sus ocho categorías a una experiencia digital inmersiva que hayas tenido recientemente.
- Critica el razonamiento de los demás: reserva un tiempo para leer un artículo que trate un tema en profundidad y observa con actitud crítica el argumento que plantea, centrándote especialmente en ver si tus pensamientos entran en conflicto con sus puntos clave.
- Cuestiona los algoritmos: escoge una plataforma de contenido que suelas utilizar y fíjate detalladamente en cómo presenta las canciones, las series de televisión o los pódcast y cómo esta presentación podría estar influyendo en tus decisiones.

¿Has desarrollado una dependencia excesiva hacia una herramienta tecnológica para fundamentar tu forma de pensar? ¿Tus pensamientos se atascan cuando estás alejado de tus dispositivos? De ser así, ¿sabrías decir cómo están afectando las distintas aplicaciones a tus pensamientos? ¿Las herramientas de apoyo a la productividad te están haciendo priorizar tus tareas de una forma distinta? ¿Tienes una pulsera o aplicación de actividad que haga que te preocupes más por correr una distancia en menos tiempo que por cómo se siente tu cuerpo en realidad? ¿Dejas que las recomendaciones de los algoritmos determinen lo que compras o el contenido que consumes? ¿Los pensamientos y las opiniones a los que estás expuesto en los canales de noticias que utilizas vuelven a salir a la superficie cuando ya no estás en internet?

En estos momentos, trata de posicionar tu mente «por encima» de tus pensamientos y de tus procesos de toma de decisiones, y observa cómo se desarrollan. No sientas que tienes que redirigir tus pensamientos: deja que pasen y fíjate en qué tendencias o patrones eres capaz de detectar. Cualquier cambio posible en tus patrones de pensamiento deberá pasar primero por tu conocimiento de cualquier sesgo interno o influencia externa. Cuanto más consciente seas de tus hábitos de pensamiento, más probable será que vuelvas a tomar las riendas por ti mismo.

CAPÍTULO
12

El tiempo

De la hora lunar a la digital

De la civilización maya precolombina han sobrevivido cuatro libros plegables de seiscientos años de antigüedad conocidos como los códices mayas. Por medio de una serie de jeroglíficos y diseños gráficos coloridos y complejos capturan lo importantes que eran las fases lunares para la vida cotidiana. Uno de los libros en concreto, el Códice Dresde, contiene un apartado titulado «La serie lunar»: en una extensión de trece páginas sumamente detalladas, un conjunto de tablas de datos y dibujos describen los movimientos de la Luna a lo largo de cuatrocientas cinco lunaciones, es decir, el tiempo que transcurre entre dos lunas nuevas consecutivas. Se trata de un estudio que habría llevado treinta años en total.

También incluye símbolos y glifos que hacen alusión a varios aspectos del embarazo y del parto, entre ellos las distintas etapas de la gestación. Las mujeres de la antigua civilización maya seguían muy de cerca los cuartos crecientes y menguantes de la Luna como método anticonceptivo y para ayudar a la concepción. Al alinear las fases lunares con su ciclo mensual, algo que seguramente hacían pintando un calendario lunar en la pared o en un trozo de madera, podían predecir cuándo era más probable que estuvieran ovulando. También parece que utilizaron los ciclos lunares para hacer seguimiento del embarazo: cada luna nueva habría indicado el avance del desarrollo del bebé en la matriz. En los textos del antiguo

Egipto y de la Grecia clásica, así como en textos medievales procedentes de Europa y Oriente Próximo, se han encontrado evidencias similares, y todavía hoy muchas tribus nativas americanas, entre ellas los lakotas y cheyenes de la región de las Grandes Llanuras, y los navajos y los hopis del suroeste de Estados Unidos, se refieren al ciclo menstrual como «el tiempo de la luna».

En la mayoría de los idiomas humanos, la palabra que utilizamos para denotar un mes como medida de tiempo se relaciona muy de cerca con el término que denota la Luna. La apariencia estable de la Luna y sus ciclos de cambio predecibles nos han proporcionado un indicador fiable a lo largo de la historia que, más que la idea de un instante concreto, nos transmite la sensación del paso del tiempo y una secuencia de acontecimientos en curso. Los códices mayas, por ejemplo, también explican cómo utilizaban las fases lunares para planificar las plantaciones y las cosechas, o para poner fecha a sus ritos y celebraciones culturales y actos conmemorativos. Los análisis de la literatura que se conserva de civilizaciones diversas desvelan que los humanos mantenían una relación muy distinta con el tiempo de la que la mayoría consideramos normal hoy en día. En prácticamente todos los periodos de la historia humana de los que se tienen registros se ha observado una comprensión compleja y sofisticada de las armonías y las interconexiones del mundo natural, entre ellas, la visión del tiempo como algo cíclico, una secuencia de acontecimientos que se repiten constantemente, y como una interacción compleja de fenómenos a una escala macro, astrológica, además de micro, en el rango de la cotidianeidad, desde el ir y venir de las estaciones hasta nuestros propios ritmos circadianos. Aristóteles era de la opinión de que lo eterno era circular, y durante gran parte de la historia, la vida de los humanos ha girado alrededor de esta concepción de que existen unas fuerzas invariables e inmutables.

Los mayas crearon uno de los sistemas de calendario más avanzados de los que tenemos constancia. Basándose en la combinación de las fases solares y lunares, incluye varios ciclos de tiempo distintos, cada uno con sus propias características y propósitos. El más famoso es la *cuenta larga*, la cual proyecta el paso del tiempo a lo largo de miles de años. Pero los mayas no fueron los únicos en medir las duraciones de tiempo con tantí-

EL TIEMPO

simo detalle: las primeras evidencias que tenemos de que los seres humanos siguieran los movimientos de los cuerpos celestiales se remonta al Paleolítico superior. En un asentamiento prehistórico de Francia se han encontrado fragmentos de hueso de veintiocho mil años de antigüedad con unas marcas que se corresponden con los ciclos lunares de 29.5 días.

Los mayas también utilizaban relojes solares —inventaron sus propios «tubos cenitales» para seguir el movimiento del Sol a lo largo del día— y, aunque el paso de cada día se consideraba menos importante que los ciclos temporales más largos, estos relojes solares habrían influido en su perspectiva de la realidad. Lo más probable es que estos relojes solares se usaran para establecer las horas de las comidas, de las reuniones y de otros acontecimientos coordinados; se han observado también en otras civilizaciones tempranas. La adopción de los relojes solares enseguida tuvo unas ramificaciones mucho más amplias para la sociedad humana. El primer registro que se tiene de ellos se remonta al antiguo Egipto y a Mesopotamia, alrededor del año 3000 a. n. e., en forma de obeliscos sencillos o pilares que proyectaban una sombra en el suelo para indicar en qué momento del día se encontraban. Los egipcios dependían mucho del riego para cultivar sus cosechas, y de ahí que inventaran unos relojes solares portátiles conocidos como *relojes de pastor*: se trataba de unas varillas o palitos con unas muescas que podían llevarse al campo para medir el tiempo a partir de la posición solar. En la ciudad, los relojes solares se empleaban para establecer el momento de abrir y cerrar los comercios, regular el trabajo de peones y artesanos, y saber cuándo los barcos llegaban y salían del puerto. Gran parte de la diligencia y del trabajo coordinado por el que se conoce a la sociedad del antiguo Egipto —con la construcción de las pirámides y el complejo y jerárquico sistema de poder político que se extendía por un territorio vasto y diverso— dependía del reloj solar como herramienta para gestionar el tiempo.

Cuando el primer reloj solar público llegó a Roma —un trofeo de guerra expropiado de Sicilia en el siglo III a. n. e.—, se colocó en el foro para que todos lo vieran. Los romanos empezaron a vivir sus vidas en función de lo que marcaba aquel reloj y, por todo el Imperio, el tiempo se convirtió en un medio empleado por las clases gobernantes de Roma para ejercer un mayor control sobre las actividades diarias y la organización de la sociedad. El reloj de agua enseguida se unió al reloj solar para seguir el paso del tiempo al caer la noche. No obstante, el primer reloj mecánico no se inventó hasta el siglo XIII, y fue a partir de entonces cuando el seguimiento del paso del tiempo empezó a acercarse al grado de precisión que esperamos en la actualidad. Muchos de los primeros relojes se diseñaron en estrecha colaboración con las iglesias y los monasterios, con la intención expresa de ayudar a hacer seguimiento de las prácticas religiosas según lo que indicaban unos intricados horarios que avanzaban durante todo el día y toda la noche. Las campanadas o repiques se utilizaban para marcar el inicio y el final de las oraciones, además de una gran variedad de actividades, manteniendo así la puntualidad de los monjes y las monjas.

Los monasterios y otras instituciones religiosas desempeñaron un papel fundamental en la economía de la sociedad europea tras la caída del Imperio romano, y los tambores y las campanas que se utilizaban para dar la hora desde la torre del reloj pasaron a definir los ritmos de la vida diaria en las urbes. La tecnología de los relojes ganó en complejidad y se hicieron avances en la mecánica, lo que los introdujo en los lugares de trabajo y en los hogares; y con el tiempo, con la llegada de la industrialización, la mayoría de las personas llevaba consigo pequeños relojes, independientemente de a qué se dedicaran. El seguimiento del paso del tiempo generó métodos cada vez más sofisticados para contabilizarlo, lo que a su vez llevó al racionamiento del tiempo; el concepto del *tiempo* como algo cíclico y fluido por naturaleza dejó de ser un elemento central de la mayoría de las acciones humanas. En aquel entonces, y durante mucho tiempo después, no se concedió demasiada importancia al profundo impacto que esta nueva forma adoptada por el tiempo tuvo sobre las sociedades y la psique humana.

Hoy, los sociólogos distinguen entre dos tipos de tiempo. El que marca el reloj —que llegó con tanta prominencia a Roma y que luego se mecanizó con una precisión mucho mayor en la Edad Media— mide el tiempo de una forma abstracta, exacta y predefinida; por su parte, el tiempo natural en el que todos nacemos es mucho más fluido y variable. Ningún tipo de reloj es en absoluto una extensión de nuestros sentidos ni de nuestra percepción corporal, y tampoco mejora nuestra habilidad natural de percibir el tiempo. Lo que sí hace es dividir el tiempo en unidades medibles y específicas que podemos controlar, y tiene la habilidad de cuantificar y gestionar el tiempo en incrementos increíblemente pequeños, incluso, en el caso de algunos relojes, de picosegundos —es decir, una billonésima parte de un segundo—, o incluso en unidades más pequeñas. Los relojes nos permiten cronometrar fenómenos que de otra forma no habríamos sido capaces de cuantificar, y organizarnos y reunirnos de formas mucho más fijas y orquestadas. No obstante, cuando nos apoyamos demasiado en la hora que marca el reloj, podemos ignorar ciertas señales internas y naturales —como los calambres del hambre o el cansancio— y ser menos conscientes tanto de nuestros cuerpos como del entorno.

Antes de que empezáramos a utilizar relojes, se nos daba mucho mejor percibir el paso del tiempo sin ayuda. Muchas crónicas tempranas de culturas tradicionales, y en especial cuando documentaban sus habilidades de navegación naturales, hablan de una habilidad única de llevar la cuenta del paso del tiempo prestando atención al entorno. En lugar de medir las distancias por medio de unidades de longitud estandarizadas, las personas del pasado solían guiarse más por el tiempo que tardaban en desplazarse entre dos puntos para estimar un trayecto o hacerse una idea de las relaciones espaciales. Los marineros polinesios, por ejemplo, no tenían palabras o frases para medir la distancia, sino que prestaban atención al tiempo observando cómo iba cambiando su entorno.

De hecho, se sabe que la mayoría de las especies son capaces de percibir el tiempo con una precisión innata y sumamente precisa; algunos animales, como las abejas y las moscas de la fruta, poseen un reloj interno muy preciso que les permite medir intervalos temporales de apenas unos segundos, o incluso menos. Las aves migratorias son capaces de planificar y cubrir largas distancias con una precisión asombrosa, y cada año tardan el mismo tiempo en llegar a su destino. Los humanos también podemos desarrollar la habilidad de percibir el paso del tiempo de forma instintiva, pero, igual que ocurre con el sentido natural de la orientación, la única forma de fomentarlo y mantenerlo es prestando más atención al mundo que nos rodea.

328 **SIGAMOS SIENDO HUMANOS**

Los dispositivos digitales han alterado todavía más el tiempo en el que nos movemos. La sincronización del mundo entero está garantizada gracias a unos relojes atómicos que se encuentran alojados en unas cámaras de Washington, París y otros lugares, y nuestros teléfonos se sincronizan automáticamente con ellos. El tiempo digital se aleja de cualquier demarcación tangible o identificable en el mundo real, y elimina también cualquier singularidad de lugar o acontecimiento; cuando nos conectamos a internet, nuestra ubicación física pierde casi toda su importancia, y los husos horarios no son más que un inconveniente menor. La tecnología digital suele solapar varias experiencias sobre cualquier momento: las notificaciones, las aplicaciones y las distintas pantallas se apilan unas encima de otras, generando así un gran número de operaciones y atracciones que tratamos de atender casi simultáneamente. La velocidad es crucial en internet, y los lanzamientos de productos o de actualizaciones de sistemas tratan de reducir el tiempo de espera mientras se realizan distintas operaciones. Pero cuando pretendemos estar en demasiados sitios a la vez, casi nunca logramos estar verdaderamente en ninguno de ellos.

El tiempo digital se mercantiliza y se moldea para monetizarlo; cada año, se invierten billones de dólares en publicidad y en producir páginas web y contenido multimedia para capturar y controlar nuestra atención. Una persona en cualquier lugar del mundo pasa un promedio de siete horas diarias mirando una pantalla, es decir, más del 40 % del tiempo que pasamos despiertos. Cuando utilizamos internet, es muy fácil que nuestro tiempo sea neutralizado o se nos arrebate; durante las horas que perdemos viendo un capítulo tras otro, o siguiendo caminos predeterminados a base de clics, estamos prácticamente inactivos, incluso podría decirse que en un «modo semiautomático». Cuando no estamos utilizando internet, normalmente no tenemos el celular muy lejos de las manos, y de ahí que la vida moderna se caracterice por una sucesión de saltos disonantes de conexión y desconexión a internet. En los momentos de transición en los que nos frotamos los ojos y volvemos a la realidad, percibimos lo desorientados que estamos, pero, aun así, el mundo digital nos vuelve a atraer para darnos más: no podemos evitar sentirnos atraídos por la impecabilidad de las experiencias artificiales que encontramos, de forma que, cuanto más tiempo pasamos en internet, más estridentes pueden resultarnos las imperfecciones del mundo real. Gran parte de las ricas texturas y de las indeterminaciones del tiempo natural y humano chocan con las secuencias más predecibles y formulables de las experiencias virtuales. A medida que se disuelven los límites entre los distintos aspectos de nuestras vidas —ahora que nuestras jornadas laborales están más entrelazadas con nuestro tiempo de ocio que nunca y que cada vez cuesta más diferenciar los roles que desempeñamos—, el tiempo que pasamos en internet puede devaluar incluso esos momentos infrecuentes que pasamos alejados de nuestros dispositivos. Los ritmos acelerados e intensificados del tiempo digital moldean nuestras perspectivas y actitudes, y sus efectos nos persiguen cuando nos desconectamos de internet.

Los primeros días de internet y de los módems de marcación telefónica se caracterizaban por unos periodos más lentos e intermitentes durante los que obteníamos información con toda la eficiencia que podíamos y respondíamos más tarde. Los intercambios por correo electrónico y en los foros eran relajados, casi parecidos a una partida de ajedrez, y se disponía del tiempo necesario entre una interacción y la siguiente para reflexionar y responder a lo que se estaba diciendo. Este modo de uso altamente secuencial reflejaba la programación informática, la cual consiste en procesos asíncronos que se basan en decisiones y elecciones que suceden unas después de las otras. Muchas de las acciones o formatos que más asociamos con la vida digital —desde cortar y pegar, o los *remixes* o mezclas de canciones, hasta la última encarnación de los videojuegos y de la realidad aumentada— tienen sus orígenes en la capacidad de la tecnología que los articula de escalonar y dividir el tiempo. Pausamos, editamos, arrastramos y soltamos, guardamos, comprimimos, escaneamos o imprimimos; y con cada acción nos quedamos con un destello estático de realidad y lo recodificamos.

A medida que las velocidades de conexión han aumentado y los tipos de interacciones posibles se han multiplicado, casi todos hemos pasado a estar disponibles en internet la mayor parte del tiempo. En esencia, esto fija nuestros sistemas nerviosos y la mayoría de los aspectos de nuestro ser al tiempo digital, y este cambio tan significativo nos separa del ritmo y de los ciclos de continuidad y cambio progresivo de los que hemos dependido históricamente en beneficio de la coherencia y de la evolución en nuestras vidas. Cuanto más nos sometemos al tiempo digital, mayor se hace el problema: nos cuesta seguir el ritmo de las crecientes exigencias de atención, y con nuestras respuestas desencadenamos además más interacciones digitales.

Hoy en día es mucho lo que trata de reducir el tiempo que necesitamos para hacer algo. Las compras con un solo clic eliminan la necesidad de ir a un establecimiento físico; las aplicaciones de mensajería nos permiten comunicarnos al instante; los algoritmos sociales y los servicios de *streaming* seleccionan nuestras fuentes de entretenimiento; las aplicaciones de entrega de comida a domicilio nos ofrecen satisfacción al momento; las aplicaciones de citas aceleran nuestra vida amorosa... No obstante, todas estas comodidades pueden traer consigo consecuencias indeseadas. En los últimos años se han llevado a cabo estudios académicos que han observado que, según nos vamos acostumbrando a obtener soluciones inmediatas en internet, corremos el riesgo de desarrollar una menor tolerancia a la incomodidad o unas expectativas poco realistas sobre lo rápido y fácil que debería resultar alcanzar lo que queremos, lo cual puede generar frustración e impaciencia a la hora de enfrentarnos a obstáculos en el mundo real. También existen estudios que indican que el tiempo digital puede hacer que seamos menos capaces de retrasar la satisfacción en otros ámbitos de la vida.

Naturalmente, los programas que utilizamos están diseñados para mantener nuestra atención, pero la decisión de cuándo conectarnos sigue siendo nuestra, y podemos hacer elecciones conscientes sobre qué aplicaciones utilizar y cuándo hacerlo. Los *smartphones* y los sistemas operativos de mesa vienen con una serie de elaboradas opciones de control activadas, pero con hacer unos ligeros cambios en la configuración de las notificaciones o añadir controles de tiempo en nuestros dispositivos o ciertas aplicaciones bastará para alterar cómo y cuándo nos adherimos al tiempo digital. Por otro lado, todavía es más importante que examinemos cómo invertimos el tiempo en la vida en general. Si somos sinceros con nosotros mismos, la mayoría reconoceremos que cuando dejamos alguna tarea im-

EL TIEMPO

portante o un problema con el que podamos estar lidiando para buscar refugio en una distracción digital, suele ser por decisión propia. Estas tendencias están muy relacionadas con la incomodidad y los límites que podemos sentir cuando nos peleamos con algo que nos resulta difícil. Cuando nos perdemos, nos quedamos sin aliento o no terminamos de entender un artículo que estamos leyendo, a veces tenemos la inclinación natural de abandonar, y si existe una opción más sencilla a nuestro alcance —como introducir la dirección en el GPS, pedir un Uber o solicitar a una IA que nos haga un resumen rápido de un asunto—, tirar la toalla es aún más tentador.

Paradójicamente, son los momentos en que nos centramos en las habilidades o capacidades que consideramos más valiosas e interesantes y nos topamos con obstáculos o limitaciones los que suelen generarnos una mayor incomodidad y hacer que nos refugiemos en internet. Las capacidades más humanas que poseemos necesitan que nos dediquemos con constancia y frecuencia durante periodos de actividad intensa, alternados con momentos de descanso y recuperación; se trata de unas fases cíclicas que hacen que nuestras capacidades se amplíen y mejoren con el tiempo. Encontrarnos con dichos obstáculos nos permite enfrentarnos al hecho de que no podemos controlar las cosas tanto como quisiéramos, pero que, con un esfuerzo sostenido, podremos alcanzar niveles nuevos de éxito, algo que tiene un peso importantísimo en nuestra existencia diaria y en la persona en que nos vamos convirtiendo. Ahora bien, si evitamos estos obstáculos utilizando herramientas digitales, nuestro crecimiento personal y nuestra resiliencia se verán afectados, nuestras habilidades innatas saldrán perjudicadas y perderemos el contacto con los ritmos naturales y las experiencias que han moldeado el desarrollo humano a lo largo de la historia.

* * *

Los antiguos mayas usaban la Luna y otros cambios naturales de su entorno para entender mejor la concepción y el inicio de la vida, pero también tenían una idea muy trabajada de la muerte. El Códice Dresde incluye varias imágenes de figuras esqueléticas y referencias a los complejos rituales que celebraban los mayas para conmemorar el final de la vida de alguien. Las expresiones artísticas mayas que se conservan, entre las que se encuentran esculturas, murales y objetos de cerámica, suelen representar escenas gráficas de la muerte o de dioses y gobernantes en el momento de morir, y parece que la inevitabilidad de la muerte era algo que tenían muy presente en la vida cotidiana. Una gran parte del atractivo de tantas de nuestras experiencias digitales es que nos distraen de nuestra propia mortalidad y de nuestros límites. Cuando nos conectamos a internet, el tiempo digital suele darnos una sensación de infinitud y control, por muy falsa que sea. Al cuestionar nuestros patrones de comportamiento, en especial en lo que concierne al uso de los dispositivos digitales, y al centrarnos en aquello que consideramos más importante en la vida, podemos recuperar unos momentos más activos y satisfactorios alejados de la tecnología y recordar que estos momentos transitorios son lo único que tenemos de verdad: equivalen nada más y nada menos que a la suma total de nuestra experiencia vital y nuestra individualidad. Mientras que los mayas y otras civilizaciones tempranas aceptaban el ciclo de la vida y la muerte, las nociones más abstractas del tiempo que hoy albergamos —junto con la sensación de ser inextinguibles que puede darnos el tiempo digital— hacen que nos cueste mucho más hacernos cargo de nuestros límites temporales.

La mayoría de los intentos de desintoxicarnos del mundo digital o de reducir el tiempo que pasamos en internet fracasan porque no llegamos a la raíz de lo que nos lleva a recurrir a las distracciones y a las soluciones digitales. Pero si encontráramos la forma de enfrentarnos de verdad a nuestras fortalezas y límites —y aceptáramos el tiempo de vida del que disponemos—, ¿podríamos, entonces, sentirnos más cómodos con las capacidades humanas que poseemos y nuestras vidas cotidianas?

Una segunda inteligencia

En su libro sobre el tiempo *Cuatro mil semanas*, Oliver Burkeman cita a la filósofa Simone de Beauvoir reflexionando sobre el complejo y aparentemente improbable orden de los acontecimientos que la llevaron a conver-

EL TIEMPO

tirse en la persona que era: «Lo que me sorprende, igual que asombra a un niño cuando adquiere la conciencia de su propia identidad, es el hecho de encontrarme aquí, en este momento, inmersa en esta vida y no en cualquier otra. [...] Es el azar, un azar ciertamente impredecible, dado el estado actual de la ciencia, lo que me hizo nacer mujer». Beauvoir captura con gran tino la sensación de sorpresa ante el hecho de estar viva, algo que la mayoría hemos sentido en algunos de nuestros momentos más introspectivos y sobrecogedores; también creía, eso sí, que nuestra individualidad es más que la culminación de una serie de eventos azarosos; es la progresión de la actividad vivida, un devenir que evoluciona hasta toparse con su último límite al morir. No creía que nuestras decisiones o que los caminos por los que nos lleva la vida fueran predeterminados, sino que suscribía una filosofía activa e irremisiblemente positiva.

Su perspectiva pertenecía a una tradición cuyo origen se puede encontrar en el pensamiento de la antigua Grecia, cuando la filosofía se entendía como un tipo de formación llamado *askesis*, es decir, una serie de ejercicios activos, como la reflexión personal, la escritura o la conversación, que tenían como propósito expreso la cultivación de una forma de ser nueva. En lugar de limitarse a adquirir conocimientos, los filósofos griegos pretendían personificar su sabiduría en sus acciones personales, y su búsqueda constante de la conciencia de sí mismos y de la mejora personal ha seguido presente en varias corrientes filosóficas de los últimos dos milenios. No obstante, el enfoque de Beauvoir era más amplio en muchos sentidos: como muchos otros pensadores existencialistas, creía que cualquier ser humano es la suma de sus acciones y, para ella, la *askesis* incluía cualquier actividad de la vida, no solo las que tenían que ver con el pensamiento dirigido. Beauvoir supo ver que el tiempo impone unas limitaciones inevitables en la experiencia humana: en concreto, los contextos históricos, sociales y culturales en los que nacemos pueden limitarnos y condicionar nuestras decisiones. Sin embargo, también creía que todo momento ofrece una oportunidad de cambiar y que nuestras acciones pueden moldear nuestra agencia y nuestra libertad individuales, incluso dentro de las restricciones a las que nos enfrentamos: consideraba que existe un «arte de vivir», una forma de vida que podemos decidir seguir y que nos libera todo lo posible de cualquier noción determinista. Beauvoir veía la identidad personal como un proceso continuo de creación de uno mismo que se desarrollaba dentro de las posibilidades abiertas, cíclicas y siempre cambiantes del tiempo. Insistía en que, al interactuar activamente con el mundo y hacernos responsables de nuestras decisiones y acciones, podemos construir nuestra propia identidad, en lugar de aceptar pasivamente los roles y las identidades que nos asigna la sociedad.

En principio, todo esto tiene mucho sentido y es un buen consejo. Pero desde entonces la neurociencia ha descubierto que las formas en que la atención y las vivencias se desarrollan dentro del tiempo suelen escapar a nuestro control, y que no siempre es posible ejercer la autodisciplina y la fuerza de voluntad que defiende Beauvoir, especialmente en un contexto tecnológico tan plagado de distracciones como el de hoy. Para aceptar el consejo de Beauvoir y crear nuestra propia vida, debemos tomar nuestras decisiones de una forma superior a la de la mayoría de las experiencias que vivimos momento a momento: debemos seleccionar con mucho cuidado las habilidades y las capacidades que más queremos cultivar y darnos el tiempo necesario para convivir con ellas de una forma más profunda.

En cualquier momento dado, nuestra atención y nuestra concentración responden, o bien a nuestros objetivos e intenciones personales, o bien a estímulos externos que no podemos controlar. Nuestra respuesta orientativa natural está diseñada para mantenernos abiertos a los acontecimientos nuevos e importantes que ocurren en nuestro entorno. Nos conecta con el mundo que nos rodea, y para resistir el poder de atracción que tiene sobre nuestra conciencia, necesitamos utilizar la *atención ejecutiva*, o, dicho de otro modo, la habilidad de regular nuestras propias reacciones y decisiones. Ahora bien, esta resistencia es finita y puede agotarse fácilmente. La psicología cognitiva moderna entiende que la atención es un recurso personal que podemos emplear a voluntad, pero del que tenemos una cantidad concreta. Las circunstancias en las que vivimos hoy en día, tan saturadas de imágenes, publicidad y exigencias digitales, nos absorben mucha más atención que en la época de Beauvoir. Y la atención es el atributo más esencial de la identidad: nos llena la conciencia, repone la memoria y dicta cada movimiento o pensamiento que podamos concebir.

EL TIEMPO

Los humanos del pasado disponían de mucho más control sobre su atención, y la percepción de la realidad se correspondía mucho más con el mundo físico, una relación que hoy se ha visto profundamente alterada por las formas en que experimentamos el tiempo.

Simone Weil, filósofa francesa contemporánea de Beauvoir, expresó la dificultad a la que nos enfrentamos para mantenernos concentrados: «Hay algo en el alma que presenta una repugnancia por la atención mucho más violenta de la que el cuerpo siente por la fatiga física. Ese algo está mucho más relacionado con el mal que el cuerpo. Por eso, cada vez que de verdad queremos concentrarnos, destruimos el mal que llevamos dentro». Normalmente, este «mal» se manifiesta de una de estas dos formas: o como la incomodidad que sentimos cuando nos enfrentamos a nuestras deficiencias humanas y a la finitud de nuestras vidas físicas, o como el letargo mental contra la que todos debemos luchar cuando emprendemos una tarea más complicada. Las distorsiones del tiempo digital y las tentaciones que nos puede ofrecer para huir del mundo real se suman a las capacidades de la tecnología y de la IA de llevar a cabo nuestras tareas: nunca ha sido tan fácil rendirnos ante la incomodidad o la inercia mental contra las que debemos luchar inevitablemente cuando intentamos ponernos a trabajar en algo más exigente o gratificante. Pero con la práctica podemos superar todas estas barreras: la lucha por prestar atención es un hábito mental que, con el tiempo, podemos afinar, mejorar y controlar mejor.

Para concentrarnos en algo de forma sostenida, debemos excluir activamente cualquier elemento que pueda acaparar nuestra atención, algo que no resulta fácil en este mundo moderno y tecnológico nuestro. Pero la capacidad de autorregularnos —la habilidad de controlarnos ante las distracciones o amenazas percibidas— aumenta significativamente cuando conseguimos centrar la atención en otra cosa, como nuestras propias habilidades. Para mejorar cualquiera de nuestras habilidades básicas, debemos sumergirnos totalmente en una situación concreta, ya se trate de orientarnos por una ruta complicada, pintar un retrato o reflexionar cuidadosamente sobre la respuesta a un problema. Estas actividades arraigan nuestras percepciones en el mundo real y nos obligan a establecer conexiones cognitivas nuevas. Es en esta acumulación constante y concentrada de decisiones concretas y en los pasos posteriores donde forjamos nuestra propia individualidad.

Son muchos los libros de autoayuda y los típicos artículos de «cómo convertirse en...» que encontramos en internet que establecen la expectativa en absoluto realista de que podemos escoger la persona en la que nos queremos convertir —y a partir de ahí, pensar en cómo queremos invertir nuestro tiempo— utilizando únicamente nuestra fuerza de voluntad para desencadenar la transformación y el cambio que queremos ver en nuestras vidas. Pero nunca es tan sencillo. Los intentos serios de adoptar una nueva forma de vida suelen empezar con una base sólida, pero enseguida se tuercen, y la convincente idea de que siempre somos responsables de nuestra atención y decisiones —cuando en la mayoría de los casos no es así— solo sirve para que sea más fácil manipularnos a largo plazo. Hemos evolucionado para atender y reaccionar al entorno y, a pesar de nuestros esfuerzos e intenciones, si no implementamos unos cambios más profundos en nuestros hábitos de atención, las tentaciones y los obstáculos de siempre volverán a salir a flote, y nuestras motivaciones iniciales terminarán fluctuando. No obstante, si conseguimos dar un paso atrás y pensar detenidamente en los contextos en los que solemos prestar atención de forma activa, y nos planteamos cómo podríamos propiciar más momentos como estos, evitaremos que sean otros factores los que determinen nuestra atención e intenciones y empezaremos a estructurar nuestras vidas desde un lugar más consciente.

Cualquiera de las habilidades humanas básicas que hemos visto en este libro apuntalan y moldean nuestras percepciones, y con la práctica pueden alterar nuestra forma de ver las cosas. Trabajar de forma consciente estas habilidades nos permite recuperar el control de nuestras acciones y enfrentarnos a las barreras y las resistencias que vayan surgiendo; cada vez que lo hacemos, mejoramos nuestras habilidades un poquito más. Con el tiempo se nos irá dando mejor detectar qué nos parece importante, y tanto nuestra atención como nuestras acciones fluirán más libremente.

* * *

Probablemente a Beauvoir se le conozca especialmente por su trascendental texto *El segundo sexo* (1949), un libro de más de ochocientas páginas en el que expone las formas en que las habilidades de las mujeres se han considerado, incorrectamente, inferiores a las de los hombres durante la gran mayoría de la historia de la humanidad, remontándose a Aristóteles y todavía más atrás. Beauvoir cita las afirmaciones de que las habilidades de las mujeres eran inferiores de celebrados pensadores, tan variados como Rousseau, Kant, Schopenhauer, Nietzsche o Heidegger, así como todo un abanico de doctrinas religiosas, desde el cristianismo hasta el judaísmo, pasando por el islam o el hinduismo, que han hecho lo propio. Y mientras hace este repaso, incide en los efectos de muchas de estas opiniones discriminatorias al reflejarse en las normas jurídicas, políticas y sociales.

La obra de Beauvoir pone de relieve la costumbre humana de mirar a los distintos grupos y separarlos al considerarlos que son el «otro», a menudo denigrándolos y haciendo que ciertas comunidades de personas se encuentren en situaciones de desigualdad, restricción de derechos e incluso peligro. Beauvoir defiende que las mismas presuposiciones inválidas que se han utilizado para juzgar las capacidades de las mujeres durante gran parte de nuestro pasado —y resulta revelador que tantos de los ejemplos de las máximas proezas naturales o técnicas de los humanos representen a los hombres— han surgido principalmente de las circunstancias en las que se han encontrado las mujeres una y otra vez, y que han perpetuado la situación. No obstante, también ofrece ejemplos de mujeres que a lo largo de la historia han rechazado el *statu quo* de ser «el segundo sexo» y han logrado alcanzar todo su potencial. Describe las opciones que cualquier humano tiene a su disposición para liberarse, por muy duras que sean las condiciones de partida, y en un alarde de optimismo ilumina qué camino seguir. El libro de Beauvoir desempeñó un papel clave al inspirar el movimiento por los derechos de las mujeres que surgió en los años sesenta del pasado siglo. Desde entonces, se han logrado avances significativos hacia la igualdad entre hombres y mujeres, lo que da la esperanza de pensar que, incluso en sistemas represores, las personas marginadas tienen el poder de impulsar cambios individuales y sistémicos.

Aunque la diferencia percibida en las capacidades de hombres y mujeres no se puede comparar directamente con las diferencias entre la inteligencia humana y la artificial, el concepto del *segundo sexo* de Beauvoir nos sirve para evaluar lo que ocurre si devaluamos e ignoramos nuestras propias habilidades esenciales como resultado de las presuposiciones y las barreras instauradas en la sociedad. Beauvoir no podía imaginar que hoy la especie entera consideraría que sus capacidades son inferiores a las de la tecnología, y que pronto se verían todavía más eclipsadas por innovaciones como la IA avanzada o la computación cuántica. Si perdemos de vista el valor de nuestro propio aprendizaje y progreso, nos arriesgamos a aceptar pasivamente que somos «la segunda inteligencia» y a externalizar características humanas, habilidades y aprendizajes como la orientación, el movimiento, la conversación, la soledad, la lectura, la escritura, el arte, la artesanía, la memoria, el sueño y el pensamiento —en pocas palabras, las actividades en las que invertimos nuestro tiempo— a nuestros dispositivos. Cuando delegamos nuestras habilidades y nos instalamos en el tiempo digital, nos salimos de los ciclos de mejora y refuerzo progresivo que trae consigo el empeño por tratar de dominar estas habilidades por nosotros mismos, y al sentirnos poco preparados todavía recurrimos más a la tecnología, perpetuando así la pérdida de capacidades. Como sociedad, es posible que pronto tengamos que convocar un movimiento «por los derechos de la inteligencia» para proteger nuestras habilidades humanas básicas, sobre todo de la IA; pero, por ahora, como individuos, podemos dar ciertos pasos para conservarlas a título personal.

Puede que la escala de las computaciones de la IA se duplique cada seis meses, pero las duraciones cíclicas del tiempo natural siguen avanzando al margen de todo ello. Si nos salimos del tiempo digital, podremos descubrir el poder revitalizante que aportan la práctica y el perfeccionamiento de nuestras habilidades y capacidades básicas. Esforzarnos como humanos y tratar de superar nuestros límites en la medida que nos sea posible es uno de los pasos más importantes que podemos dar para determinar y conservar nuestro lugar en el mundo actual.

EL TIEMPO

Asume el control de tu tiempo

La habilidad de concentrar y aprovechar nuestro propio tiempo debe perseguirse y cultivarse. Pero cuando te esfuerzas y confías plenamente en tus propias capacidades, puedes alcanzar un estado de concentración y de alto rendimiento que se mantiene en el tiempo. Este modo es distinto a cómo vivimos la mayor parte de la vida cotidiana y no tiene nada que ver con la mayor parte del tiempo digital, pero está siempre a nuestro alcance. Llevarnos al límite y abrir nuestro propio camino es de las cosas más satisfactorias, pero para hacerlo primero debemos preguntarnos qué vale la pena. ¿Hasta qué punto te planteas seriamente qué quieres hacer con tu tiempo?

El proceso de vivir es continuo y acumulativo, y cuanto más suelas dirigir tu atención al mundo en el que habitas, más conseguirás influir en él. La atención activa es una acción, un músculo que puedes usar a voluntad, e igual que la fuerza y la capacidad física, se fortalece a medida que lo utilizas.

En su *Ética a Nicómaco*, Aristóteles defiende que todo ser vivo tiene un *telos*, un objetivo último o un propósito para el que trabaja. La mejor forma de hacerse una idea de qué es el *telos*, dice, es tomar nota de la actividad característica del ser vivo en cuestión y de su forma de comportarse. Tú puedes aplicártelo a ti mismo. Si haces un buen repaso de lo que haces durante el día, podrás entender mejor la persona que eres actualmente. Y si modificas tu actividad característica, todo eso que haces con tu vida, podrás cambiar tu objetivo último o propósito y la persona que eres.

Toma perspectiva

Todos tememos la muerte con un nivel u otro de intensidad, pero el miedo de no haber vivido plenamente suele ser más fuerte. Esta sensación aparece cuando vamos creciendo y se hace más palpable en la mediana edad. Lo cierto es que nos hace un favor. Cuando estamos distraídos o nos dejamos llevar por acciones o comportamientos repetitivos, es fácil que la vida nos pase de largo. Pero si prestamos un poco más de atención a lo que estamos haciendo en este preciso instante y pensamos con coherencia sobre qué podríamos cambiar, los momentos que vivimos pueden llegar a ser totalmente distintos.

En la década de 1980, el educador Stephen R. Covey se dedicó a hacer un análisis exhaustivo de la literatura de autoayuda que se había publicado hasta ese momento y consolidó sus observaciones en su valorado libro *Los siete hábitos de la gente altamente efectiva*. Fue un éxito inmediato y vendió más de veinticinco millones de ejemplares. Con lo que más se identificaban los lectores de todo el mundo y lo que los llevaba a examinar sus vidas más de cerca fue el consejo de que visualizaran su propio funeral. Covey era muy consciente de que reflexionar sobre la propia mortalidad para ganar perspectiva sobre la vida y las prioridades ha sido una práctica habitual de varias culturas y tradiciones a lo largo de la historia humana, y la adaptó al público corporativo de la bonanza de los ochenta. Hoy, este ejercicio es tan relevante como entonces, y puedes usarlo no solo para restablecer tus prioridades en la vida, sino también para ver el tiempo que pasas en el mundo digital desde una perspectiva más arraigada en la realidad.

Para empezar, reserva un tiempo tranquilo para visualizar; al menos una hora si puedes. Apaga el celular y asegúrate de que nadie te moleste. Cierra los ojos e imagina que asistes a tu propio funeral: visualiza la escena, el lugar donde se celebrará, y fíjate en quién ha acudido y cuáles son sus emociones. Imagina algunos detalles físicos que te anclen al lugar, como el sol que entra por las ventanas, el eco de las pisadas sobre el suelo de madera o las frases de consuelo de los asistentes. En cuanto sientas que realmente estás ahí, empieza a pensar en qué dirían de ti en la ceremonia: ¿qué tipo de persona eras? ¿Cómo influiste en las personas de tu alrededor? Toma papel y pluma, y escribe cualquier pensamiento que te venga a la mente; intenta no dejar de escribir. Piensa en tus seres queridos y en qué dirán al recordarte.

En cuanto tengas una idea de cómo podría ser tu funeral, haz una pequeña prueba para ver cuán importante es el tiempo digital para ti.

Vuelve a repasar esas partes de la ceremonia, pero ahora fíjate en si se menciona alguna de las actividades que más sueles hacer en internet. ¿Parece apropiado hablar del tiempo que pasabas en las redes sociales, navegando por internet o viendo la televisión, o más bien resulta inútil o irrelevante? Piensa en el tiempo que has pasado ante la computadora o mirando el celular sin ninguna motivación en particular e intenta pensar en cómo te ha ayudado a convertirte en la persona que eres. Puede que la computadora te haya ayudado a hacer algo destacado o a avanzar profesionalmente; si es así, escríbelo. Fíjate en si puedes distinguir qué ha valido la pena hacer en internet o con alguno de tus dispositivos digitales de lo que no, y anótalo. Piensa en esos momentos en los que no has tenido el control, en los que no has dirigido tus propias acciones, y pregúntate si han influido positivamente en tu vida. Crea una lista completa y definitiva de todo lo que haces en internet y que no está a la altura de todos tus otros logros.

Ahora piensa en tus habilidades humanas. Dedica un tiempo a pensar en cada una de las habilidades que hemos visto en este libro: el sentido de la orientación, el movimiento, la conversación, la soledad, la lectura, la escritura, el arte, la artesanía, la memoria, los sueños y el pensamiento, y en todas las formas en que has aprovechado tu tiempo al máximo. Trata de responder sinceramente si has sido competente en cada una de ellas, y reflexiona sobre hasta qué punto has recurrido a la ayuda de la tecnología o de la IA. Evalúa también si este nivel de habilidad que has demostrado a lo largo de tu vida corresponde a la persona que te gustaría ser. Insisto, anótalo todo: escribe un título para cada habilidad, haz una lista de tus competencias hasta ahora y termina el ejercicio pensando detenidamente en qué puntos querrías hacer cambios.

Cómo pasar a la acción

- Imagina tu funeral: piensa cuántas de las actividades que llevas a cabo durante el tiempo digital se mencionarían en tu elegía y qué habilidades humanas te gustaría desarrollar.

Da prioridad a tus habilidades humanas

Para asimilar cada una de las habilidades que se explican en este libro, lo mejor es ir una por una. Si le dedicas a cada una de ellas la atención y el tiempo que requiere en las primeras fases, te estarás allanando el camino para alcanzar la práctica y la mejora necesarias para que tus nuevas habilidades se vuelvan habituales y naturales. Todas se irán volviendo más fáciles con el tiempo, y a medida que alcances niveles nuevos de competencia y conocimiento, tendrás más espacio mental para dedicarte a la siguiente.

Dedica veinte minutos a pensar qué habilidades de las que hemos visto son las que más brillan por su ausencia en tu vida: ¿notas sobre todo la falta del sentido de la orientación, o quizá es tu habilidad lectora la que necesita un empujón? ¿Qué habilidades hacen que te sientas más orgulloso? ¿De cuáles podrías beneficiarte si las practicas y te centras un poco más en ellas? Repasa cada una de ellas, y si puedes, ten a mano las notas del ejercicio del funeral y numéralas según tu orden de prioridad. Califica cada una de ellas objetivamente según tu nivel de competencia —ponles una A, una B o una C para indicar tu pericia actual— y, teniendo en cuenta estas habilidades personales, numéralas del 1 (la habilidad a la que das más importancia) al 11 (la que menos). Repasa la lista y, si estás satisfecho con ella, elige la habilidad a la que darás prioridad y deja las demás de lado por ahora.

En cuanto hayas decidido en qué habilidad quieres centrarte, vuelve al apartado de cómo pasar a la acción del final del capítulo correspondiente y selecciona las tareas que más útiles te resulten. Trata de pensar cómo podrías integrarlas en la práctica en tus rutinas actuales.

Quizá te resulte útil marcarte un objetivo que alcanzar para certificar por ti mismo que has mejorado, así que piensa cuál podría ser: hacer una carrera de larga distancia o un ejercicio de memoria especialmente importante, o emprender un proyecto de arte o de artesanía. Ponerte un objetivo te servirá para centrar tus intenciones, y al tiempo que tratas de alcanzarlo, estarás aprendiendo también a tolerar cualquier incomodidad que te surja ante la idea de centrarte en otras habilidades, proyectos o distracciones temporales. Cuanto más te enfrentes a las restricciones que te impone el tiempo y establezcas las decisiones sobre qué quieres hacer con él, más cómodo te sentirás al centrarte en la habilidad que hayas escogido.

Comprometerte a seguir un horario te puede hacer bien. Si quieres desarrollar tu habilidad para correr, busca un club al que apuntarte un día a la semana; si quieres pulir tus habilidades como artesano, busca algún espacio al que puedas acudir durante tres meses. Si estableces marcos temporales concretos en el momento que decides apartarte de la pantalla y dedicarte a cultivar tus propias habilidades, habrá al menos una decisión que ya estará tomada cada semana, lo que pone cierto freno a ese impulso que tan fácilmente puede empujarte de nuevo hacia el mundo virtual.

A medida que vas desarrollando la habilidad escogida y vas sacando más de tus reservas personales y lidiando con la inevitabilidad de la tarea que tienes delante, notarás un cambio pronunciado. Cuanto más permanezcas en el tiempo natural, especialmente cuanto más te metas en esta dinámica rítmica y recurrente de forma activa en los momentos en los que te dediques a una de tus habilidades humanas básicas, más fácil te resultará desprenderte de la influencia del tiempo digital y dejar de intentar controlar el ritmo de cualquier experiencia. Cuando abandonas el deseo de acelerar o cuantificar la vida y te centras en el ir y venir más estable de las habilidades humanas, el concepto del *tiempo* cambia y adopta un ritmo más natural, lo cual podrá ayudarte a ser más tolerante y paciente en otras facetas de la vida. Estarás poniendo a prueba y mejorando tu capacidad de prestar atención y de resistirte a otras cosas que quieren acaparar tu tiempo y, al hacerlo, podrás empezar a aprender a luchar con más fuerza contra las tentaciones de la tecnología y de la IA.

Cómo pasar a la acción

- Da prioridad a las habilidades que te resulten más importantes: numera las capacidades que vimos en cada capítulo en función de la prioridad que tienen para ti, y califica tu grado de competencia con una A, una B o una C.

- Concéntrate en una única habilidad nueva de momento: no te pongas a trabajar en las otras hasta que hayas superado las primeras fases, que son las más difíciles, de la que tienes entre manos. A partir de ahí, ya puedes dedicarte a la siguiente.
- Márcate objetivos: esfuérzate para conseguir ciertos marcadores para demostrarte que tus capacidades están mejorando. Puede que te ayude unirte a alguna sesión grupal periódica.

Concéntrate en una única habilidad durante al menos tres semanas antes de pensar en introducir otra en la que trabajar conjuntamente. No tardarás en mejorar todo el abanico de tus capacidades humanas, pero si adoptas un enfoque paciente y escalonado, tendrás más posibilidades de conseguirlo.

Define un proyecto nuevo

Si tienes muchas ganas de empezar a trabajar en varias habilidades a la vez, tienes otra opción, y es que muchas de las habilidades humanas se complementan entre sí. Por ejemplo, a medida que cultivas tu capacidad lectora, generarás oportunidades para desarrollar la escritura, la memoria y el pensamiento a la vez. Una de las formas más naturales y propicias de empezar a poner a prueba tus habilidades siguiendo distintas vías es marcarte un objetivo o un proyecto más amplio que requiera varias de tus capacidades personales.

Revisa la lista de las habilidades que numeraste por orden de relevancia y busca correspondencias entre los niveles de competencia e importancia que les asignaste. Fíjate en los puntos en los que tus capacidades no se correspondan con tus aspiraciones y busca correlaciones entre distintas habilidades. Selecciona al menos tres habilidades y piensa en cómo podrías relacionarlas: ¿hay algún pasatiempo o interés que ya tengas y que implique todas estas habilidades personales? ¿Se te ocurre algún plan que hayas tenido durante cierto tiempo y para el que nunca hayas encontrado el tiempo necesario? ¿Hay algo en concreto que te gustaría escribir, construir o crear?

Cómo pasar a la acción

- Selecciona tres habilidades: escoge un grupo de tres capacidades que te gustaría desarrollar e intenta buscar la manera de alinearlas con tus pasatiempos e intereses actuales o con algún proyecto nuevo.
- Define un reto nuevo: dedica un tiempo a crear un proyecto que beba de estas tres habilidades y evalúa seriamente tu nivel de compromiso antes de dedicarte a ello.

Intenta encontrar un reto nuevo que te sirva para consolidar estas habilidades, pero no tomes la decisión de ponerte manos a la obra a la ligera. Date el tiempo que necesitas para valorar detenidamente tu grado de compromiso y piensa en cómo podrías hacer el tiempo necesario cada semana. Imagínate haciendo la actividad y visualiza el resultado final. Hazlo solo si, después de reflexionar, sigues convencido de que es la decisión correcta.

Integrar varias habilidades humanas en un proyecto cohesionado y de mayor alcance permite alargar el periodo de activación de cada una de ellas. Los hitos que alcances y la sensación de que estás avanzando te darán impulso y llegará el momento en que le habrás dedicado tanto tiempo al proyecto que te parecerá impensable abandonarlo. Recuerda que, con cada paso que des, no estarás solo trabajando para terminarlo, sino también en lo que tú eres como persona.

No te quemes

No siempre hace falta invertir un montón de tiempo en mejorar las habilidades humanas, y a veces —por extraño que suene— puede ser mejor minimizar tus esfuerzos. Hay estudios que han observado que quienes dedican un ratito al día a perfeccionar una habilidad suelen ser los que obtienen los mejores resultados a lo largo del tiempo. Especialmente si se trata de un proyecto o de una ambición de gran alcance, limitar las horas que le dedicas puede hacer que te resulte mucho más fácil mantenerlo a lo largo del tiempo.

La tecnología digital puede inculcarnos la tendencia a esforzarnos más de lo necesario en según qué ocasiones. La manera más fácil de detectar un pico innecesario de actividad es si viene seguido de una caída en picada durante la que no haces nada. Esto suele responder al deseo de acelerar una tarea personal o profesional para acortar su ritmo natural y terminarla lo antes posible. Pero al desarrollar la habilidad de tolerar el hecho de que habrá días en los que no produzcas nada destacable, a menudo podrás lograr mucho más a largo plazo. Los pequeños periodos de actividad intensa también se acumulan. Y cuando te reserves periodos más largos, suele ser mejor parar mientras todavía tienes energía y antes de agotarte demasiado, y asegurarte así de que al día siguiente seguirás trabajando, porque aún tendrás fuerzas.

El deseo de esforzarse al máximo no siempre nace de un lugar positivo, ya que puede surgir tanto de la impaciencia como del disfrute productivo. Parar cuando lo tenías previsto o cuando sientas que empiezas a desfallecer te permite pulir la capacidad, en el mundo virtual y en el real, de controlar mejor a qué dedicas tu tiempo.

Cómo pasar a la acción

- Céntrate en las mejoras progresivas: practica tus habilidades nuevas integrando pequeños tiempos de actividad intensa en tu rutina diaria en lugar de planear sesiones más prolongadas con menos frecuencia.
- Vigila las prisas innecesarias: presta atención a los momentos en que te obligues a seguir con una tarea o un proyecto dejándote llevar por la impaciencia, cuando en realidad lo mejor sería dejarlo reposar un tiempo.

- Para a propósito: la próxima vez que te sientes a trabajar en una tarea larga, trata de gestionar tu tiempo de forma que pares cuando todavía avanzas a buen ritmo, en lugar de esperar a que te entre el cansancio.
- Imponte otros límites: experimenta limitando el tiempo que inviertes en otras áreas de tu vida durante un par de semanas y observa si hacerlo afecta a tu empeño o a tu motivación a largo plazo.

Crea más tiempo natural

Si el tiempo digital tiene un rasgo constante, es que poco a poco nos empuja hacia un modo de ser distinto. La naturaleza secuencial y siempre acelerada de las computadoras desencadena más operaciones y reacciones; y cada clic y deslizamiento te aleja más de la vida física y de todas sus posibilidades para introducirte en las experiencias predefinidas del mundo virtual. Pero puedes ponerle trabas. Al crear hábitos nuevos que no tengan que ver con la tecnología y la IA, podrás establecer unos límites claros para poner freno de una vez por todas a los efectos más dañinos del tiempo digital.

También te puede ayudar establecer ciertos hábitos nuevos. Piensa detenidamente sobre cómo es tu semana habitual y busca momentos en los que te pueda resultar más fácil desconectar totalmente de la tecnología. Este tipo de hábitos son más sencillos de integrar en la rutina si están relacionados con algo que ya hagas. Por ejemplo, si vas al trabajo o a la estación caminando, guarda el celular en la bolsa o bolsillo y ponlo en silencio; cuando salgas a pasear o a correr, déjalo en casa. Si sales con un amigo, prueba ir sin él. Piensa en las actividades o tareas que haces de forma regular y mira cómo puedes eliminar las exigencias del tiempo digital que te mantienen ocupado. Ten especialmente presentes los momentos en que más te dediques a relajarte o al desarrollo personal —el tiempo que pasas en el gimnasio, arreglando el jardín o ante un escritorio, o realizando cualquier pasatiempo con el que disfrutes— y busca la manera de eliminar totalmente la tentación de caer en las distracciones digitales. Hagas lo que hagas, reivindica estos tiempos como propios.

Recuerda que el tiempo que pasas desconectado de internet no es solo para ti, sino también para los que te rodean. La calidad del tiempo que pasas con tus seres queridos suele verse amenazada por el apego constante a las pantallas y las distracciones digitales. El bienestar de los niños requiere toda nuestra atención y contacto visual, y lo mismo puede decirse de todas las demás relaciones si queremos que prosperen y crezcan. Cuidar y mostrar afecto a personas de todas las generaciones es quizá uno de los rasgos más humanos e importantes a los que dedicamos nuestro tiempo, así como buscar y mantener relaciones, ya sean románticas, sexuales, platónicas o profesionales. Pero el uso de la tecnología digital se interpone en el camino de la intimidad y de la comprensión mutua, y es innegable que ha afectado a nuestras relaciones personales en un sinfín de maneras, empezando por la reducción de los encuentros físicos de los que tanto dependemos para construir o reforzar las relaciones de la vida real.

Por eso, invertir tu tiempo en las personas de tu círculo es un cambio vital y satisfactorio, y bastará con hacer algunos ajustes a tu vida diaria para notar una gran diferencia. Por ejemplo, una buena idea sería establecer ciertos espacios en casa, como la mesa del comedor o la sala de estar, donde no se permite el uso de dispositivos digitales. Marca horarios concretos a lo largo del día, como durante las comidas o las actividades familiares, en los que todo el mundo tiene que estar totalmente presente. Reducir el tiempo digital también te permitirá visitar o llamar más a menudo a tus familiares y amigos, y participar en pasatiempos grupales, proyectos comunitarios o aventuras al aire libre que propicien la interacción y la colaboración. Cuanto más tiempo inviertas activamente en tus relaciones y en el bienestar de los tuyos, más enriquecerás tu vida.

Cómo pasar a la acción

- Fíjate en cómo el tiempo digital te absorbe: a lo largo de todo un día, toma nota de todos los momentos en que tus dispositivos digitales te absorben y te mantienen conectado cuando inicialmente no formaba parte de tus planes.

- Crea hábitos nuevos dentro de tu tiempo natural: piensa qué actividades habituales de tu rutina semanal puedes hacer sin llevar contigo ningún dispositivo.
- Asegúrate de estar totalmente presente con tu familia: establece límites temporales y espaciales para el uso de los dispositivos en casa, y planea visitas y llamadas más frecuentes a tus seres queridos.
- Conecta con las personas de tu entorno: únete a una clase grupal, participa en algún voluntariado o busca alguna actividad al aire libre para incrementar las posibilidades de interactuar y colaborar con los demás en el mundo real.

EPÍLOGO

Si hubiera una única habilidad o un superpoder que sirviera para diferenciar al *Homo sapiens* de las demás especies, ¿cuál sería? Tenemos la capacidad natural de desplazarnos grandes distancias a pie, aunque muchos animales pueden ir mucho más lejos. Podemos trabajar la capacidad de orientarnos hasta niveles asombrosos, pero también pueden las aves, las tortugas marinas o el salmón. No somos ni por asomo la especie más fuerte, veloz o vigilante, pero tampoco hay ningún otro organismo en la Tierra que presente una variedad de habilidades tan amplia como la nuestra ni que haya avanzado tanto como nosotros. Aunque otros animales muestran habilidades de resolución de problemas y otras formas de aprendizaje, nuestra capacidad de utilizar la inteligencia para construir herramientas y desarrollar habilidades nuevas para aplicarlas a cualquier reto o tarea es lo que más nos diferencia.

Nuestro avance tecnológico nos ha hecho ir cada vez más rápido como sociedad, y también nos ha permitido lidiar mejor con unos niveles de complejidad que habrían dejado perplejos a nuestros antepasados, pero si hoy tuviéramos que desprendernos por completo de nuestros dispositivos y de la estructura tecnológica que les da apoyo y enfrentarnos cara a cara con nuestros predecesores en una batalla de fuerza o astucia, es muy poco probable que ganáramos. Y es que cuando recurrimos a apoyos externos, incluso si extienden o aumentan nuestras habilidades mientras los utilizamos, es inevitable que nuestras capacidades naturales se vean afectadas.

Existe una razón muy sencilla que explica por qué la distinción entre el ingenio y las habilidades humanas naturales y la potencia tecnológica con la que tenemos la suerte de contar es tan importante: el cuerpo y la mente no han evolucionado para funcionar de una forma saludable en combinación con la tecnología digital. Cuanto más tiempo pasamos en internet o utilizando dispositivos digitales, más se degradan nuestras habilidades para lidiar con el mundo real. Y, sin embargo, la capacidad de orientación, el movimiento, la conversación, la soledad, la lectura, la escritura, el arte, la artesanía, la memoria, los sueños y el pensamiento siguen siendo algunos de los rasgos o de las habilidades fundamentales que definen a la persona en que nos convertimos.

A lo largo de la historia de la humanidad hemos utilizado herramientas que nos han ayudado o extendido nuestras capacidades, y las innovaciones tecnológicas han ido apareciendo acompañadas de una sensación de orgullo colectivo. Es lógico que nos maravillemos ante los transformadores avances que creamos y las puertas nuevas que se abren con cada innovación. Incluso cuando estas herramientas se han ido interponiendo en lo que significa ser humano o cuando traen consigo consecuencias negativas, el hecho de que sean el resultado de nuestros esfuerzos y que tengamos la sensación de que las controlamos mientras las usamos nos da la tranquilidad de pensar que, en general, estamos mejor así. Pero lo cierto es que esto suele ser más bien una suposición. Mientras que una empresa farmacéutica tiene que invertir en llevar a cabo pruebas preventivas antes de sacar sus productos al mercado, no se aplica ningún protocolo de seguridad equivalente a las tecnologías nuevas que podrían afectar a nuestro bienestar mental o físico.

La IA nos plantea un reto único. Se está volviendo lo suficientemente sofisticada como para eclipsar nuestra amplia inteligencia, y con ella, nuestra propensión a innovar y crear. Ya estamos empezando a externar nuestra habilidad más fundamental, el pensamiento creativo y el razonamiento, a LLM como ChatGPT, y la velocidad a la que trabajan supera la nuestra con creces.

Se trata de un salto cualitativo mucho mayor que cualquier cosa que hayamos vivido jamás. Irán apareciendo más herramientas e innovaciones, y cada vez a un ritmo más rápido. Se acerca un cambio social inminente, y es muy difícil predecir qué nos aguarda como humanidad. Mientras nos esforzamos por seguir el ritmo de las evoluciones tecnológicas de los próximos meses y años, es imperativo que recordemos que el ingenio humano fue el que ha concebido la creatividad tecnológica que hizo que todo esto fuera posible. Y ese mismo ingenio debe proteger la esencia de lo que nos hace humanos y, junto a ella, nuestro bienestar. Cederle a la IA nuestras prioridades, nuestra agencia o autonomía, no tiene lógica ni sentido para la humanidad.

En estos momentos nos encontramos en un precipicio en el que los derechos básicos de la inteligencia humana deben ser reconocidos y protegidos. Los costos económicos y el complejo desarrollo algorítmico necesarios para desarrollar LLM han sido asumidos casi exclusivamente por corporaciones privadas: Microsoft, por ejemplo, se comprometió a invertir miles de millones de dólares a lo largo de varios años en OpenAI, la organización que está detrás de ChatGPT, y muchas otras grandes empresas tecnológicas están siguiendo caminos similares. Hasta la fecha no hay ningún Gobierno que haya anunciado públicamente una inversión que se asemeje siquiera a estas cantidades. Es importante implementar medidas de protección que defiendan a la población en general de la consiguiente carrera entre las distintas empresas tecnológicas que competirán por sacar al mercado los últimos descubrimientos en el campo de la IA; justo se están empezando a implementar ciertas salvaguardias, pero no tienen ni por asomo el alcance necesario.

Debemos garantizar la transparencia del desarrollo y uso de la IA para entender su papel y criticar su lógica y sus procesos de pensamiento. Nuestra capacidad de tomar decisiones debe liberarse de cualquier tipo de influencia y coerción impuesta por la IA y los datos que genera. Y, sobre todo, necesitamos que se desarrollen unas guías y medidas de seguridad apropiadas y que se desplieguen a escala global para protegernos de los posibles daños que puedan generar los sistemas de IA.

La única forma en que la tecnología o la IA pueden beneficiarnos es si seguimos teniendo el control absoluto sobre ellas. Debemos ser capaces de dominar cualquier dispositivo o IA que utilicemos y prevalecer sobre sus acciones. Y para hacerlo hemos de contar con todas nuestras capacidades, con nuestra agudeza mental e intelecto. Debemos ser capaces de dictar cuánto tiempo pasamos conectados a internet y decidir por nosotros mismos cuándo desconectarnos. Y, cuando lo hagamos, debemos estar totalmente presentes en el mundo real. Sentirnos nutridos y renovados gracias a nuestras habilidades naturales, y crecer y prosperar mientras disfrutamos de ellas, solos y con los nuestros, es mucho más importante que la aparición de cualquier nueva tecnología.

Podemos sacar el máximo provecho de la tecnología y de la IA al tiempo que protegemos nuestras habilidades. Cuanto más equilibremos los mundos cuantitativos, abstractos y acelerados de internet con nuestras habilidades arraigadas en el mundo real, más posibilidades tendremos de asegurar colectivamente que la tecnología mejora sin amenazar la condición humana.

AGRADECIMIENTOS

Mi más sincero agradecimiento a Sarah Ream, quien durante estos años me ha ayudado a mejorar mi forma de escribir. Con su conocimiento vertido en *The Analog Sea Review* —una revista literaria física que defiende la vida contemplativa en la era digital— y sus considerados comentarios, su ayuda fue esencial para llegar a este resultado final. Me gustaría dar las gracias también a mi agente, Andrew Gordon, por interesarse desde el principio en el tema de este libro, y a Ross Hamilton, editor encargado, y Gabriella Nemeth, editora sénior en Michael O'Mara Books. Me gustaría darles las gracias a mis padres, así como a mi suegra, Cathy Nicholson, y a mis hermanas, Sarah y Ally, por estar siempre a mi lado. Mi amigo, el artista Kevin Quigley, ha sido una influencia y una inspiración creativa constante en mi vida. Doy las gracias por contar con el apoyo inquebrantable de mis amigos de toda la vida y por las conversaciones y debates que hemos tenido mientras desarrollaba los temas de este libro: Dale Batham, Alex Cox, Gwyn Davis, Paul Helmers-Olsen, Colin Hobbs, Neil Luscombe, Ross Underwood y el fallecido Richard Mannering, a quien echamos muchísimo de menos. Todo el esfuerzo que invertí en investigar y escribir a lo largo de seis años solo fue posible gracias a la dedicación y el apoyo constantes de mi esposa Hannah, ya que, sin ellos, y con nuestros dos hijos pequeños, habría sido sencillamente imposible.

BIBLIOGRAFÍA Y LECTURAS RECOMENDADAS

Baron, Sabrina Alcorn, *The Reader Revealed*, University of Washington Press, 2011.

Berger, John, *Ways of Seeing*, Penguin Classics, 2008.

Berger, Susanna, *The Art of Philosophy: Visual Thinking in Europe from the Late Renaissance to the Early Enlightenment*, Princeton University Press, 2017.

Brummett, Barry, *Techniques of Close Reading*, SAGE Publications, 2009.

Burkeman, Oliver, *Four Thousand Weeks: Time and How to Use It*, Bodley Head, 2021 (trad. cast.: *Cuatro mil semanas: gestión del tiempo para mortales*, Barcelona, Planeta, 2022).

Church, Ruth Breckinridge, Martha W. Alibali y Spencer D. Kelly, *Why Gesture?*, John Benjamins Publishing Company, 2017.

Clerizo, Michael, *George Daniels: A Master Watchmaker and His Art*, Thames & Hudson, 2013.

Crary, Jonathan, *24/7: Late Capitalism and the Ends of Sleep*, Verso Books, 2014 (trad. cast.: *24/7: el capitalismo al asalto del sueño*, Barcelona, Ariel, 2015).

—, *Suspensions of Perception: Attention, Spectacle and Modern Culture*, MIT Press, 2000 (trad. cast.: *Suspensiones de la percepción: atención, espectáculo y cultura moderna*, Madrid, Akal, 2008).

—, *Techniques of the Observer: On Vision and Modernity in the Nineteenth Century*, MIT Press, 1992 (trad. cast.: *Las técnicas del observador: visión y modernidad en el siglo XIX*, Murcia, Cendeac, 1992).

Crawford, Matthew, *The Case for Working with Your Hands: Or Why Office Work Is Bad for Us and Fixing Things Feels Good*, Penguin, 2010.

Csíkszentmihályi, Mihály, *Television and the Quality of Life: How Viewing Shapes Everyday Experience*, Routledge, 1990.

Darwin, Charles, *On the Expression of the Emotions in Man and Animals*, John Murray, 1872.

Ekman, Paul, *Emotions Revealed*, W&N, 2004 (trad. cast.: *La expresión de las emociones*, Pamplona, Laetoli, 2009).

Ellis, Markman, *The Coffee-House: A Cultural History*, Weidenfeld & Nicolson, 2011.

Foer, Joshua, *Moonwalking with Einstein: The Art and Science of Remembering Everything*, Penguin Press, 2011.

Gatty, Harold, *Finding Your Way Without Map or Compass*, Dover Publications, 2003.

Gladwin, Thomas, *East Is a Big Bird*, Harvard University Press, 1995.

Hayles, N. Katherine, *How We Think: Digital Media and Contemporary Technogenesis*, University of Chicago Press, 2012.

Heinrich, Bernd, *Why We Run*, Ecco Press, 2019.

Henri, Robert, *The Art Spirit*, Basic Books, 2007 [1923].

Hill, Edward, *The Language of Drawing*, Prentice Hall, 1966.

Huxley, Aldous, *The Divine Within: Selected Writings on Enlightenment*, Harper, 2013.

—, *The Perennial Philosophy*, HarperCollins, 2012 [1945] (trad. cast.: *La filosofía perenne*, Barcelona, Edhasa, 1997).

Jackson, H. J., *Marginalia: Readers Writing in Books*, Yale University Press, 2009.

James, William, *The Varieties of Religious Experience: A Study in Human Nature*, Dover Publications, 2018 [1902] (trad. cast.: *Variedades de la experiencia religiosa: un estudio de la naturaleza humana*, Madrid, Trotta, 2017).

Kagge, Erling, *Silence in the Age of Noise*, Viking, 2017 (trad. cast.: *El silencio en la era del ruido: el placer de evadirse del mundo*, Madrid, Taurus, 2017).

Kendon, Adam, *Conducting Interaction*, Cambridge University Press, 2009.

Korn, Peter, *Why We Make Things and Why It Matters*, Vintage, 2017.

Lester, Toby, *Da Vinci's Ghost*, Profile Books, 2011.

Lewis, David, *We, the Navigators*, University of Hawaii Press, 1994.

Lieberman, Daniel, *The Story of the Human Body*, Penguin, 2014 (trad. cast.: *La historia del cuerpo humano*, Barcelona, Pasado & Presente, 2017).

Madsbjerg, Christian, *Sensemaking*, Little, Brown, 2017.

McNeill, David, *Why We Gesture*, Cambridge University Press, 2015.

BIBLIOGRAFÍA Y LECTURAS RECOMENDADAS

Nabokov, Peter, *Indian Running*, Capra, 1981.

Paul, Richard, y Linda Elder, *How to Read a Paragraph: The Art of Close Reading*, Foundations of Critical Thinking, 2014.

Posner, Michael I., *Attention in a Social World*, Oxford University Press, 2011.

Prodger, Philip, *Darwin's Camera*, Oxford University Press, 2009.

Pye, David, *The Nature and Art of Workmanship*, Herbert Press, 2007.

Rosenblatt, Louise M., *Literature as Exploration*, Modern Language Association of America, 1996.

Sharpe, Kevin, *Reading Revolutions: The Politics of Reading in Early Modern England*, Yale University Press, 2000.

Sherman, William. H., *Used Books: Marking Readers in Renaissance England*, University of Pennsylvania Press, 2009.

Thomas, Stephen D., *The Last Navigator*, Henry Holt and Co., 2009.

Turner, Mark, *The Literary Mind: The Origins of Thought and Language*, Oxford University Press, 1996.

Watzl, Sebastian, *Structuring Mind: The Nature of Attention and How It Shapes Consciousness*, Oxford University Press, 2017.

Yates, Frances, *The Art of Memory*, Routledge & Kegan Paul, 1966 (trad. cast.: *El arte de la memoria*, Madrid, Siruela, 2005).

ÍNDICE ONOMÁSTICO Y DE MATERIAS

aburrimiento, 275-276
Academia, galería de la (Venecia), 164
Academy of Medical Royal Colleges, 61
activPAL, acelerómetro, 63
Addison, Joseph, 100-101
agricultura, 54
Alejandría, Biblioteca de, 140
Alemania nazi, 294-295
alfabetización, 141
alfabeto griego, 139
alineaciones, 37
alocéntrico, método, 21, 39
alzhéimer, 31, 250
amígdala, 273
anatomía, 54, 74, 157, 160-162, 166
anotación de textos, 131-132, 134-137, 140-141, 144-146, 151-155
ansiedad social, 97-99
Apolo (NASA), misiones del, 207, 216
Archivo Churchill (Cambridge), 291-292
Archivos Nacionales del Reino Unido, 280
Aristóteles, 106, 132, 324, 337, 339
Armstrong, Neil, 223

ARPANet, 84
Art of Breguet, The (George Daniels), 210
Art Spirit, The (Margery Ryerson), 189-190
arte, 181-205
    David Lynch. 189-190, 194-196, 204
    Gustav Fechner, 190
    Henri Bergson, 195
    mercantilización de las imágenes, 182-183
    métodos, 196-205
    Paul Cézanne, 186, 199-200
    Robert Henri, 181-183, 186-188
    Wilhelm Wundt, 191
«arte de vivir» (Simone de Beauvoir), 333
«artículo de Darwin y Wallace», 76
askesis, 333
atención, 82, 190-191, 271-274, 334-336
atención conjunta, 82
    véase también atención
Atlantic City, 182
átomo, 287

automatización, 221-223

autopsias, 161

Bacon, Francis, 245

balada del viejo marinero, La (Samuel Taylor Coleridge), 262

Baladas líricas (Samuel Taylor Coleridge y William Wordsworth), 270

Banco Mundial, 273-274

Baran, Paul, 84

Barrancas del Cobre en la Sierra Madre (México), 43

Beauvoir, Simone de, 332-335, 337-338

Beowulf, 141

Bergson, Henri, 195

Bhagavad-gītā, 110, 114

Binet, Alfred, 192

Biografía literaria (Samuel Taylor Coleridge), 269

bíos theoretikós («vida contemplativa»), 111

Bletchley Park, 295

Bombe, 311

bombillas, 268

botones de «llamada a la acción», 193

Brand, Stewart, 53-54

Breguet, Abraham-Louis, 209-210, 212

brújulas, 40

Bruno, Giordano, 242-243, 245-246

Burkeman, Oliver, 332

cafeterías, 77-79, 84-85, 92-93, 97, 100-101, 103, 109, 255

cálculo, 245

cámara oscura, 185

cambio evolutivo, 54

Cambridge, Universidad de, 55, 58, 61, 74

Camden Watch Company, 229-230

Camden, mercado de, 229

Camillo, Giulio, 243-244

caminar, 61

caminar erguidos, 50

capacidades físicas, pérdida de, 219-221

Cardano, Fazio, 160

cartografía, 25

caza por persistencia, 48-50

celuloide, 183

cerebro, 28-31, 217

  córtex prefrontal, 57, 273

  memoria y, 246-248

  neuronas, 303

  red neuronal por defecto (RND), 275

  Santiago Ramón y Cajal, 299-300, 307

Cézanne, Paul, 186, 199-200

Chamberlain, Neville, 233, 294-295

Chaplin, Charlie, 297

ChatGPT, 314-318

  ampliación de la capacidad de búsqueda, 149

  cálculo y, 245

  externalización de habilidades esenciales a, 352

  funciones profesionales afectadas por, 221-222

  lanzamiento de, 309-310

  máquina universal de Turing y, 311-312

  naturaleza de, 300-301

  necesidad de confirmar, 300-301

  propenso a las «alucinaciones», 307

  y sus efectos en los procesos mentales, 169-170

Checoslovaquia, 294

Chihuahua (México), 43-44, 49

Churchill, Winston, 289-299

carácter, 297
como escritor, 289
estrategia, 296
líderes en momentos de crisis, 294-295
métodos de escritura, 291-294, 306, 315
sala de mapas, 295
Segunda Guerra Mundial (como «tragedia humana»), 293-296
vida de, 290-292, 294-295, 298-299
visión no determinista de, 298
ciencia cognitiva, 217
cine, 191-192
cinemagrafías, 88
Cinque Ports, 104
City de Londres, 78
Ciudadano Kane (Orson Welles), 276
claroscuro, 161
Códice de Dresde, 323, 331
Códice Nowell, 141
códices mayas, 323
CoEvolution Quarterly, 53
cognición corporizada, 217-218
cognición extendida, 320
cognición social, 84
colección real (Gran Bretaña), 166-167
Coleridge, Samuel Taylor, 261-269
abandono constante de la autonomía ante la ficción, 271
adicción al opio, 276-277
«Kubla Khan» (poema), 261-262, 264, 269, 276
otros poemas, 262
poesía como motor de la imaginación, 263
sueños, 265-266, 270-271
vigilia y sueño, 264
Colón, Cristóbal, 134

Como gustéis (William Shakespeare), 243
Cómo se fraguó la tormenta (Winston Churchill), 293
CompuServe, 88
Conferencia de Múnich (1938), 294
Confianza en uno mismo (Ralph Waldo Emerson), 11
Consejo Nacional para la Excelencia en el Pensamiento Crítico, 319
contacto visual, 89-91
control, pérdida del, 272
conversación, 73-102
ansiedad social, 97-99
atención conjunta, 82
cafeterías, 79
capacidad de escucha, 95-96
contacto visual y, 90
métodos digitales, 84-91
participar en, 101-102
perfeccionar las habilidades de, 84, 91-93
real y virtual, 93-95
reflejar las acciones de los demás, 82
seguir la mirada, 83
videollamadas, 99-100
y rabia, 100-101
Cook, James (capitán), 15-17, 19, 22-26
coordenadas cartesianas, 25
Cornell, método para tomar notas, 176
correr, 44-53, 60, 62, 65-70, 321, 343, 347
véase también correr largas distancias
correr largas distancias, 43-52
caza por persistencia, 47-50
Indian Running, 53
María Lorena Ramírez, 43, 52
nativos americanos en general, 46-49

importancia de, 46-47

entrenar para, 47-48

rarámuris, 44-45, 48-49

véase también correr

Covey, Stephen R., 340

Cozad (EE. UU.), 181-182

creatividad, 169-174

ausencia de distinciones entre los tipos de, 204-205

movimientos corporales para acelerar la, 80

pasar tiempo a solas contribuye a la, 112

crisis mundial, 1911-1918, La (Winston Churchill), 291

Crónicas de Holinshed, 138

cronómetro H4, 26

cuadernos, 153-156, 157-162

de Coleridge, 265

de Darwin, 73-74

de Emerson, 135

de ideas, 133-134

de Narcissus Luttrell, 145

herramientas básicas, 63-64, 173-176

cuadernos de ideas, 153-156

biblioteca de Dee, 135

como lectura activa, 148

distintos nombres, 135

equivalente a los servicios digitales, 145

Leonardo da Vinci, 157

piedra angular de la lectura en el Renacimiento, 133-135

Renacimiento, 159

Cuatro mil semanas (Oliver Burkeman), 332

Dampier, William, 104, 108

Daniels, George, 207-216

Darwin, Charles, 73-76, 79-84, 87

datos analíticos, 193

De architectura (Vitruvio), 162-164

De umbris idearum (*Las sombras de las ideas*, Giordano Bruno), 242

Deakin, William, 292

Dee, John, 129-137

anotación, 131-133

bibliotecas en las que se encuentran sus trabajos, 130-131

contenidos de su biblioteca, 134-135, 142

en el extranjero, 134

lectura activa, 148

Defoe, Daniel, 103

dejar deambular la mente, 271

Departamento de Defensa (EE. UU.), 84

Descartes, René, 25, 217

desplazarse al trabajo, 64-65

Día D, 292

dibujar, 159-160, 173, 197-201

Dickens, Charles, 268

dictado, 312-314

dioramas, 184

dirga pranayama, 123

disegno, 159

diseño asistido por computadora (CAD), 213, 215-216, 221, 229

dolor de espalda, 59

Duchenne de Boulogne, Guillaume-Benjamin, 75

Dunkerque, 295

Edison, Thomas Alva, 268, 278

Egipto (antiguo), 325

Eight, The (Los Ocho), 187

Einstein, Albert, 170-171

Ekirch, Roger, 280

Elder, Linda, 319

electrómetro, 262

Emerson, Ralph Waldo, 11-12, 135-137, 147
emojis, 86-87
emoticonos, 86
Endeavour, HMS, 15-17, 24
Engelbart, Douglas, 178
ensayos, 93
ensoñación, 88, 264, 269, 272-277, 285-288
entrenamiento de alta intensidad, 66-67
entrenamiento de fuerza, 67
escaleras, 66
escribir, 157-180
    a mano, 174-175
    tomar papel y pluma, 169-170, 174
    diagramas de flujos, 175-176
    Leonardo da Vinci, 158, 162
    manos, 166-167
    memoria y, 235-236
    sketchnoting (Mike Rohde), 177-178
escribir a mano versus escribir con el teclado del ordenador, 168-169, 172-173
escritorios elevables, 66
escritura y lectura, 139-140
Escuela de Diseño para Mujeres (Filadelfia, EE. UU.), 186, 197
Estados Unidos, 26, 32, 45, 84, 181, 186-187, 189, 242, 277, 282, 296, 324
estereoscopio, 184
estrellas, 17, 19-20, 22-24, 26, 31, 105, 107, 207
etak (cartografía polinesia), 20-21, 25-26, 31, 40
Etak (sistema de trabajo occidental), 27
Ética a Nicómaco (Aristóteles), 339
Exercise: The Miracle Cure and the Role of the Doctor in Promoting It (Academy of Royal Medical Colleges), 61
expresión de las emociones en el hombre y los animales, La (Charles Darwin), 73
expresión facial, 73-76, 161
externalización cognitiva, 170

Fahlman, Scott, 86
fase no REM del sueño, 265-266
Fechner, Gustav, 190, 193
Fechner, ley de, 191
fenaquistiscopio, 184
Féré, Charles, 192
Fludd, Robert, 243-246
FOMO (*fear of missing out*, «miedo a perderse algo»), 194
forma humana ideal, 163
fosforescencias, 18
fotografía, 74-75, 181-185
fotoperiodismo, 183
Francia, 181, 185-186, 209, 243, 280, 294, 325
Frankenstein (Mary Shelley), 268
Frost, Mark, 194
funeral, visualizar el propio, 340-341
fuubutsushi, 17

Gandhi, Mahatma, 297
gestos, 74-75, 80-84, 87-89
GIF (*graphics interchange format*), 88
Globe Theatre, 243
Golgi, Camillo, 300
Google, 136, 305
GPS (sistema de posicionamiento global), 21-22, 24, 26, 28-31, 34-36, 39, 41, 331
Gramática inglesa (Ben Jonson), 138
Gran Valle del Rift, 50
Greenwich, hora media de (GMT), 26

guerra del Nilo, La (Winston
    Churchill), 298
Guerra Fría, 84
Gurdjieff, George, 115-117, 125-126
Gutenberg, Johannes, 141

Harrison, John, 26
Henri, Robert, 181-183, 185-190,
    195-199, 204
hexámetro dactílico, 235
Hill, Kathleen, 293
hipnagogia, 283-285
hipnopompia, 284
hipocampo, 28-30, 112
historia de los dos mundos, La (Robert
    Fludd), 244
Historia de los pueblos de habla inglesa
    (Winston Churchill), 289
Historia natural (Plinio el Viejo), 240
Hitler, Adolf, 290, 294
Hōkūle'a, 32
Hombre de Vitruvio (Leonardo da
    Vinci), 157, 163-165
Homero, 234-236
Homo, 52
    erectus, 52, 54
    neanderthalensis, 52
    sapiens, 21, 52, 54, 76, 300, 351
Hooke, Robert, 78
Hopper, Edward, 187
Human Relations Area Files (New
    Haven, EE. UU.), 53
humanismo, 141

Ilíada, la (Homero), 234-236
imágenes residuales, 183-184
imprenta, 141, 242
impresionismo, 187
impresoras, 151-152
inactividad, 55-56, 61-62
    véase también sedentarismo

Indian Running (Peter Nabokov), 53,
    59
índices, 136, 154-156
índices de morbilidad, 56
Instituto de Fisiología y Anatomía
    (Alemania), 60
inteligencia artificial (IA), 300-312
    búsquedas cada vez más sofistica-
        das, 149
    cálculo todavía en uso, 245
    Churchill y la, 304-305
    ciencia cognitiva y la, 217
    conocer sus limitaciones, 317-318
    empleos superados por la,
        221-222
    explosión de la inteligencia, 308
    extensión del pensamiento
        humano jamás vista, 300
    fundamentos de la, 306-307
    habilidades limitadas de la,
        303-304
    interactuar con la, 315-316
    niveles elevadísimos de inversión
        en, 298
    peligros de reducir la concentra-
        ción, 296
    recurrir a ella en exceso para
        redactar, 169-170
    véase también tecnología digital
    últimas palabras sobre, 353-354
iPhones, 29, 87
islam, edad de oro del, 140
islas desiertas, 104-105
Ismay, Hastings, 292

Jain, Mahavir, 241
Johnson, Samuel, 77, 97-98, 101
Jonson, Ben, 138-139
Juan Fernández, archipiélago,
    103-104

ÍNDICE ONOMÁSTICO Y DE MATERIAS

Keeler, Bushnell, 189
Kekulé, August, 267
knowledge (examen), 29
Kodak, 183
«Kubla Khan» (Samuel Taylor Coleridge), 261-262, 264, 269, 276
Kurita, Shigetaka, 86

láudano, 276
lectura activa, 135-137, 139-153
    véase también leer
leer, 129-156
    cantidades de libros, 141
    catálogo de Dee, 134
    cuadernos de ideas, 132-133, 141, 144, 152-153
    en papel o pantalla, 145-146, 148-152
    ficción, 256
    índices de alfabetización, 141
    lectura activa, *véase* anotación de textos
    lectura digital, 148-151
    lectura inactiva, 143-144
    leer en voz alta, 140
    libros de uso común, 132-133
    manícula, 132-133
    marcar los libros, 140, 148, 152-153
    métodos modernos, 142
    naturaleza sofisticada del entrenamiento para la, 130
    noticias, 143, 151
    subrayar, 152-153
Leibniz, Gottfried, 245
lenguaje, 74, 80-81
Leonardo da Vinci, 157-165
    anatomía y, 160-162, 166
    cabeza del *Hombre de Vitruvio*, 164-165

cuadratura del círculo, 163
exposición única, 166
fascinación con el vuelo, 177-178
manos, 166-169
lesiones causadas por movimientos repetitivos, 180
Liberator, bombardero, 292
libros, cantidad de, 140-142
    véase también leer
llegada a la Luna, *véase* Apolo (NASA), misiones del
Lloyd's of London, 78
Londres, Bolsa de, 78
Londres, gran incendio de, 77
Londres, taxistas de, 29-30
Long Now Foundation (San Francisco, EE. UU.), 53
longitud, 24
Lord Chamberlain's Men, 233
Luis XIV, 290
Luna, 12, 216, 323-324, 331
Luttrell, Narcissus, 145
Lynch, David, 189-190, 194-196, 204

Macbeth, galería de Nueva York, 187
Machine Intelligence Research Institute, 309
Macklin, Charles, 234
MacLean, Margaret, 53
mal, 335
manícula, 129, 132-133, 139
manos, 166-169
Manuscrito anatómico (Leonardo da Vinci), 160
mapa oficial, 38
mapas, 16, 20, 22-31, 34-36, 38-41
    véase también Etak
mapas de calor, 172
mapas mentales, 170, 175
    véase también mapas
máquina universal de Turing, 311

mares de fondo, 18, 20-21, 31
María Antonieta (reloj y reina), 209
Marlborough, duque de, 290
Marshall, islas, 19
Más a Tierra (isla Robinson Crusoe), 104-105, 107-110
Materia y memoria (Henri Bergson), 195
Mau Piailug, 33
Maury, Alfred, 283
mayas, 323-325, 331-332
McCartney, Paul, 268
McGill, Universidad, 29
Mededović, Avdo, 234-237
meditación, 114, 116, 118, 122-124, 285-286
memoria, 29-31, 38, 233-259
    académicos medievales acerca de la, 237
    arte de la, 241, 244
    artificial, 240
    atención y, 247, 251, 253-255
    cambios en la forma de almacenar, 235-236
    consolidación de la, 252-253
    del ordenador, 245-246
    digital, 257-259
    entrenamiento de la, 239-240, 255-257
    fundamentos de la, 237
    historia de la, 242
    Historia natural de Plinio, 240
    imaginación y, 248
    imprenta, 242
    «palacio» o «teatro de la memoria», 243
    reforzar la, 251
    smartphones, 247
    textos teatrales, 237
memoria de acceso aleatorio (RAM), 246

memoria del ordenador, 246
memoria episódica, 30
Mendeléyev, Dmitri, 267
mercantilización de las imágenes, 182-183
mesquaki, tribu, 47-48
México, 43, 45-46, 49
Michelson, Truman, 47
migración de las aves, 23
mindfulness, 114, 126
Miyota, 230
Moctezuma, 46
modelos de lenguaje de gran tamaño (LLM), 300-303, 305-308, 311-312, 314, 352-353
monasterios, 326
Moore, ley de, 310
Moser, Edvard, 28, 30
Moser, May-Britt, 28, 30
Mudge, Thomas, 212
músculos, 13, 51-52, 59, 65-67, 69, 75, 161-162, 166-167, 179, 268
Museo Británico, 145

Nabokov, Peter, 53, 59
nativos americanos, 45-49, 59-60
navajo, pueblo, 48, 324
navegación, 15-41
    enfoques polinesios de la, 31-33
    las estrellas y el *etak*, 20
    entrenarse a uno mismo para la, 33-41
    GPS y sus desventajas, 26
    historia temprana de la, 22
    los métodos de Cook, 25-26
    mares de fondo, fosforescencias y nubes, 18-19
    métodos de Tupaia, 16-18
    memoria y, 31
    métodos occidentales, 21
    migración de las aves y, 23

ÍNDICE ONOMÁSTICO Y DE MATERIAS

navegación por satélite, 27, 34-36, 38-39
navegadores, 148-149
Neel, Alice, 196-198, 201
Nether Stowey, 262-263
neurociencia, 81, 167, 264-266, 273,
   283, 300, 334
   véase también cerebro
neuronas, 248
neuroplasticidad, 29
Newton, Isaac, 77
no hacer nada, 113
Noruega, 295
noticias, 142-145
nubes, 19

O'Keefe, John (profesor), 28, 30
Odisea, la (Homero), 234-236
oficios, 207-231
   aprendices y fraternidades,
      208-209
   automatización, 221-223
   cognición corporizada, 217
   espíritu emprendedor dentro de
      los, 229-231
   estandarización por parte de la
      informática, 219
   personas que no se apartan de las
      pantallas, 220
   recuperación de habilidades,
      223-231
   relojeros, 207-216
oído, 37
Omega, 212-213
Organización Mundial de la Salud
   (OMS), 61
orientación, 33-34
orientación norte-sur, 36
origen del hombre, El (Charles
   Darwin), 81
OTAN, 292

palabras e imágenes, 162
pandemia de covid-19, 57, 113
pantallas, 56-60
   más comprensión lectora al leer
      en papel, 145-146
   menos tiempo necesario para
      dominar, 221-223
   modo pantalla completa, 120
   naturaleza de los trabajadores,
      220
   surgimiento de las, 52, 55
   tiempo para dormir y, 277-279
   videollamadas, 90
   véanse también dispositivos
      individuales
   y cafetería moderna, 85
papel y pluma, 170, 174-175
parábola, 306
París, 183-186, 209, 243, 328
Parry, Milman, 234-236
pasatiempos (antiguos y recuperados),
   224-227
pasos diarios, 63
Paul, Richard, 319
peces voladores, 18
pensamiento, 289-321
   máquina universal de Turing,
      311-312
   pensar sobre el propio pensa-
      miento, 319-321
   sistema nervioso e IA, 299-311
   Winston Churchill, 289-299
pensamiento espacial, 31, 38
percepción, 185-186
perderse, 38
pesa rusa, balancear una, 67
phorminx, 235
pies (humanos), 51-52
Plinio el Viejo, 240
podómetro, 63-64
poesía, 263

polinesios, 15-25, 31-33, 40, 327
Polonia, 294
posicionamiento espacial, 241-242
Preguntas sobre la expresión (Charles Darwin), 83
presencia real o física, 111
Primera Guerra Mundial, 291
proyección de Mercator, 25
psicología cognitiva, 246
puntos de referencia, 37
Purchas, Samuel, 261

Rambler, The, 97
Ramírez, familia, 44-45, 49, 52, 59
Ramírez, María Lorena, 43-45, 52
Ramón y Cajal, Santiago, 299-300, 307
RAND Corporation, 84
rarámuris, 44-45, 48-49
ratón, invento del, 178-180
Real Sociedad de Londres, 76
redes sociales, 77, 79, 86-88, 98, 120, 125, 143, 150, 203, 273, 299, 341
reloj de cuarzo, 212
relojero, oficio de, 207-216
    Abraham-Louis Breguet, 209
    George Daniels, 207-216
    herramientas CAD, 213, 215-216
    rueda de escape, 212-213
relojes, 326-327
relojes solares, 324-325
relojes suizos, 211-213, 215
Renacimiento, 131-134
    actividad visual, 159
    Ben Jonson, 138
    disegno, 159
    época del aprendizaje, 129
    época emocionante, 165
    escribir y dibujar a mano, 172-173
    libros, 141
    microcosmos/macrocosmos, 157
    niveles de alfabetización, 141

Shakespeare, 137-138
Renania, invasión de (1936), 294
resistencia, 60
respiración, 70-71, 122-126, 285-286
    en tres tiempos, 123
Retórica a Herenio (anónimo), 240-241, 244
Ricardo II (William Shakespeare), 234
Richards, Keith, 268
Robert, Jerome, 229
Robinson Crusoe (Daniel Defoe), 103
Robinson Crusoe, isla, 110
robótica, 217, 221
    véase también tecnología digital
Rogers, Woodes, 108-109
Rohde, Mike, 177
Roma (antigua), 325-326
Roosevelt, Franklin D., 292, 295
rueda de libros, 134
Ryerson, Margery, 188

Saint-Exupéry, Antoine de, 35
Sarfert, Ernst 24
SayCan, 305
sedentarismo, 53-71
    efectos del, 59
    factores en la movilidad, 55-59
    historia como una carrera que debe completarse, 54-55
    respiración, 70-71
    volver a moverse, 51-66
Segunda Guerra Mundial, 84, 290-291, 293-294, 298, 306, 311
Segunda Guerra Mundial, La (Winston Churchill), 289, 291-292, 297, 307
segundo sexo, El (Simone de Beauvoir), 337-338
Segundos analíticos (Aristóteles), 132
Selkirk, Alexander, 103-112, 117
sentido de la orientación, 37-38
sentidos, 36-38, 219

ÍNDICE ONOMÁSTICO Y DE MATERIAS

sentirse solo, 112, 121
sextantes, 24-25
Shakespeare, William, 129, 137-139,
  233-234, 236-244, 247, 249, 270
Shelley, Mary, 268
Short, Anneke, 229
*siete hábitos de la gente altamente
  efectiva, Los* (Stephen R. Covey),
  340
símbolo de la flor, 132
Simónides de Ceos, 241, 246
sinapsis, 299, 301, 307
Slamecka, Norman, 139
«Sleep to Startle Us, A» (Charles
  Dickens), 268
smartphones, teléfonos inteligentes,
  247
Sol, 17-24, 37
soledad, 103-127
  Alexander Selkirk, 103-105
  Bhagavad-gītā, 110, 114
  creatividad y, 112
  cultivar la, 117-118
  George Gurdjieff, 115-117
  meditación y, 122-124
  necesaria para pensar, 111-112
  sensación de asombro, 107
  sentirse solo y, 112
  técnicas para alcanzar la, 114
  yo interior, 107-108
Space Traveller (reloj de bolsillo),
  207, 214
Spectator, The, 100, 103
Sport and Recreation Alliance, 61
Sócrates, 314
Stalin, Iósif, 292, 306
Steele, Richard, 103, 109
Stellarium, 22
Stradling, Thomas, 104
studia humanitatis, 130
subrayar, 152

sudar, 51
Sudetes, 294
sueño, tipos de, 264-267
sueño (factor determinante), 264,
  278-282
  higiene del sueño, 278-280
  importancia de las ocho horas,
    280
  LED, 278-280
  oscuridad y, 278
  ratos a solas para la contem-
    plación, 281
siestas durante el día, 281-282
sueño doble, 280-282
sueño REM, 265-267, 272, 275, 277,
  279-280
sueño y la vigilia, diferencias entre el,
  264
sueños, 261-288
  Coleridge a propósito de los,
    265-266, 270-271
  ensoñaciones, 88, 264, 269,
    272-277, 285-288
  «Kubla Khan», 261-262, 264, 269,
    276
  visualizaciones, 287-288
«Sugestiones para un ensayo sobre la
  conversación» (Jonathan Swift),
  93
Swift, Jonathan, 77, 93, 95-96, 101

tacto, sentido del, 218
Tahití, islas de, 15-16, 23, 24, 32
teatro, 237-238
teatro shakespeariano, 270-271
teclado, 171-172
tecnología digital, 84-86
  aportación al PIB, 274
  asumir el control de la, 118-119
  cambios en los hábitos de lectura,
    145-146

códigos visuales nuevos, 192
declive de la escritura a mano, 166
dejarnos llevar por una corriente dispersa, 274
desintoxicarse del mundo digital, 332
distracciones del teléfono celular, 118-119
dividir la atención, 124-127
interactuar con la, 115
interferencia con el sueño, 269
internet y los celulares, 12
limpiar el escritorio, 120
niveles masivos de empleo en el sector de la, 273-274
pensamiento de grupo y otros problemas, 118
relojeros, 214
tiempo, 328-332
véase también inteligencia artificial (IA)
teléfonos celulares, 57-58
televisor, 12, 56-58
véase también pantallas
telos, 339
tempestad, La (William Shakespeare), 129, 137
Tenochtitlan, 46
Terra Australis Ignota, 16
textos clásicos, 129-130
Thoreau, Henry David, 106, 281
tiempo
IA y, 338
Luna, 323-324
monasterios, 326
mortalidad y, 331-332
no vivir la vida plenamente, 339
para los mayas, 323-325
relojes, 326-327
relojes solares, 324-325

tecnología digital, 327-331
tomar el control del, 339
Tierra, 53
trabajo manual, 220
Tupaia, 16-18, 22, 24-25
Turing, Alan, 311-312
Twin Peaks (David Lynch), 189-190, 194

uBlock Origin, 148
ultramaratón, 43-44
UltraTrail Cerro Rojo, 43
Unicode Consortium, 87
Unión Soviética, 296
Universidad Noruega de Ciencia y Tecnología, 28, 169
«universidades a un penique», 77

Venus, 24
Viajes alrededor del mundo (Woodes Rogers), 108
vida professional del artista, 204
videollamadas, 89-90, 100-102
viento (como fuerza invisible), 190
visualización, 287, 339-349
del propio funeral, 340-341
establecer proyectos nuevos, 344-349
y habilidades de priorización, 340, 342-344
Vitruvio, 162-164, 244
voluntaria suspensión de la incredulidad, 269-277

Walker, Matthew, 279
Wallace, Alfred Russel, 76
«Ways of Native American Running» (Peter Nabokov y Margaret MacLean), 53

ÍNDICE ONOMÁSTICO Y DE MATERIAS

Weil, Simone, 335
Whole Earth Catalog, 53-54
Wim Hof, método para respirar de, 123
Wordsworth, William, 262, 267, 270

Wundt, Wilhelm, 191-193

Xanadú, 261, 267, 276-277

Yudkowsky, Eliezer, 309

De este libro me quedo con...

Sigamos siendo humanos ha sido posible gracias al trabajo de su autor, Graham Lee, así como de la traductora Ana Pedrero Verge, la correctora Teresa Lozano, el diseñador José Ruiz-Zarco, el equipo de Realización Planeta, la directora editorial Marcela Serras, la editora ejecutiva Rocío Carmona, la editora Ana Marhuenda, y el equipo comercial, de comunicación y marketing de Diana.

En Diana hacemos libros que fomentan el autoconocimiento e inspiran a los lectores en su propósito de vida. Si esta lectura te ha gustado, te invitamos a que la recomiendes y que así, entre todos, contribuyamos a seguir expandiendo la conciencia.